国家科学技术学术著作出版基金资助出版

全国第四次中药资源普查(河北省)丛书

35种

中草药主要病虫害原色图谱

Atlas of Main Diseases and Insect Pests on Chinese Herbs

主 编　何运转　谢晓亮　刘廷辉
贾海民　叩根来

中国健康传媒集团
中国医药科技出版社

图书在版编目（CIP）数据

中草药主要病虫害原色图谱 / 何运转等主编 . — 北京：中国医药科技出版社，2019.1

全国第四次中药资源普查（河北省）丛书

ISBN 978-7-5067-7968-5

Ⅰ . ①中…　Ⅱ . ①何…　Ⅲ . ①药用植物—病虫害防治—图谱　Ⅳ . ① S435.67-64

中国版本图书馆 CIP 数据核字（2018）第 171448 号

美术编辑　陈君杞

版式设计　锋尚设计

出版　**中国健康传媒集团 | 中国医药科技出版社**

地址　北京市海淀区文慧园北路甲 22 号

邮编　100082

电话　发行：010-62227427　邮购：010-62236938

网址　www.cmstp.com

规格　787 × 1092mm　1/16

印张　29 1/4

字数　574 千字

版次　2019 年 1 月第 1 版

印次　2019 年 1 月第 1 次印刷

印刷　北京盛通印刷股份有限公司

经销　全国各地新华书店

书号　ISBN 978-7-5067-7968-5

定价　158.00 元

丛书编委会

本书编委会

主　编　何运转　谢晓亮　刘廷辉　贾海民　叩根来

副主编　李亚宁　刘　顺　郭爱国　杨向东　李令蕊　陈　洁　杨太新

编　委（按姓氏笔画排序）

马立刚　马宝玲　王　乾　王　旗　王有军　王丽叶
牛　杰　田　伟　叩根来　刘　建　刘　顺　刘廷辉
刘志强　刘灵娣　刘晓清　刘敏彦　闫红飞　孙国强
孙艳春　李　皓　李令蕊　李亚宁　李华义　李树强
李新兵　杨太新　杨向东　杨炎杰　杨桂鹏　何　培
何运转　狄志芳　张广明　张苏珍　张艳杰　陈　洁
陈玉明　苗　丽　欧阳艳飞　罗　丹　郑玉光　孟雅静
赵　锋　赵铁军　信兆爽　贺献林　秦　梦　袁　园
贾东升　贾和田　贾海民　郭爱国　崔晓敬　梁　超
葛淑俊　韩世鹏　韩　兴　韩　慧　温春秀　谢晓亮
甄　云　蔡景竹　裴　林　魏　燚

摄　像　何运转　刘廷辉　夏　亮　王江柱　杨向东　李亚宁
谢晓亮　杨太新　叩根来　贾海民　李文璐　郭爱国
田　野　刘海宁

前言

中医药是中华民族的瑰宝，为中华民族的繁衍昌盛和人类健康做出了重要贡献。中药材是中医药产业发展的基石，药材好，药才好，中药材质量直接关系到中药产品质量、人民健康及生命安全，与中医药事业的发展休戚相关。为有效提升中药材的质量，国家相继出台了《中药材保护和发展规划（2015—2020 年）》《中医药健康服务发展规划（2015—2020 年）》《中医药发展战略规划纲要（2016—2030 年）》等纲领性文件，为我国中药材种植业发展指明了方向。

随着我国中药材种植业的快速发展，人工种植药材种类、栽培面积不断扩大，田间病虫害发生日趋严重，目前病虫害防治已成为我国中药材生产上的重点和难点问题。由于中药材属于小作物范畴，种类繁多，具有一定的道地性；加之中药材植保专业人才匮乏，研究基础薄弱，病虫害种类、分布及发生规律不详；而中药材种植者普遍缺乏植物保护相关基础知识和农药常识，盲目施用“放心药”“配方药”，导致农药误用、滥用现象十分严重，随之带来中药材农药残留超标、药材品质下降等一系列问题，严重影响我国中医临床用药安全和中药在国际市场上的竞争力。在中药安全备受关注以及我国提出“到2020年实现农药使用零增长”的背景下，中药材无公害、绿色生产面临着重大挑战。

河北省是中药材生产流通大省，中药材种植面积达到250万亩，栽培品种100多种，大宗药材50多种，闻名全国的道地药材20多种，生产规模居全国前列，但有关中药材植保方面的研究工作仍处于起步阶段。为全面了解河北省主要中药材病虫害发生情况，2013年在河北省现代农业产业技术体系中药材创新团队首席专家谢晓亮的领导下，中药材病虫害绿色防控团队开始了对河北省常见大宗药材病虫害发生种类、分布范围及主要病虫害发生规律的调查研究，并对主要病虫害进行拍摄、标本采集、制作，建立电子图片库等工作。从2013年至2017年，历经5年时间，团队成员冒严寒顶酷暑，在中药材生长、收获季节，每周下地数次，行程数万公里，走遍河北省中药材种植区域，对各区域、不同药材品种的病虫草害种类、发生程度和分布范围等有了基本了解，明确了为害河北省中药材生产的重要病虫害种类。在相机设备有限的条件下，为了将害虫、病害在生态环境中的真实状态拍摄下来，团队成员克服自身和环境的困难，拍摄中药材病虫草害照片5000余张。为了拍摄害虫的生活史，一地常常要往复多次，有些昆虫则需采集带回实验室进行饲养，以获得不同虫态进行拍摄。每个镜头需拍摄多张，然后再精挑细选。2016年团队开始筹备《中草药主要病虫害原色图谱》的编写工作，并得到2017年国家科学技术学术著作出版基金的资助。2017年12月最终完成了本书的编写工作。

本书选取了河北省常见的35种大宗药用植物，并以之为章，每章先介绍该植物的分类、主要种植区域和病虫害种类，然后对其主要病害和害虫进行详细描述。病害部分按病害症状、病原物、发生特点和防治方法四部分内容编写；害虫部分按形态特征、寄主范围、为害特征、发生特点和防治要点五部分内容编写；本书共介绍了35种药用植物主要病虫害212种，其中病害106种，害虫106种。每章药用植物形态特征、病害症状及田间发病特点、害虫形态特征及为害症状等均附有彩图，图文并重，实用性强。本书对药用植物病虫害的鉴别、防治具有广泛的参考价值，相信这本书的出版，将为教学、科研工作者以及广大药农提供图文并茂、通俗易懂的中药材植保实用技术，为药用植物病虫害的综合防治提供技术基础，以提高中药材病虫害防治水平，为河北省乃至全国中药材优质安全生产和中药产业健康发展保驾护航。

本书药用植物病害部分，主要由李亚宁、郭爱国、叩根来、贾海民、李令蕊等负责编写；药用植物害虫部分主要由何运转、刘顺、刘廷辉、杨向东、陈洁等负责编写。谢晓亮、杨太新等主要负责药用植物植株形态拍照；何运转、刘廷辉等主要负责药用植物病害特征、害虫形态特征及为害症状部分拍照；杨向东等主要负责微小昆虫显微照相；李亚宁等主要负责病原微生物显微照相。本书彩图共646张，其中641张图片均是编委团队亲自拍摄，以保证图片的清晰度、准确度。

本书编写过程中，南京农业大学洪晓月老师提供了朱砂叶螨雌虫图片；中国农业科学院植物保护研究所王振营提供了玉米螟雄虫图片；中国农业科学院果树研究所张怀江提供了山楂叶螨雌、雄虫图片；南开大学李后魂老师对法氏柴胡宽蛾进行了种类鉴定；夏泰定在标本采集、拍摄中，给予大力支持；河北农业大学植物保护学院昆虫系提供了部分昆虫标本，在此特致以诚挚的感谢！

由于国内对中药材病虫害研究较少，参考书籍有限，书中不足和疏漏之处在所难免，恳请各位专家、广大读者予以批评指正，以便今后对书稿进行修改、完善。

河北农业大学

何运转

2018 年 10 月

目 录

CONTENTS

第二十一章

苦参病虫害 \ 251

第二十二章

连翘病虫害 \ 257

第二十三章

牛膝病虫害 \ 263

第二十四章

蒲公英病虫害 \ 270

第二十五章

山药病虫害 \ 273

第二十六章

芍药病虫害 \ 295

第二十七章

射干病虫害 \ 302

第二十八章

太子参病虫害 \ 310

第一章

白芷病虫害

白芷 （图1-1、图1-2）

Angelica dahurica (Fisch.ex hoffm.) Benth. et Hook.f.

白芷为伞形科当归属植物，是常用中药材。味辛，性温，具有散风除湿、通窍止痛、消肿排脓等功能。近年来，除了药用，还广泛用于香料和食品加工业。主产于河北、四川、河南等地。白芷常见病害有斑枯病、根腐病等，虫害主要有赤条蝽、茴香凤蝶。

图 1-1 白芷植株苗期

图 1-2 白芷植株花期

1 白芷斑枯病

1.1 症状

病斑开始较小，初呈暗绿色，扩大后变灰白色，严重时，病斑汇合成多角形大斑，病部脆硬，天旱时易碎裂。后期在病叶的病斑上密生小黑点，即病原菌分生孢子器，叶片、茎部局部或全部枯死（图1-3和图1-4）。

1.2 病原

白芷斑枯病病原为球壳孢目（Sphaeropsidales），球壳孢科（Sphaeropsidaceae），壳针孢属（*Septoria*），白芷壳针孢（*Septoria dearnessii* Ellis et Everhart）。

1.3 发病特点

病害的初侵染源主要是留种株的病叶和田间病残体，最初在植株下部老叶上发病，随后分生孢子以雨滴飞溅的方式传播，在白芷生长期中不断引起再侵染。一般5月发病，7～8月发病严重，直至收获。氮肥过多，植株过密，可促使发病。

1.4 防治方法

（1）因地制宜地选用抗（耐）病品种。

（2）栽植密度适当，保持通风透光。

图 1-3 白芷斑枯病叶部症状

图 1-4 白芷斑枯病茎部症状

（3）使用充分腐熟的有机肥，增施磷、钾肥。

（4）实行3年以上轮作。

（5）清理田园。秋季采收后彻底清理田园，将病株残体运出田外，集中深埋或烧掉。

2 白芷根腐病

2.1 症状

该病一般在8、9月份高温多雨的季节发生，轻则腐烂率16%左右，严重时30%以上，甚至全部腐烂。一般先是引起感病组织变褐坏死，随后是细胞和组织的破碎腐败。白芷收获后损伤和萎蔫，易受病菌侵染，病菌侵入后扩展迅速，很快导致白芷腐烂（图1-5 ~ 图1-7）。

2.2 病原

白芷根腐病病原为球壳孢目（Sphaeropsidales），球壳孢科（Sphaeropsidaceae），壳

图 1-5 白芷根腐病

图 1-6 白芷根腐病地上症状

图 1-7 白芷根腐病与正常植株根部对比

球孢属（*Macrophomina*），菜豆壳球孢[*Macrophomina phaseoli*（Maubl.）Ashby.]。

2.3 发病特点

菜豆壳球孢主要以微菌核的形式存活，在白芷地中大量存在，刚收获的白芷70%表面带有病菌，是白芷根腐病的主要初侵染来源。微菌核抗逆力相当强，特别是抗高温干旱的能力，将白芷曝晒1～2天并不能杀灭。无伤口时，只有在40℃的高温下病菌才能侵入引起病害。在较低温度时病菌不能侵染鲜白芷。根腐病的发生还与湿度有一定的关系，充分晾干的白芷其发病率要远低于湿润白芷，较低的湿度不利于该病菌的生存。

2.4 防治方法

（1）在收挖、运输和加工过程中注意保护白芷周皮不被破坏，尽可能随采挖随加工干燥，然后真空密封，防止受潮。

（2）加工干燥过程中发现的病白芷不能随便丢弃，而应集中处理，以防病菌的大量扩散。

（3）选用抗病力强的大叶型良种栽培，进行合理轮作或水旱轮作，切忌连作。

（4）苗期及时防治害虫，发病前后加强药剂防治并做好病株处理，防止病菌蔓延而发生再次侵染。

（5）合理灌溉，雨后及时排涝除渍。

（6）增施磷、钾肥，强根壮体，增强抗病力。

3 茴香凤蝶 *Papilio machaon* Linnaeus

茴香凤蝶属鳞翅目凤蝶科，又名金凤蝶、黄凤蝶、黄扬羽、胡萝卜凤蝶、芹菜金凤蝶、黄纹凤蝶等。

3.1 形态特征

（1）成虫　体长24～30mm，翅展76～94mm，体黄色，背部有1条黑色纵纹，前后翅均为黄色，翅脉及外缘黑色，形成黑黄相间的斑纹。前翅中室基部无纵纹，后翅近外缘为蓝色斑纹，在近后缘处有1红斑（图1-8）。

（2）卵　球形，直径约1.2mm，表面光滑无花纹。初产淡黄色，孵化前呈紫黑色。

（3）幼虫　共5龄。老熟幼虫体长52～55mm，绿色，头部具黑纵纹，胸腹各节背面具短黑横斑纹，黑横纹之间为黄色（图1-9、图1-10）。

图 1-8　茴香凤蝶成虫

图 1-9　茴香凤蝶为害花期

图 1-10 茴香凤蝶幼虫为害叶片

图 1-11 茴香凤蝶蛹

（4）蛹　体长33～35mm，最宽处10～11mm，体表粗糙，草绿色或黄褐色，具有条纹。头上有两个角状突起。胸背和胸侧也有突起，腹面似有白粉层，气门淡土黄色（图1-11）。

3.2 寄主范围

寄主有茴香、柴胡、蛇床、胡萝卜、芹菜、防风、白芷、北沙参、芫荽、独活、羌活和香根芹等。

3.3 为害特征

幼虫咬食叶片、花蕾及嫩梢。叶片被害后呈不规则的缺刻或孔洞，受害严重时仅剩下叶柄。

3.4 发生特点

我国各地均有发生，在河北省1年发生3代，以蛹在灌木丛枝条或杂草中越冬。翌春4～5月间羽化，成虫白天活动，卵散产于叶正面。第1代幼虫发生于5～6月，幼虫夜间活动取食，受触动时从前胸伸出臭角（丫腺），渗出臭液，幼虫历期约19天，成虫于6～7月间羽化；第2代幼虫发生于7～8月，为害较重，老熟后在植株或杂草上化蛹。第3代幼虫10月后老熟开始化蛹越冬。

3.5 防治方法

（1）在零星发生时，可人工捕捉幼虫或蛹，集中处理。

（2）作物采收后，及时清除杂草及周围寄主，减少越冬虫源。

第二章 白术病虫害

白术 （图2-1、图2-2）

Atractylodes macrocephala Koidz.

白术又名于术、冬术，是菊科苍术属多年生草本植物，喜凉爽，怕高温高湿，以根茎入药。主产区有浙江、安徽、河北、福建等地，具有健脾益气、燥湿利水、抗肿瘤、抗凝血、安胎等功效。白术常见病害有疫病、根腐病、斑枯病、病毒病等，虫害主要有红花指管蚜、大青叶蝉、蛴螬、小地老虎等。

图 2-1 白术苗期

图 2-2 白术成株期

1 白术疫病

1.1 症状

近几年在河北安国地区普遍发生的一种病害，主要为害白术茎基部，幼苗和成株期均可侵染，尤以幼苗期发病严重。白术幼苗期发病初期中午阳光充足时叶部萎蔫，早晨和傍晚时可以恢复，茎基部可以发现浅褐色斑，随着病情发展，茎基部呈深褐色、溢缩，植株猝倒，最后萎蔫死亡，湿度大时发病根茎表面生有白色霉状物，病情传播速度快。（图2-3和图2-4）

1.2 病原

白术疫病病原为卵菌（Oomycota）的霜霉目（Peronosporales），霜霉科（Peronosporaceae），疫霉属（*Phytophthora*）的*Phytophthora sansomeana*。

1.3 发病特点

生长季阴雨潮湿天气极易发病，高湿的低洼地块、重茬地块发病频率较高，轻病田

图 2-3 白术疫病症状

图 2-4 白术疫病田间为害状

发病率在30%左右，重病田常常造成绝收。相对镰刀菌和链格孢属引起的白术根腐病的发病时间和蔓延速度要更快，一旦发病，很难控制。

1.4 防治方法

（1）实行3年以上轮作。

（2）采用高畦、分畦栽培，高畦栽培可减少与病菌接触；分畦栽培可随时阻断病菌通过雨水或灌溉水的传播，即在下雨或浇水时，不要让发病畦内的水流到未发病的畦内。

（3）施入腐熟好的粪肥或生物有机肥、菌肥，增施磷、钾肥，适当控制氮肥。

2 白术斑枯病

2.1 症状

白术斑枯病，又称铁叶病、瘟叶（图2-5），主要为害叶片，后期可感染茎秆。发病初期叶部为黄绿色小点，不断扩展形成大病斑。病斑呈铁黑色、锈黄色或褐色，近圆形、多角形或不规则形。后期病斑中央灰白色，上生大量小黑点（分生孢子器）。分生孢子器表生或两面生，病斑后期汇合布满全叶，呈铁黑色焦枯，故称铁叶病。病情发展多自叶尖及叶缘向内扩展，由基部叶片向上部蔓延，最后扩展到整株叶片，严重时田间呈现成片枯焦，颇似缺铁状的火烧，植株枯死。

图 2-5 白术斑枯病症状

2.2 病原

白术斑枯病病原为球壳孢目（Sphaeropsidales），球壳孢科（Sphaeropsidaceae），壳针孢属（*Septoria*），白术壳针孢（*Septoria atractylodis*）。

2.3 发病特点

白术后期病情发展快，为害严重。在病残组织以及病土中越冬的分生孢子器是病菌翌年的初侵染源。生长期病菌借风雨传播进行再次侵染。潜育期为7～17天，田间发病时间很长，一般从4月下旬至5月初开始发生，6月初进入发病盛期，一直持续到8月上旬，9月以后为末期，如条件适宜仍然可以发病。

2.4 防治方法

（1）合理选地，合理轮作。选择地势高、排水好的地块。

（2）合理密植，降低田间湿度。由于病菌靠雨水飞溅再侵染，在下雨过后或露水未干前不宜进行中耕除草等农事操作。

（3）与非菊科作物实行2～3年轮作。

（4）清洁田园，冬前深翻耕地，收获后彻底清除病株残体，播种前撒施腐熟好的有机肥，再进行浅耕。

（5）避免氮肥使用过量，氮肥施用过多，白术抗病力差，发病重。

3 白术根腐病

3.1 症状

根腐病（图2-6～图2-9）分为干腐型和湿腐型。

（1）干腐型　发生在一年生白术根茎膨大后和二年生白术的全生育期。病株的根毛和细根呈褐色干腐，以后蔓延到粗根和肉质根茎，然后病须根全部腐烂脱落。病菌也可直接侵入主根，主根感染后，维管束变褐，继续向茎秆蔓延，使整个维管束系统发生褐色病变，根茎失水皱缩形成黑褐色腐烂斑。枝叶呈萎蔫状，初期早晚尚能恢复，后期皮层和木质部脱离，仅残留木质纤维及碎屑，则不再恢复，干枯至死。病株易连根茎从土中拔出。

（2）湿腐型　发生在一年生白术根茎形成后和二年生白术全生育期。多从茎基部开始发病，茎基部发生青褐色水渍状病斑，连接茎基的根茎处呈褐色湿腐，以后根茎腐烂面积迅速扩大，最后须根和根茎全部腐烂，仅剩残余木质纤维，潮湿时烂根茎表面生有白色霉状物。地上枝叶萎垂，最后干枯致死，病株易连根茎从土中拔出。

3.2 病原

白术根腐病干腐型病原为瘤座孢目（Tuberculariales），瘤座孢科（Tuberculariaceae），镰刀菌属（*Fusarium*），尖孢镰刀菌（*Fusarium oxysporum* Schltdl.）。湿腐型病原为茄病镰刀菌（*Fusarium solani*）。

3.3 发病特点

白术根腐病是一种重要的土传病害，连作使该病害逐年加重，一般地块死苗为30%～40%，严重地块为70%～80%，甚至绝收。病菌以菌丝体在种苗、土壤和病残体中越冬，成为翌年病害的初侵染来源。病菌借助风雨、地下害虫、农事操作等传播为害，通过虫伤、机械伤等伤口侵入，也可直接侵入。种栽贮藏过程中受热使幼苗抗病力下降，是病害发生的主要原因。5月份是第一次发病高峰期，7～8月份又出现死苗高峰，这时根状茎已膨大，若降水较多，田间湿度大，有利于病害的发生。蛴螬等地下害虫及根结线虫的为害会加剧根腐病的发生。

3.4 防治方法

（1）选育抗病品种，繁育健康的种苗。建立无病留种田，繁育无病种苗，在贮藏期间防止种栽堆积发热或失水干瘪。

（2）在6年以上没种过白术的田块做繁种田，繁育健康的种苗。选择健康种栽并进行播前处理。

（3）合理轮作，避免连作，与玉米等禾本科作物轮作6年，忌与甘薯、棉花等作物进行轮作。

（4）选择排水良好的地块，避免种植过程中的田间积水。

（5）冬前进行深耕翻地，增施腐熟好的有机肥。

a

b

图 2-6 白术根腐病受害状

图 2-7 白术根腐病受害根纤维状

图 2-8 白术根腐病与正常根对比

图 2-9 白术根腐病地上症状

4 白术病毒病

4.1 症状

叶片出现花叶、皱缩、畸形，至叶片出现不规则褪绿、黄色条斑及明脉等。有些植株有隐症现象。不同种类病毒引起不同症状，造成植株生长不良，块茎减产。叶片小，叶缘微波状，有时畸形。叶面显现轻微花叶，叶脉多显示黄带。严重时叶片呈现绿色或淡绿与浓绿相间的斑驳，褪绿、黄化、白化、皱缩、叶面凹凸不平。全株矮缩（图2-10a～c）。

a

b

c

图 2-10 白术病毒病

4.2 病原

白术病毒病病原已报道的有黄瓜花叶病毒（Cucumber mosaic virus，CMV）、蚕豆萎蔫病毒2号（Broad bean wilt virus2, BBWV2）等。

4.3 发病特点

带毒种子或块茎是主要的初侵染源。种植带毒块茎，所长出的幼苗即可发病，呈现花叶病状。连年种植带毒块茎，将导致病毒在块茎中的积累，发病加重，块茎变小，产量降低。此外，其他寄主也可作为初侵染源，如蚜虫等。田间蚜虫多，农事操作频繁，病害更易传播。

4.4 防治方法

（1）培育无毒种苗，通过热处理结合茎尖脱毒，培养无毒苗或以种子繁殖，获得无毒苗。

（2）建立无病基地，在高海拔地区建立无病种子基地，以供应其他地区的田间生产。

（3）通过防虫网、粘虫板等措施，治虫防病，进行蚜虫的早期防治。

5 红花指管蚜 *Uroleucon gobonis* (Matsumura)

红花指管蚜属同翅目蚜科，俗称白术长管蚜，又称牛蒡长管蚜，异名为*Macrosiphum gobonis* Matsumura（图2-11、图2-12）。

5.1 形态特征

（1）有翅胎生雌成蚜　体长约3.1mm，体宽约1.1mm。体黑色，腹部色淡，腹背片第2至第4腹节均有深色楔形大缘斑，腹管后缘斑大型，其他各节缘斑均小型，第8节有背中横带。触角长约3.2mm，略长于体长，第3节约有70～88个次生感觉孔。腹管长约1.2mm，为尾片的1.8倍。

（2）无翅胎生雌成蚜　体长约3.6mm，体宽约1.7mm。体黑色，腹部色淡，腹部第7、8节背板有背中横带，腹管后缘斑大型，其他各节缘斑均小型。触角长约3.3mm，为体长的0.9倍，第3节约有35～48个次生感觉孔。腹管长约1.2mm，为尾片的1.8倍。

5.2 寄主范围

红花指管蚜寄主有白术、牛蒡、红花、水飞蓟、刺菜、关苍术和苍术等中草药植物，该种在白术、牛蒡、红花等中草药上为害严重。

5.3 为害特征

红花指管蚜以成、若蚜群集在白术嫩叶、嫩茎和花轴上吸取汁液，被害处常出现褐色小斑点，虫口密度大时可使叶片变黄、卷缩，影响植株正常生长发育，对白术的产量和质量影响很大。

图 2-11 红花指管蚜

图 2-12 红花指管蚜为害状

5.4 发生特点

红花指管蚜在重庆、贵州1年可发生10余代。该虫以卵在牛蒡等寄主植物叶背、枝茎和近地面的根基处越冬。翌年春季卵孵化后孤雌生殖并开始为害，5月份发生有翅蚜向白术等中草药植物上迁飞为害，以5～6月为害为严重，6月以后种群则减少，8月虫口略有增加，随后产生有翅蚜，迁飞到牛蒡等植物上，雌、雄蚜交配后产卵越冬。

5.5 防治方法

5.5.1 农业防治

（1）清除白术地及周围杂草，对减少虫源有一定作用。

（2）实行间作、轮作。有报道红花与马铃薯间作，对抑制红花指管蚜的发生有较明显作用；实行轮作，一般轮作期4～5年，前作以禾本科作物为宜，不能与花生、白菜、烟草、瓜类、玄参、乌头、地黄、黄芪等作物连作。

5.5.2 物理防治

银灰色塑料条带驱蚜，隔2畦处理1畦，用小竹竿插于处理畦的两边，在离地100cm处围绕竹竿四周绕挂宽为25cm的银灰色塑料薄膜条带进行驱蚜处理，对蚜虫的平均控制效果达46.83%，是控制蚜虫发生为害的有效措施之一。

6 大青叶蝉 *Tettigella viridis* (L.)

大青叶蝉属同翅目叶蝉科。其异名为*Cicadella viridis*（L.），又称青叶跳蝉、大绿浮尘子、青头虫等。

6.1 形态特征

（1）成虫　体长7～10mm。全体青绿色。头部正面淡褐色，在颊区近唇基缝处左右各有1小黑斑；触角窝上方、两单眼之间有1对黑斑。小盾片淡黄绿色，中间横刻痕较短，不伸达边缘。前翅绿色带有青蓝色泽，前缘淡白，端部透明，翅脉为青黄色，具有狭窄的淡黑色边缘。后翅烟黑色，半透明。腹部背面蓝黑色，两侧及末节为橙黄色，胸、腹部腹面及足为橙黄色；胫节具刺列，刺的基部为黑色（图2-13）。

（2）卵　长卵圆形，长1.6mm，宽0.4mm，中间微弯曲，一端稍细。初产卵淡黄色，渐变为无色透明，近孵化时可见眼点（图2-14、图2-15）。

（3）若虫　共5龄。初孵化时为白色，体色渐变淡黄、浅灰或灰黑色。3龄后出现翅芽。老熟若虫体长6～7mm，头冠部有2个黑斑，胸背及两侧有4条褐色纵纹直达腹端（图2-16）。

6.2 寄主植物

寄主植物有65科275种，可为害粮食作物、林木、果树、蔬菜、花卉、草坪、药用植物、牧草等，是白术、桔梗、王不留行、知母、菊花等多种药用植物的主要害虫。

图 2-13 大青叶蝉成虫

图 2-14 大青叶蝉卵包

6.3 为害特点

以成虫和若虫刺吸白术叶片、嫩茎汁液，造成叶片失绿，严重时叶片枯死。

6.4 发生特点

大青叶蝉在华北地区1年发生3代，可以卵在白术茎表皮下越冬，但更多是以卵在果树、林木2～3年生幼嫩枝条或幼树枝干表皮层下越冬。越冬卵翌年4月上旬孵出，初孵若虫聚集取食叶片汁液，以后分散为害，其中大部分虫源可来自周围的果树、林木及多年生杂草。5～6月出现第1代成虫，7～8月出现第2代成虫，9～11月出现第3代成虫，世代重叠严重。10月中旬左右，多数成虫开始迁移到果树、林木枝条上产卵越冬。成虫具有趋光性，特别是夏季趋性强。中午至黄昏活跃，善飞喜跳，早晚潜伏。

6.5 防治方法

6.5.1 农业防治

（1）清洁田园，铲除杂草，减少虫源；在成虫产卵盛期前后及时摘除有卵块的叶片，将其带出田间集中销毁。

（2）成虫早晨不活跃，可以在露水未

图 2-15 大青叶蝉卵

图 2-16 大青叶蝉若虫

干时，进行网捕。

6.5.2 物理防治

利用黑光灯诱杀成虫，重点抓住1、2代的防治，第3代成虫产卵时气温低，活动力小，诱杀效果差。

6.5.3 生物防治

在天敌发生盛期注意农药合理使用，以保护天敌。可释放赤眼蜂和叶蝉柄翅卵蜂等天敌。

6.5.4 化学防治

（1）在10月中旬前，成虫尚未产卵时，可在周边树木上涂白，阻止成虫产卵。白涂剂的配方是：生石灰10份，石硫合剂2份，食盐1～2份，黏土2份，水36～40，还可加入少量的杀虫剂。涂白部位以幼树树干和中心干为主。

（2）在9月底10月初，抓住雌成虫转移至树木产卵时期，以及4月中旬越冬卵孵化时，虫口集中，可以用药剂喷雾防治（见附录）。

第三章

板蓝根病虫害

板蓝根 （图3-1、图3-2）

板蓝根为十字花科菘蓝属植物菘蓝*Isatis indigotica* Fort.的干燥根，主产于河北安国，江苏南通、如皋，安徽及陕西等地。我国东北、华北、西北地区广泛栽培。以根入药为板蓝根，以叶入药为大青叶。板蓝根具有清热解毒、凉血利咽功能，主治流行性感冒、流行性腮腺炎、流行性乙型脑炎、急性传染性肝炎及咽喉肿痛等症。板蓝根常见病害有霜霉病、斑枯病、根腐病、软腐病等；虫害主要有菜粉蝶、小菜蛾、豌豆潜叶蝇、蚜虫类、叶螨类、地下害虫和野蛞蝓等。

图 3-1 菘蓝苗期

图 3-2 菘蓝花期

1 板蓝根霜霉病

1.1 症状

主要为害叶片，其次是茎、花梗和种荚等。发病初期叶正面出现边缘不甚明显的黄白色病斑，逐渐扩大，受叶脉所限，变成多角形或不规则形；叶背面长出一层灰白色的霜霉状物（图3-3），即病菌的孢囊梗和孢子囊。湿度大时，病情发展迅速，后期病斑扩大变成褐色，叶色变黄，叶片干枯死亡。茎及花梗受害，常肿胀弯曲成龙头状。茎秆黑色有裂缝，病部亦有灰白色霜霉状物，严重时植株矮化，荚细小弯曲，未熟先裂或不结实。

图 3-3 板蓝根霜霉病

1.2 病原

板蓝根霜霉病病原为霜霉目（Peronosporales），霜霉科（Peronosporaceae），霜霉属（*Peronospora*），寄生霜霉[*Peronospora parasitica*（Pers.）Fr]（图3-4）。

1.3 发病特点

病菌以卵孢子在寄主病残组织中越冬。在田间生长的植株病组织越冬的菌丝体，于翌年春季天气转暖后，在适宜的温、湿度条件下，从病部抽生孢囊梗及孢子囊，主要通过气流传播，引起再侵染。板蓝根叶片、果荚发病较严重，苗期也经常有霜霉病发生。

1.4 防治方法

（1）选择、种植抗（耐）病品种。

（2）合理密植，注意排水和通风透光；遇到连阴雨天气或发生霜霉病后，需控制浇水。

（3）施腐熟有机肥，提高植株抗病能力。

（4）重病田要实行2～3年轮作，但避免与十字花科等易感染霜霉病的作物连作或轮作。

（5）早期摘除病叶，收获后处理病残株，减少越冬菌源。

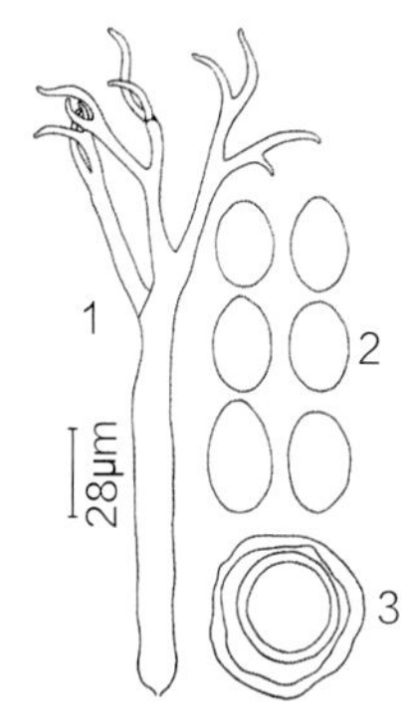

图 3-4 寄生霜霉
1. 孢囊梗；2. 孢子囊；3. 卵孢子

2 板蓝根斑枯病

2.1 症状

主要为害叶片，产生直径1～2mm的圆形、近圆形病斑，病斑边缘深褐色，隆起或微隆起，中部灰白色，稍下陷，其上产生稀疏的小黑点，即病菌的分生孢子器。后期有些病斑组织脱落形成叶穿孔（图3-5）。

2.2 病原

板蓝根斑枯病病原为球壳孢目（Sphaeropsidales），球壳孢科（Sphaeropsidaceae），壳针孢属（*Septoria*）的真菌（图3-6）。

2.3 发病特点

病菌以菌丝体及分生孢子器随病残体组织在土壤中越冬。病菌主要通过风雨传播，引起多次侵染。多雨、高湿的条件下发病重，8月份达发病高峰。连作、施用带菌未腐熟肥料发病重；土壤瘠薄、施氮过多易发病。

2.4 防治方法

（1）因地制宜地选用抗（耐）病品种。

（2）浇水适量，选晴天上午浇水，阴天不浇或少浇。

（3）栽植密度适当，保持通风透光。

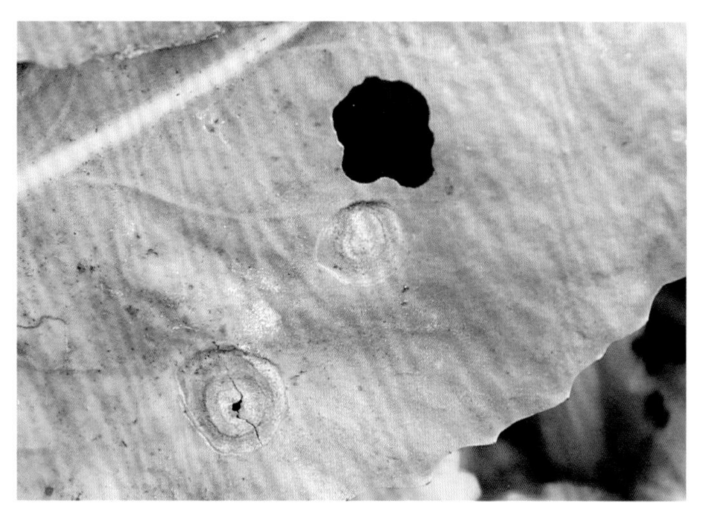

图 3-5 板蓝根斑枯病

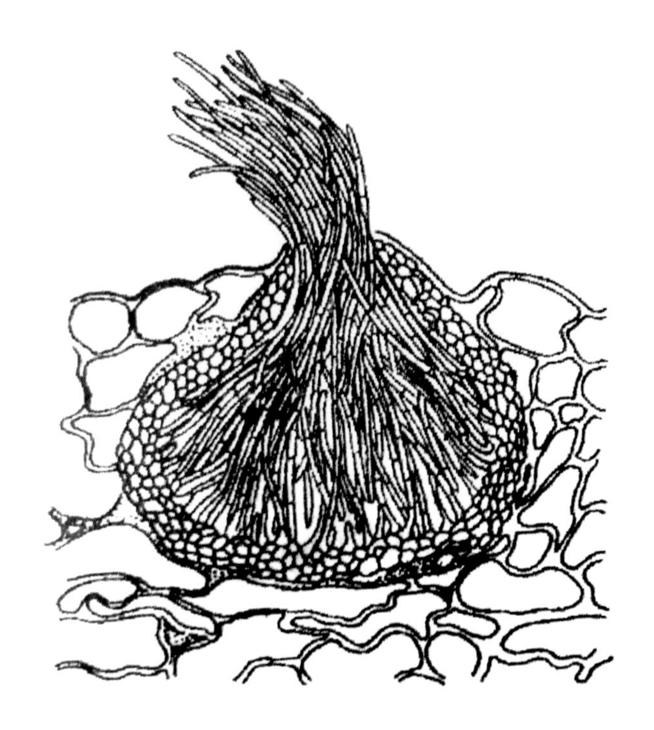

图 3-6 壳针孢属
分生孢子器及分生孢子

（4）使用充分腐熟有机肥，增施磷、钾肥。

（5）重病田实行3年以上轮作。

（6）及时清沟排渍，及时剪除病叶深埋或烧毁。

3 板蓝根根腐病

3.1 症状

被害根部呈黑褐色，根系自下而上呈褐色病变。根髓发生湿腐，黑褐色，整个主根部分变成黑褐色的表皮壳，皮壳内呈乱麻状的木质化纤维。地上部分枝叶萎蔫，逐渐由外向内枯死（图3-7～图3-9）。

图 3-7 板蓝根根腐病症状

图 3-8 板蓝根根腐病地上症状

图 3-9 板蓝根根腐病病根与正常根对比

3.2 病原

板蓝根根腐病病原为瘤座孢目（Tuberculariales），瘤座孢科（Tuberculariaceae），镰刀菌属（*Fusarium*）的真菌（图3-10、图3-11），以及无孢目（Agonomycetales），无孢科（Agonomycetaceae），丝核菌属（*Rhizoctonia*），立枯丝核菌（*Rhizoctonia solani* Kuhn）（图3-12）。

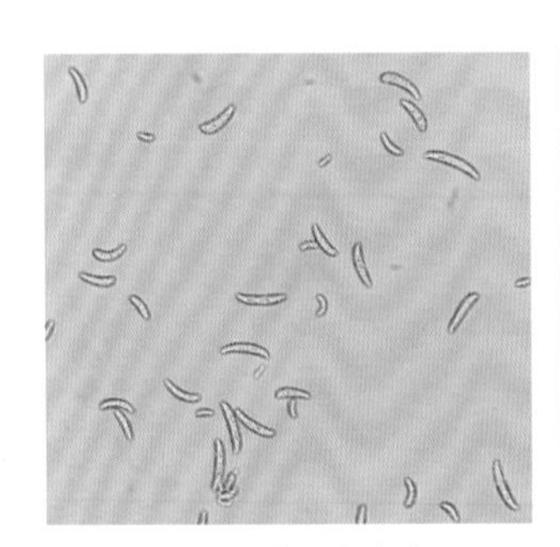

图 3-10 镰刀菌属分生孢子

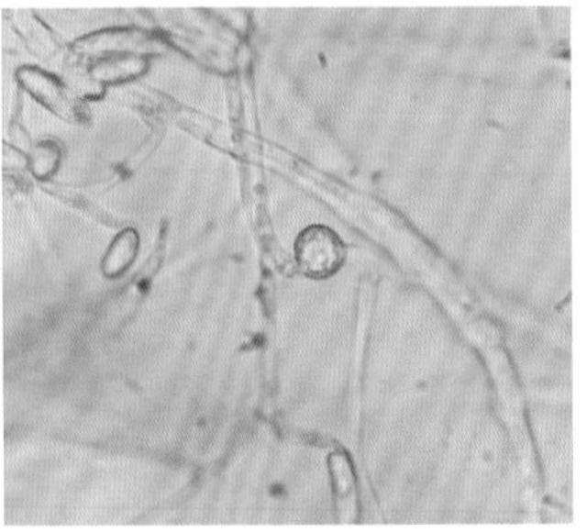

图 3-11 镰刀菌属分生孢子（有厚垣孢子）

图 3-12 立枯丝核菌

3.3 发病特点

土壤带菌是重要的初侵染来源。5月中下旬开始发生，6 ~ 7月为盛期。土壤湿度大、黏重土壤、排水不良，气温29 ~ 32℃时，容易发病。高坡地发病轻。地下害虫啃食造成根系伤口，易使病菌侵入，引起发病。

3.4 防治方法

（1）因地制宜地选用抗（耐）病品种，且选用健康优质的种子。

（2）选择地势高，排水畅通、土层深厚、相对平坦的砂壤土种植；做好排水工作，排出积水，特别是雨季。

（3）育苗时选择与上年不同的苗床，倒茬种植；实行6年以上的轮作。

（4）合理施肥，施腐熟有机肥，适当增施磷、钾肥，提高植株抗病力。

4 板蓝根软腐病

4.1 症状

在生长期，植株近地表的地方出现软腐，向上引起叶边缘变软、湿腐枯萎、花色变褐、花梗软腐脱落，向下引起块茎黏滑性软腐、根的腐烂（图3-13），伴有明显的臭味，最终植株萎蔫而死亡（图3-14）。

a

b

图 3-13 板蓝根软腐病

图 3-14 板蓝根软腐病地上症状

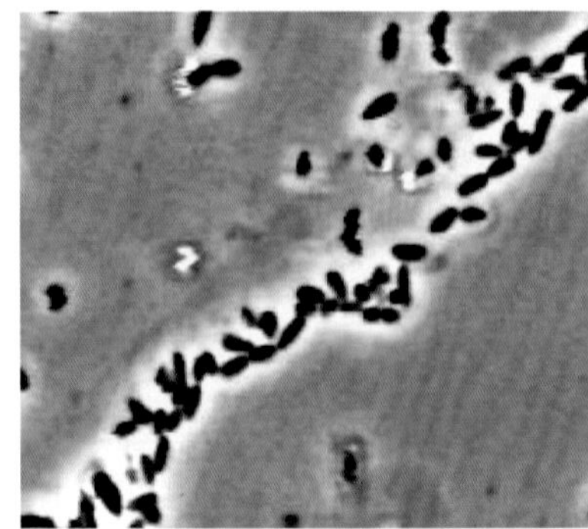

图 3-15 欧文氏杆菌

4.2 病原

板蓝根软腐病病原为肠杆菌目（Enterobacteriales），肠杆菌科（Enterobacteriaceae），果胶杆菌属（*Pectobacterium*），胡萝卜果胶软腐杆菌胡萝卜亚种（*Pectobacterium carotovorum* subsp. *carotovorum*）（图3−15）。

4.3 发病特点

细菌性病害，病菌主要通过雨水、灌溉水等传播，病害多发生在高温、多湿季节和越夏种块贮藏期间。病菌主要通过伤口侵入，高温、高湿的条件有利于病害的发生发展。

4.4 防治方法

（1）选用适应当地条件的抗病品种。

（2）定植前土壤需深翻曝晒。前茬以豆类和葱蒜等作物最好。地势要排灌方便防止土壤黏重，适期播种定植。

（3）增施底肥，及时灌水追肥，不断清除病株烂叶，穴内施以生石灰灭菌。

（4）病菌极易从虫伤入侵，加之虫体也可带菌，造成病害的传播蔓延，因此应及时施药防治害虫。

5 菜粉蝶 *Pieris rapae* Linnaeus

菜粉蝶属鳞翅目粉蝶科，又称白粉蝶，幼虫称菜青虫。

5.1 形态特征

（1）成虫　体长12～20mm，翅展35～55mm。灰黑色，密布白色及黑褐色而有光的长毛。前后翅均为白色，雌虫前翅前缘和基部大部分灰黑色，顶角处有一近三角形黑斑，中室外侧和近后缘处各有一圆形黑斑。后翅前缘处亦有一圆形黑斑。前后翅展开后，3斑在一直线上。雄虫体色较雌虫为淡，前翅后缘之圆形黑斑不显著（图3-16）。

雌虫

雄虫

图 3-16 菜粉蝶成虫

（2）卵　瓶形，高约0.8mm，直径0.4mm。初产乳白至淡黄色，后变橙黄色。卵面有纵棱11～13条，横脊35～38条（图3-17）。

（3）幼虫　共5龄，老熟幼虫体长30～40mm，体淡绿色，体表满布黑色小瘤突，上生细绒毛。各节有4～5条横皱纹，各腹节在气门线上有2个黄斑，其一为环状围绕气门，气门黑色，背中线微呈黄色（图3-18）。

（4）蛹　长18～21mm，纺锤形，体色随化蛹时的附着物而异，有绿色、淡褐色等。头部前端中央有1个短而直的管状突起，背中线突起呈脊状，在胸部呈角状突起；腹部两侧各有一黄色脊，在第2、3腹节处呈角状突起（图3-19）。

图 3-17 菜粉蝶卵

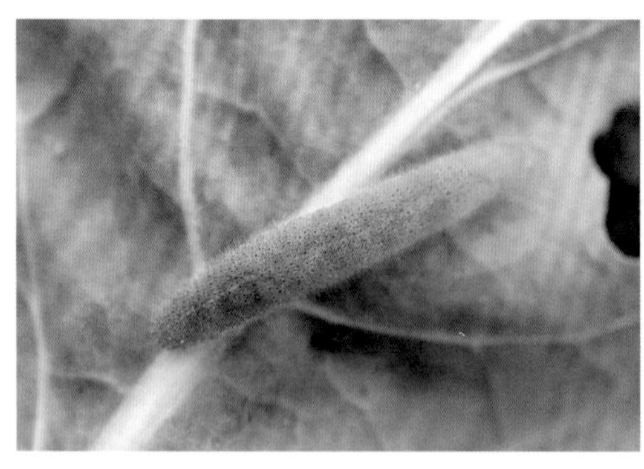
背面

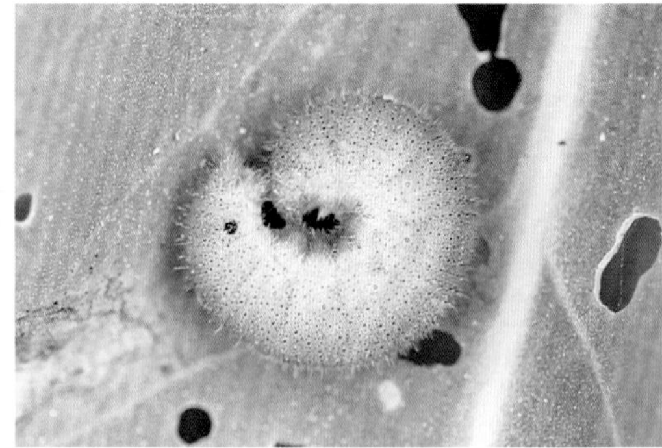
侧面

图 3-18 菜粉蝶幼虫

5.2 寄主范围

菜粉蝶的寄主植物已知分属9科35种，主要寄主为十字花科蔬菜，在缺乏十字花科寄主时，亦可取食白花菜科、百合科、金莲花科等其他科多种植物，是为害药用植物菘蓝的主要害虫。

5.3 为害特征

以幼虫取食叶片，初孵幼虫在叶背取食叶肉，残留表皮。3龄后取食叶片成孔洞或缺刻，严重时可将叶片吃光，只剩叶脉和叶柄，严重影响板蓝根及大青叶的产量和品质（图3-20）。

图 3-19 菜粉蝶蛹

5.4 发生特点

菜粉蝶在华北地区一年发生3～4代，主要以蛹在被害植株和附近的屋檐、篱笆、土缝、枯枝、落叶中越冬。一年中种群数量季节消长多呈双峰型，发生为害盛期为5月中旬至6月和8～9月。成虫白天活动，取食花蜜补充营养。卵多散产于菘蓝或十字花科作物的叶片上，以叶背为多。幼虫孵化后即取食为害叶片，尤以4、5龄幼虫食量大为害重，每天10：00～12：00和16：00～18：00取食最盛。幼虫老熟后多爬至干躁不易浸水的植株上，以腹末粘着于附着物上化蛹。

5.5 防治方法

5.5.1 农业防治

（1）合理布局　十字花科是其主要取食植物，在菘蓝种植区尽量避免和十字花科连作、邻作以减轻为害。

（2）清洁田园　在生长季和收获后，及时清除田间残株老叶，减少田间残留的幼虫和蛹。

图 3-20 菜粉蝶幼虫为害状

5.5.2 生物防治

人工繁放广赤眼蜂，在菜粉蝶卵初期和卵盛期，释放广赤眼蜂75万头/hm^2，1周内分3次释放。

6 小菜蛾 *Plutella xylostella* (Linnaeus)

小菜蛾属鳞翅目菜蛾科，又称方块蛾，幼虫称小青虫、吊丝虫。

6.1 形态特征

（1）成虫　体灰褐色，体长6 ~ 7mm，翅展12 ~ 15mm，前后翅细长，有很长的缘毛。前翅前半部灰褐色，后缘有灰白色或淡黄色波状带三度曲折，两翅合拢时，呈连续的菱形状斑纹（图3-21）。

（2）卵　椭圆形，长约0.5mm，宽约0.3mm。初产时乳白色，后变淡黄色。

（3）幼虫　共4龄，老熟幼虫体长10 ~ 12mm，体黄绿色，体上生稀疏的长而黑的刚毛，前胸背板有褐色小点构成的两个“U”形纹，虫体两端尖细，呈纺锤形，腹足趾钩单序缺环（图3-22）。

图 3-21 小菜蛾成虫

图 3-22 小菜蛾幼虫

（4）蛹　长5～8mm，体色变化大，有绿色、灰褐色等，外有纺锤形纱网状丝质的茧，可见蛹体。中胸气门呈三角形突起，腹部气门呈管状突起，腹末有4对钩刺（图3-23）。

图3-23 小菜蛾蛹

6.2 寄主范围

小菜蛾主要为害甘蓝、芥菜、菜心、芥蓝、白菜、萝卜、花椰菜、油菜等十字花科植物，亦能取食马铃薯、番茄、葱、洋葱等蔬菜和紫罗兰、桂竹香等观赏植物及板蓝根等药用植物。

6.3 为害特征

初龄幼虫可蛀入叶脉、叶柄及上下表皮内取食，形成小蛀道。2龄后多在叶背取食留下表皮，在叶片上形成不规则的透明斑，称“开天窗”，3～4龄幼虫可将叶片食成孔洞和缺刻，严重时全叶被吃成网状（图3-24）。

6.4 发生特点

小菜蛾在华北地区1年发生4～6代，在该区域内露地能否越冬目前尚无定论。在北京延庆4月下旬至10月初均有发生，有2个发生高峰，即6月和7月下旬至8月上旬，第1个高峰明显高于第2个高峰。成虫昼伏夜出，白天隐藏于植株隐蔽处，日落后开始取食、交尾、产卵。成虫产卵于叶背凹陷处。成虫有趋光性。幼虫昼夜均能取食，较活跃，遇惊时扭动后退或吐丝下垂，幼虫老熟后多在被害叶背面结茧化蛹。

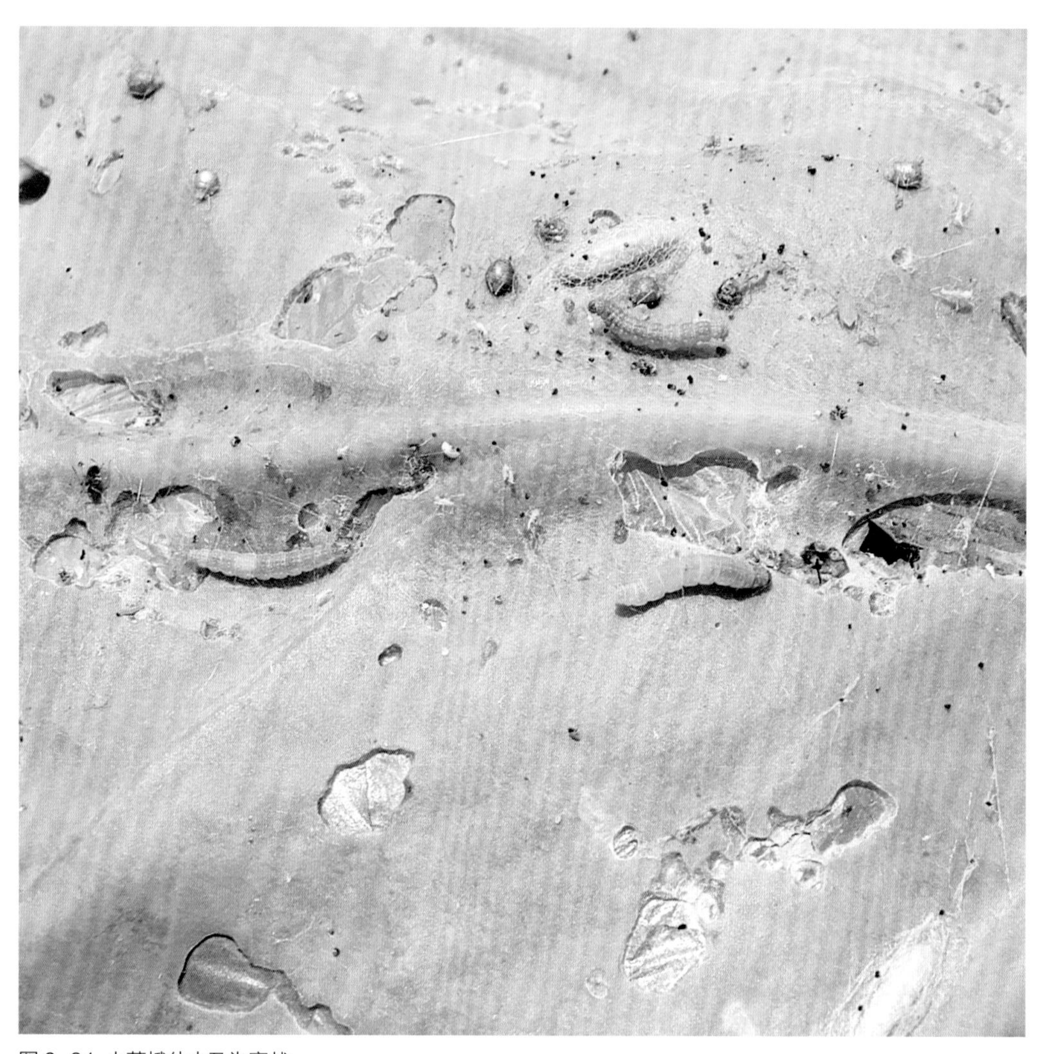

图 3-24 小菜蛾幼虫及为害状

6.5 防治方法

6.5.1 农业防治

同5.5.1。

6.5.2 生物防治

（1）释放小菜蛾的天敌　在小菜蛾卵、幼虫发生初期，分别释放卵寄生蜂赤眼蜂和菜蛾幼虫寄生蜂啮小蜂等。使用时注意，在放蜂后15天内应停止施用化学杀虫剂。

（2）利用小菜蛾性信息素诱杀成虫　自小菜蛾成虫发生初期开始，放置45 ~ 75个/ hm^2诱捕器，每月更换1次诱芯。田间放置诱捕器后，水盆诱捕器每隔1 ~ 2天把盆内诱到的成虫捞出，以保持盆内清洁，并根据水分蒸发情况适时加水。粘胶诱捕器每隔1周左右换一次粘虫板。

7 棉铃虫 *Helicoverpa armigera* (Hübner)

棉铃虫属鳞翅目夜蛾科，异名*Heliothis armigera*（Hübner）。又名棉桃虫、棉铃实夜蛾、钻心虫、玉米穗虫等。

7.1 形态特征

（1）成虫　体长15～17mm，翅展27～38mm，灰褐色。雌蛾前翅赤褐色至灰褐色，雄蛾多为灰绿色或青灰色。前翅具褐色环状纹及肾状纹，在外横线和亚外缘线间有1条宽的青灰色横带，并斜向肾状纹下方后缘，翅的外缘有7个小黑点；后翅灰白色或淡褐色，沿外缘线有灰褐色宽带，前缘有1个月牙形褐色斑（图3-25）。

（2）卵　半球形或馒头形，高0.52mm，宽0.46mm。初产乳白色，后变黄色（图3-26）。

（3）幼虫　一般6龄，有时5龄。老熟幼虫体长30～40mm。头黄褐色。体色变化较大，有绿色、淡绿色、黄白色、淡红色等。体表满布褐色或灰色刚毛。前胸气门前两根

雄成虫

雌成虫

图3-25 棉铃虫成虫

图3-26 棉铃虫卵

刚毛的连线通过气门或与气门下缘相切，气门线为白色。腹部第1、2、5节各有特别明显的2个毛突（图3-27）。

图 3-27 棉铃虫幼虫

（4）蛹 长17～20mm，红褐色，腹部第5～7节的背面和腹面有7～8排半圆形刻点，臀棘钩刺2根（图3-28）。

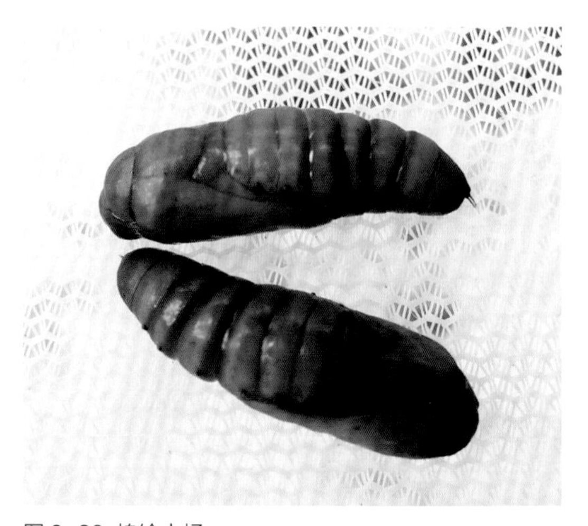

图 3-28 棉铃虫蛹

7.2 寄主范围

棉铃虫寄主范围达20多科250余种植物，除为害棉花、玉米、番茄、豌豆、辣椒等粮食、蔬菜作物外，还可为害金莲花、桔梗、山药、丹参、射干等多种药用植物。

7.3 为害特征

以幼虫为害菘蓝的嫩叶，造成叶片缺刻，严重时将整片叶片吃光。也可钻蛀花蕾，使之不能开花结籽（图3-29）。

7.4 发生特点

棉铃虫在华北地区1年发生4代，以蛹在土中越冬。成虫昼伏夜出，对黑光灯趋性强，萎蔫的杨树枝条对成虫有诱集作用，卵散产在寄主嫩叶、花蕾上；幼虫共6龄，取食嫩叶、蛀食花蕾。幼虫老熟后入土，于3～9cm处化蛹。该虫喜温喜湿，湿度对其影响更为明显，月降雨量高于100mm，相对湿度70%以上为害严重。

7.5 防治方法

7.5.1 农业防治

（1）秋耕冬灌，压低虫源。

图 3-29 棉铃虫为害状

（2）种植玉米诱集带，玉米心叶期与成虫产卵盛期要一致，利用棉铃虫成虫喜欢在玉米喇叭口栖息和产卵的习性，每天清晨人工灭虫，减少虫源。

（3）在棉铃虫产卵盛期，结合根外追肥，喷洒1%～2%过磷酸钙浸出液，可减少落卵量。

7.5.2 物理防治

（1）杨树枝把诱集　利用棉铃虫成虫对杨树叶挥发物具有趋性的特点进行诱集，在成虫羽化时在田间摆放杨枝把诱蛾，每把10枝，每枝直径1～2cm左右，90～150把/hm^2，日出前捉蛾，把已产卵的杨柳枝集中消毁。

（2）灯光诱集　用黑光灯、高压汞灯、频振式杀虫灯进行诱蛾，诱集半径约80～160m。

7.5.3 生物防治

性信息素诱集，利用性诱剂诱杀雄蛾，性诱捕器设置的诱集半径约30m。

8 山楂叶螨 *Amphitetranychus viennensis* (Zacher)

山楂叶螨异名*Tetranychus viennensis* Zacher，属蛛形纲蜱螨目叶螨科，俗称红蜘蛛。

8.1 形态特征

（1）成螨　雌成螨体长0.5～0.7mm，宽约0.3mm，长椭圆形，夏季深红色，越冬雌成螨鲜红色，背刚毛26根，排成6行，基部无瘤。雄成螨体长0.35～0.45mm，纺锤形，夏季体黄绿至浅橙黄色，体背两侧各具1个黑绿色斑，雄性外生殖器端部近侧突微小，远侧突呈尖刺状突出（图3-30～图3-32）。

（2）卵　圆球形，直径0.15mm，初产时黄白色，后变为橙红色（图3-33、图3-34）。

（3）幼螨　幼螨体圆形，黄白色，足3对（图3-35）。

（4）若螨　足4对，体淡绿色，体背出现刚毛，两侧有深绿色斑，老熟若螨体色发红，体形似成螨。

8.2 寄主范围

山楂叶螨主要为害林果植物，如山楂、苹果、沙果、梨、杏、桃、樱桃、李、草莓等多种果树，其次为玉米、茄子和槐、柳、梧桐、毛白杨、槭叶枫等。是药用植物的一种主要害螨。

8.3 为害特征

山楂叶螨以成螨、幼螨和若螨吸食叶片及幼嫩芽的汁液。叶片受害后，先呈现失绿黄白点，进而渐黄，严重时叶背出现蜘蛛网，全叶变为焦黄而脱落。也为害板蓝根的嫩茎及花蕾，尤其嫩茎受害重时，使植株枯黄、生长受阻。

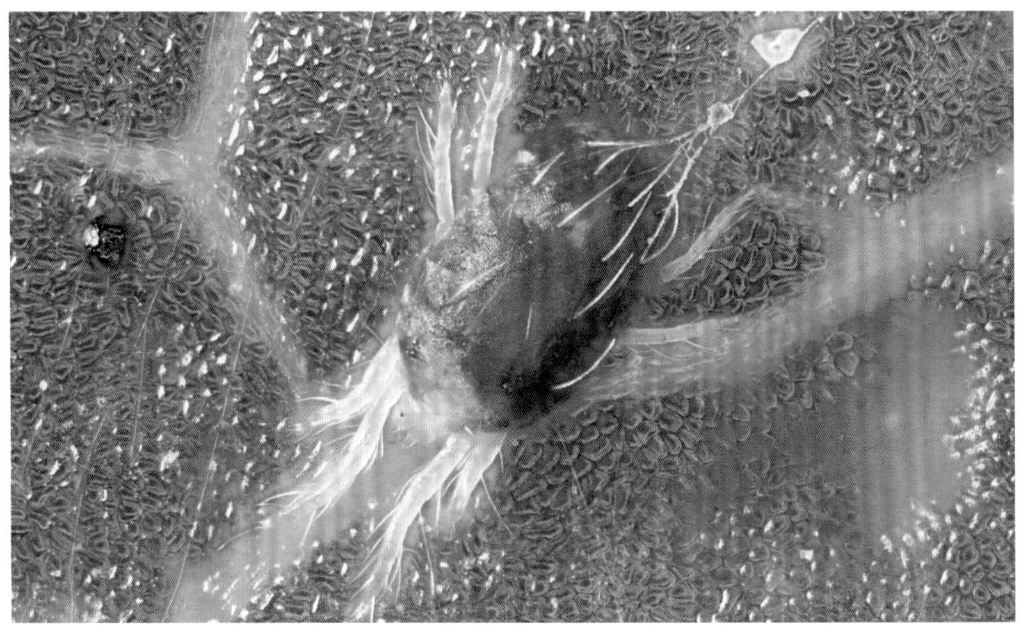

图 3-30 山楂叶螨雌成螨

图 3-31 山楂叶螨越冬雌成虫

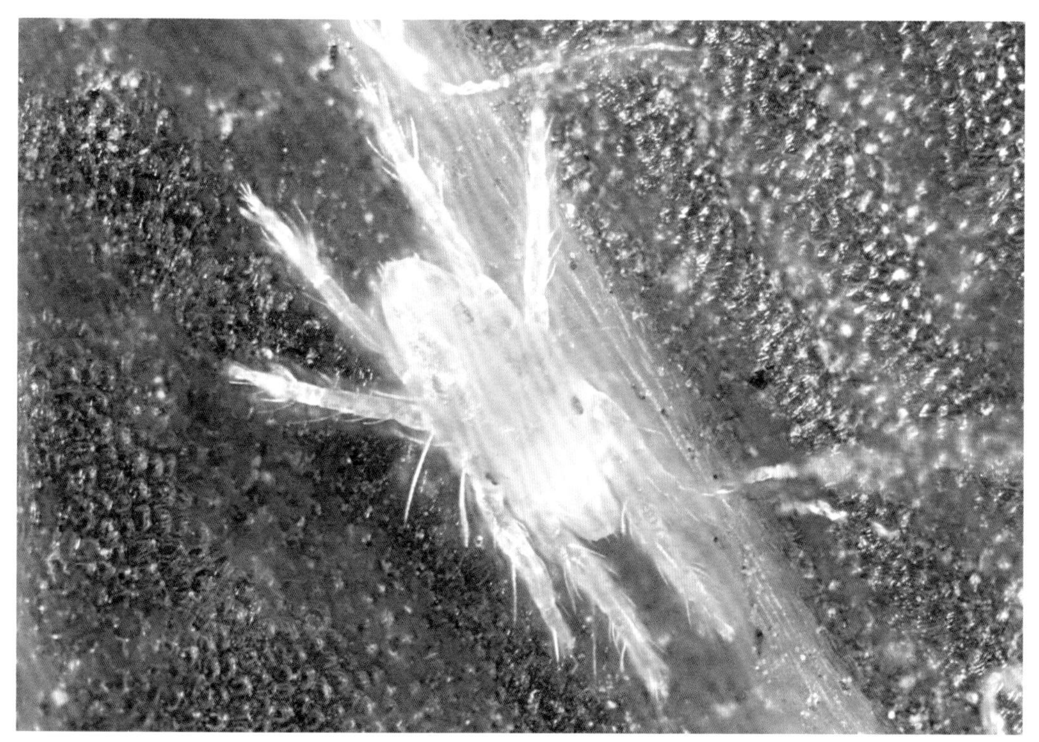

图 3-32 山楂叶螨雄成螨

图 3-33 山楂叶螨卵

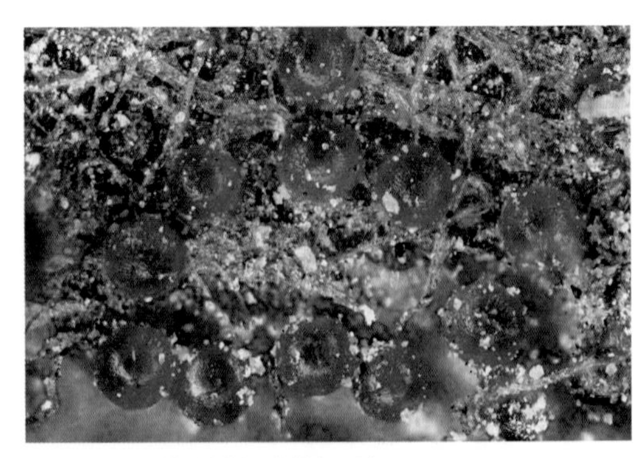

图 3-34 山楂叶螨卵（越冬后）

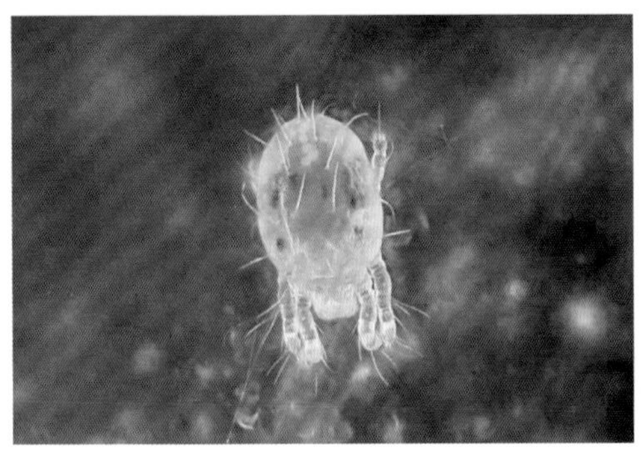

图 3-35 山楂叶螨幼螨、若螨

8.4 发生特点

山楂叶螨发生特点的研究报道主要集中在果树方面，有报道该虫在6～7月间为板蓝根上发生的主要害螨。在华北地区1年发生3～7代，周年发生情况如下。

该螨多以雌螨在落叶、土壤缝隙及杂草根际越冬，越冬成虫出蛰活动盛期在4月中旬左右，成螨产卵、第1代卵孵化盛期约5月中旬。第1次为害高峰在6月下至7月上。一般年份，7月下旬以后，随着雨季的到来和天敌的增多螨口密度逐渐下降，但干旱年份在7月中至8月中可发生第2个为害高峰。8月中旬后雌螨陆续进入越冬。

8.5 防治方法

8.5.1 农业防治

铲除杂草，清洁药园，及时翻耕。山楂叶螨除为害多种药用植物外，也取食多种园间杂草，及时清除杂草可减轻为害。秋季及时清除落叶、杂草，收获后及时翻耕也能大量减少越冬螨量。

8.5.2 生物防治

在药园人工释放塔六点蓟马和胡瓜钝绥螨。在山楂叶螨发生初期，开始释放其天敌，人为提高益害比，使叶螨常年处于天敌的有效控制下，达到螨害防控的可持续控制。

9 蚜虫类

为害板蓝根的蚜虫主要有2种，一种为萝卜蚜[*Lipaphis erysimi*（Kaltenbach）]，又称菜缢管蚜（图3-36）；另一种为桃蚜[*Myzus persicae*（Sulzer）]，又称烟蚜（图3-37），属同翅目蚜科。是板蓝根生长期的主要害虫之一，二者常混合发生。三门峡地区报道板蓝根上是以桃蚜为害为主，本部分以桃蚜为例介绍。

图 3-36 萝卜蚜

图 3-37 桃蚜

9.1 形态特征

（1）有翅胎生雌成蚜　体长1.8～2.5mm，头胸部黑色，腹部淡暗绿色，背面中央有1淡黑色大斑，两侧有小黑斑。额瘤内倾，触角第3节约有9～17个感觉孔，排成1列。腹管较长，中后部稍膨大，末端部明显溢缩。

（2）无翅胎生雌成蚜　体长2.0～2.6mm，体有绿色、黄绿色、赭赤色。触角长1.5～2.3mm，为体长的0.8倍。腹管长筒形，长为尾片的2.3倍，尾片圆锥形，近端部1/3收缩。

9.2 寄主范围

桃蚜是多食性害虫，我国记载的寄主植物有170种，包括梨、桃、李、梅、樱桃等蔷薇科果树；白菜、甘蓝、萝卜、芥菜、芸苔、芜菁、甜椒、辣椒、菠菜等多种蔬菜；还有烟草和药用植物枸杞、三七、大黄、人参、板蓝根等。

9.3 为害特征

桃蚜以成、若蚜刺吸为害板蓝根的嫩叶、新芽和花器，幼叶受害后，向反面横卷或不规则卷缩；蚜虫排泄的蜜露，常可引发煤污病，桃蚜还可传播多种病毒病。受桃蚜的为害，板蓝根叶片光合作用功能降低，产量和质量下降，药性降低（图3-38）。

图 3-38 蚜虫为害状

9.4 发生特点

桃蚜在华北地区1年发生10～20代。多以卵在桃、李、杏等多种果树的芽腋、裂缝和小枝杈等处越冬，也可以成蚜或若蚜在蔬菜上或避风种植的板蓝根上越冬。越冬卵春季孵化为干母，相继繁殖干雌和有翅迁移蚜，为害越冬寄主。4月中下旬后迁飞到板蓝根上为害、繁殖，于5月下旬达到高峰，以后随温度的增高，雨季的到来和天敌的增多，种群数量逐渐下降，秋季9～10月种群数量又有所增加，形成第2个为害高峰。晚秋大部分迁移到果树上产生雄蚜和雌蚜，交配产卵越冬，少部分在板蓝根田间。

9.5 防治方法

9.5.1 农业防治

合理规划种植，桃蚜在板蓝根田发生为害程度与周边植被环境有关，板蓝根与桃、李、杏、烟草、蔬菜等作物相间、相邻种植，桃蚜发生重且持续时间长；与小麦、玉米、谷子等禾本科植物相间、相邻种植，桃蚜发生则轻且为害时间短。

9.5.2 物理防治

有翅胎生雌蚜对黄色有明显的趋性，一般选用规格20cm×30cm黄板，黄板下端距植株顶部20cm，300～450个/hm^2，对有翅成蚜有较好的诱杀效果。

10 潜叶蝇类

板蓝根潜叶蝇有2种，1种为豌豆彩潜蝇[*Chromatomyia horticola*（Goureau）]，又称豌豆潜叶蝇，常见异名为*Phytomyza horticola* Gourean；另1种为美洲斑潜蝇（*Liriomyza sativae* Blanchard）。均属双翅目潜蝇科。三门峡地区以碗豆潜叶蝇为害为重。

本部分以豌豆彩潜蝇为例介绍。

10.1 形态特征

（1）成虫　雌虫体长2.3～2.7mm，雄虫体长1.8～2.1mm。体暗灰色，无光泽。中胸背板、小盾片灰黑色。足黑色，仅腿节末端黄褐色。前翅M_{1+2}与M_{3+4}脉间无横脉（图3-39）。

（2）卵　长卵圆形，长0.30～0.33mm，灰白色，略透明。

（3）幼虫　蛆型，共3龄。老熟幼虫长3.2～3.5mm，宽1.5～2.0mm，乳白色到黄色。前气门呈叉状前伸，各有6～10个开口，后气门为1对呈圆锥状小突起，各突起上有6～9个开口（图3-40）。

（4）蛹　长椭圆形，略扁。长2.1～2.6mm，初化蛹时乳白色，后变为黄褐色或灰褐色（图3-41）。

背面观

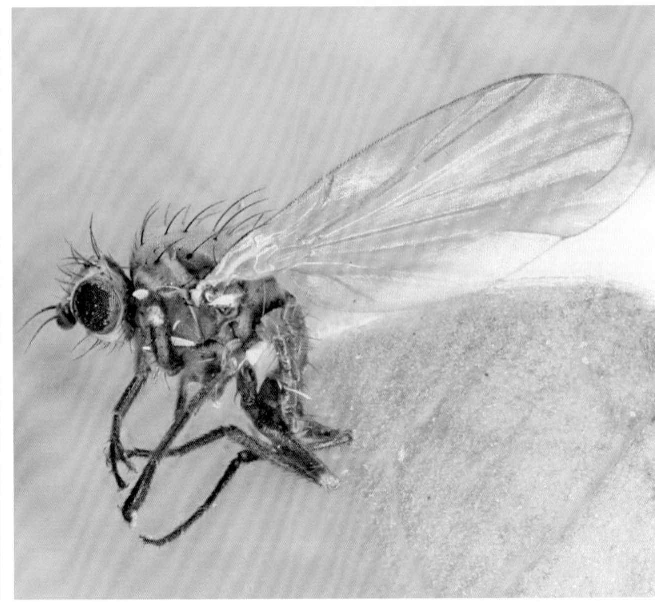

侧面观

图 3-39 豌豆彩潜蝇成虫

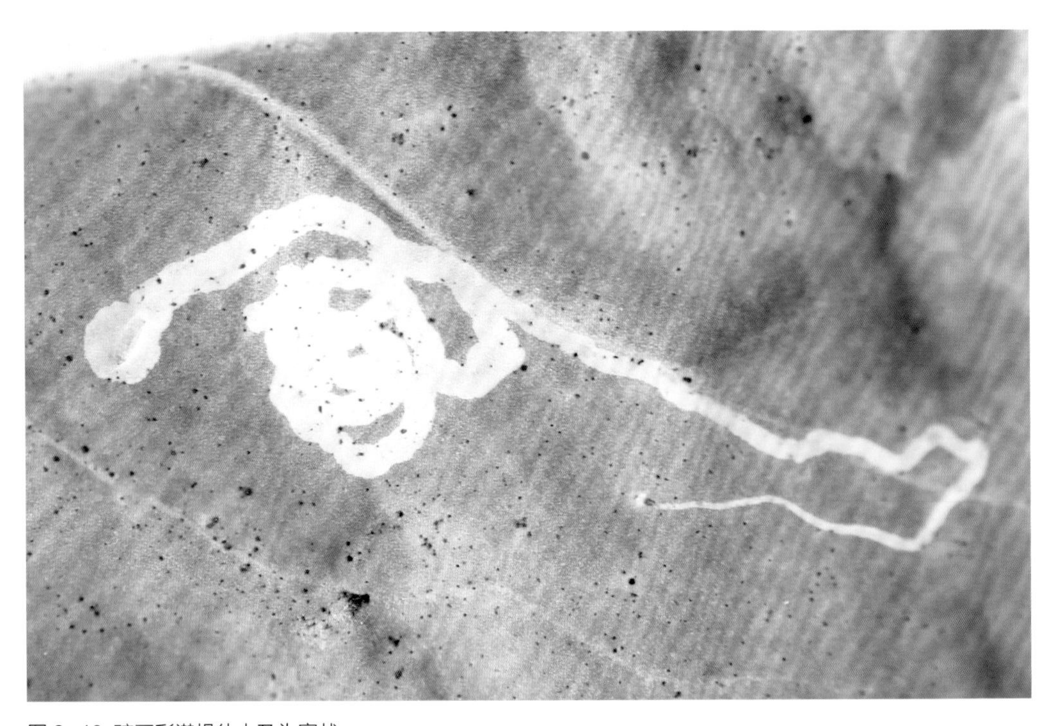

图 3-40 豌豆彩潜蝇幼虫及为害状

图 3-41 豌豆彩潜蝇蛹

10.2 寄主范围

该虫寄主植物约20科130余种，主要有豆科的豌豆、菜豆、豇豆、蚕豆；十字花科的白菜、甘蓝、花椰菜、芥菜、萝卜、二月兰；还可为害葫芦科、菊科、茄科等科的多种植物。十字花科的药用植物菘蓝是其严重为害植物之一。

10.3 为害特征

该虫以幼虫潜入菘蓝叶片表皮下潜食叶肉组织，受害叶片正反面均出现灰白色迂回曲折蛀道，蛀道多从叶片边缘开始，向内盘旋延伸，蛀道由细变粗，内有颗粒状细小虫粪，蛀道端部可见椭圆形蛹。为害严重时，叶片布满蛀道，可造成叶片枯死。雌成虫用产卵器刺破叶片产卵或雌、雄成虫吸食汁液，留下灰白色斑点，严重影响光合作用，降低板蓝根及大青叶的产量和质量。

10.4 发生特点

豌豆彩潜蝇在华北地区1年发生4～5代，以蛹在寄主叶片中越冬。在三门峡地区3月下旬至4月上中旬越冬蛹羽化为成虫，主要产卵于豆科、十字花科等植物的叶片上并为害1代；第2代成虫于5月中下旬出现，开始向菘蓝田转移，产卵于菘蓝叶片上，孵化后幼虫为害叶片；第3代和第4代盛期分别在7月上中旬和7月下旬至8月上旬，继续在菘蓝上为害；第5代成虫出现在8月上旬至9月上旬，大量成虫向菜田转移，主要为害豆科及十字花科蔬菜。

10.5 防治方法

10.5.1 农业防治

（1）合理布局　豌豆彩潜蝇在菘蓝田发生为害程度与周边植被环境有很大关系，豆科植物、十字花科植物分布面积大，虫源基数多，菘蓝田发生就重。应避免和豆科、十字花科植物连作、邻作，以减轻对板蓝根的为害。

（2）清洁田园　由于豌豆彩潜蝇的卵、幼虫和蛹均在寄主叶片内度过，在生长季和收获后，及时清除田间残株老叶，铲除杂草，集中处理，可消灭大量残虫。

10.5.2 物理防治

豌豆彩潜蝇成虫发生期，可用黄板诱杀。在田间黄板（20cm × 30cm）悬挂高度以超过菘蓝植株生长点20cm，300个/hm^2为宜，可对成虫起到一定的控制作用。有条件的地区，可用30目的防虫网覆盖种植，尤以银灰色网防虫效果更佳。

第四章

半夏病虫害

半夏 （图4-1～图4-3）

Pinellia ternate (Thunb.) Breit.

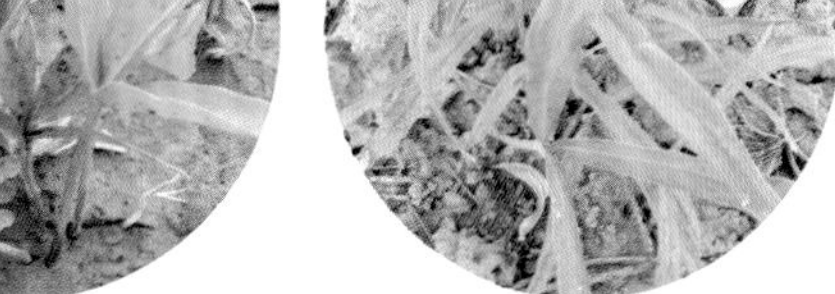

图 4-1 宽叶半夏　　图 4-2 细叶半夏

半夏是天南星科半夏属植物，以干燥块茎入药，性温、味辛、有毒，用于燥热化痰，降逆止呕，消痞散结等。我国半夏分布较广，除内蒙古、新疆、青海、西藏未见野生外，其余各省份均有分布，主产于四川、湖北、辽宁、河南、陕西、山西、安徽、江苏、浙江等地。半夏常见病害有病毒病、软腐病；虫害主要有半夏蓟马、红天蛾和地下害虫等，其中半夏蓟马最为常见。

图 4-3 田间半夏

1 半夏软腐病

1.1 症状

块茎首先腐烂，后蔓延到地上部分，叶片叶柄发生水渍样软腐，有臭味，最后茎秆枯黄，倒苗而死亡（图4-4、图4-5）。

a

b

图 4-4 半夏软腐病

图 4-5 半夏软腐病田间为害状

1.2 病原

半夏软腐病病原为肠杆菌目（Enterobacteriales），肠杆菌科（Enterobacteriaceae），果胶杆菌属（*Pectobacterium*），胡萝卜果胶软腐杆菌胡萝卜亚种（*Pectobacterium carotovorum subsp. carotovorum*）。

1.3 发病特点

细菌性病害，病菌主要通过雨水、灌溉水等传播，病害多发生在高温、多湿季节和越夏种块贮藏期间。病菌主要通过伤口侵入，高温、高湿的条件有利于病害的发生发展。

1.4 防治方法

（1）选取健康优良的半夏种子进行种植。

（2）选取地势高的区域或坡地种植，深沟高畦，及时有效的排涝。

（3）实行3年以上的轮作。

（4）在烈日暴晒及高温时，应在垄边种植高秆作物如玉米、甘蔗等遮蔽阳光，或搭建遮阳网；及时拔除病株，及时防治地下害虫。

2 半夏病毒病

2.1 症状

叶片出现花叶、皱缩、畸形，至叶片出现不规则褪绿、黄色条斑及明脉等。有些植株有隐症现象。受病毒侵染的种子或块茎活力低，不容易发芽，常年使用带毒块茎可导致种质退化。不同种类病毒引起不同症状，造成植株生长不良，块茎减产。叶片小，叶缘微波状，有时畸形。叶片呈现绿色或淡绿与浓绿相间的斑驳，褪绿、黄化、白化、皱缩、叶面凹凸不平。全株矮缩。（图4-6）

2.2 病原

半夏病毒病可由多种病毒引起，芋花叶病毒（DMV）、黄瓜花叶病毒（CMV）、大豆花叶病毒（SMV）和蚕豆萎蔫病毒（BBWV）均能引起半夏病毒病，且存在复合侵染。

图 4-6 半夏病毒病

2.3 发病特点

半夏常用块茎进行种植，带毒块茎是主要的初侵染源。种植带毒块茎，长出的幼苗即可发病，呈现花叶病症状。连年种植带毒块茎，将导致病毒在块茎中的积累，发病加重，块茎变小，产量降低。此外，田间蚜虫多，农事操作频繁，病害更易传播。

2.4 防治方法

（1）培育无毒种苗，通过热处理结合茎尖脱毒，培养无毒苗或以种子繁殖，获得无毒苗。

（2）建立无病基地，在高海拔地区建立无病种子基地，以供应其他地区的田间生产。

（3）通过防虫网、粘虫板等措施，治虫防病，进行蚜虫的早期防治。

3 红天蛾 *Pergesa elpenor* Lewisi (Butler)

红天蛾属鳞翅目，天蛾科。别名红夕天蛾、暗红天蛾、葡萄小天蛾等。

3.1 形态特征

图 4-7 红天蛾

（1）成虫　体长33～40mm，翅展55～70mm。体、翅以红色为主，有红绿色闪光。头部两侧及背部有两条纵行的红色带；腹部背线红色，两侧黄绿色，外侧红色；腹部第1节两侧有黑斑。前翅基部黑色，前缘及外横线、亚外缘线、外缘及缘毛都为暗红色，外横线近顶角处较细，愈向后缘愈粗；中室有1白色小点；后翅红色，靠近基半部黑色；翅反面色较鲜艳，前缘黄色（图4-7）。

（2）卵　扁圆形，直径1～1.5mm，初产时鲜绿色，孵化前淡褐色。

（3）幼虫　共5龄，老熟幼虫体长75～80mm。头和前胸小，后胸膨大，体上密布网纹。胸部淡褐色，鳞片状。腹部第1～2节背面有1对深褐色眼状纹，纹中间有月牙形的淡褐色斑，斑周围白色。各腹节背面有浅色横线，体侧有浅色斜线。尾角黑褐色。腹部腹面黑褐色。

（4）蛹　纺锤形，长42～45mm，棕色，有暗褐色斑。

3.2 寄主范围

半夏、掌叶半夏、忍冬、柳叶菜、葡萄、爬山虎、地锦、茜草科、凤仙科等多种植物。

3.3 为害特征

以幼虫咬食叶片，初孵幼虫在叶背啃食表皮，形成透明斑。2龄起食成小孔洞，3龄从叶缘食成缺刻，4～5龄食量最大，发生严重时，可将叶片食光。

3.4 发生特点

该虫在杭州1年发生5代，世代重叠，以蛹在土表下蛹室中越冬。翌年4月下旬开始羽化，出现越冬代成虫。成虫日伏于半夏植株或树林荫处，黄昏时开始活动，吸食花蜜，趋光性强。成虫将卵散产于半夏叶背，少数在叶面，多数一叶只产1粒。高龄幼虫一夜间可将10余株半夏的叶吃尽，遇食料缺乏时向四周扩散。幼虫老熟后，吐丝卷叶或用土粒筑成蛹室化蛹。以5月中旬至7月中旬发生量大，为害最严重。

3.5 防治方法

3.5.1 农业防治

（1）秋后或早春耕翻土壤，以消灭越冬蛹。

（2）幼虫发生期结合中耕除草，人工捕捉。

（3）清洁田园，中耕松土破坏其荫蔽、化蛹场所。

3.5.2 物理防治

黑光灯诱杀成虫。

4 蓟马

半夏蓟马属缨翅目，2004年李泽善曾报道初步鉴定为皮蓟马科，但据2007年曾令祥的形态描述，似管蓟马科，目前种类不详。

4.1 形态特征

半夏蓟马初孵若虫乳白色，后渐淡黄色，红色，成虫体长1.5mm左右，黑褐色。管蓟马科特征为：成虫触角4～8节，有锥状感觉锥，第3节最大。前翅无翅脉或仅有一简单缩短的中脉，翅面无微毛。雌虫无外露产卵器，腹部末端管状（图4-8）。

4.2 寄主范围

该虫除在半夏上为害，其他寄主植物不详。

4.3 为害特征

主要以成虫、若虫群集于较嫩的叶片正面取食为害，锉吸汁液，破坏叶片组织，阻碍半夏植物生长和块茎膨大。受害严重时植株矮化、叶片向正面卷缩，呈花叶、白叶，皱卷成圆筒形，最后导致干缩、枯死。严重影响半夏产量和降低质量，造成严重的经济损失。

图 4-8 半夏蓟马

4.4 发生特点

在贵阳市，半夏蓟马4月下旬至9月下旬田间发生，世代重叠严重，田间消长曲线呈明显3峰型，高峰日分别在5月25日、7月14日和8月13日，百株虫数分别达35、245和45头，以6月下旬至7月下旬虫口密度高。最佳防治时期应在第1个高峰5月20日左右，以后视半夏蓟马发生情况决定是否进行防治。

4.5 防治方法

4.5.1 农业防治

（1）半夏收获后，清除田间、沟边枯枝残叶，秋季及时翻耕土地，减少越冬虫口基数。

（2）春季播种前深翻土壤、合理轮作倒茬或在半夏生长期间中耕，均可减少田间生长期的发生密度。

（3）生长季及时清除田间杂草，做到田园清洁，可减轻半夏蓟马的迁移为害。

4.5.2 生物防治

释放捕食性天敌胡瓜钝绥螨和东亚小花蝽，目前我国已初步建立了两种捕食性天敌室内规模化生产技术，适时释放胡瓜钝绥螨和东亚小花蝽有效地控制半夏蓟马的为害。

5 根螨类

根螨是球根、球茎、鳞茎及块茎类作物、花卉和中药材在生产及储藏过程中的重要害虫，由于其造成的经济损失严重以及难以根除和控制，许多国家将其列为检疫性有害生物。

据文献报道，为害半夏的根螨主要有刺足根螨*Rhizoglyphus echinopus*和罗宾根螨*Rhizoglyphus robini* Claparede，属粉螨目粉螨科。

5.1 形态特征

5.1.1 刺足根螨（又名球根粉螨、水芋根螨、葱螨等）

（1）成螨　雌螨体长0.58～0.87mm，宽卵圆形，白色发亮。前半体和后半体之间有1条横沟。4对足，足短粗，淡褐色，跗节基部有1根圆锥形刺。前足体有背毛5对，体末有背毛4对，生殖孔位于第3对足和第4对足之间；雄螨体长0.57～0.8mm，体色和特征与雌螨相似，肛门围有1对肛吸盘。

（2）卵　椭圆形，长0.2mm，乳白色半透明。

（3）幼螨　3对足，体半透明，附肢浅褐色。

（4）若螨　体长0.2～0.5mm，足4对，体白色、半透明，近椭圆形体形与成螨相似。

5.1.2 罗宾根螨（又名罗氏根螨）

（1）成螨　雄螨体长0.45～0.72mm，体宽0.30～0.47mm。体表光滑、乳白色、有光泽。足淡红棕色，足Ⅰ、Ⅱ跗节背中毛（ba）为圆锥形，与大感棒（ω1）靠近。足Ⅱ跗节缺亚基侧毛（aa），顶外毛（ve）微小，位于前足体侧板中央。胛内毛（sci）很短，仅是胛外毛（sce）的1/7。背刚毛光滑、较短，是体长的1/10。肛门吸盘无放射状线条；雌螨体长0.61～0.87mm，体宽0.39～0.64mm。体表光滑、白色，胛内毛（sci）短，足Ⅰ、Ⅱ跗节上的背中毛（ba）通常与跗节上的感棒毛略等长。Ⅰ～Ⅳ足跗节通常有3对前端毛，前端扁平。肛毛6对，后端的2对短。

（2）卵　表面光滑，灰白色。

（3）幼螨　3对足，由于幼螨后半体的发育不完全，所以体躯上的某些刚毛以及足上的一些刚毛和感棒毛缺少。

（4）若螨　4对足，体型似成螨。

根螨背面观及腹面观如图4-9、图4-10所示。

5.2 寄主范围

5.2.1 刺足根螨

刺足根螨主要寄主包括空心菜、洋葱、藠头、大蒜、大葱、青椒、半夏、平贝母、唐菖蒲、长筒非洲莲香、麝香香百合、水仙、百合、风信子、甜菜、胡萝卜、蘑菇、小麦、玉米、葡萄等。

5.2.2 罗宾根螨

刺足根螨寄主有16科35属46种，主要有洋葱、藠头、大蒜、大葱、韭菜、马铃薯、半夏、唐菖蒲、新西兰百合、麝香香百合、野芋、胡萝卜、蘑菇、竹笋、黑麦、稻、玉米等。

图4-9 根螨背面观

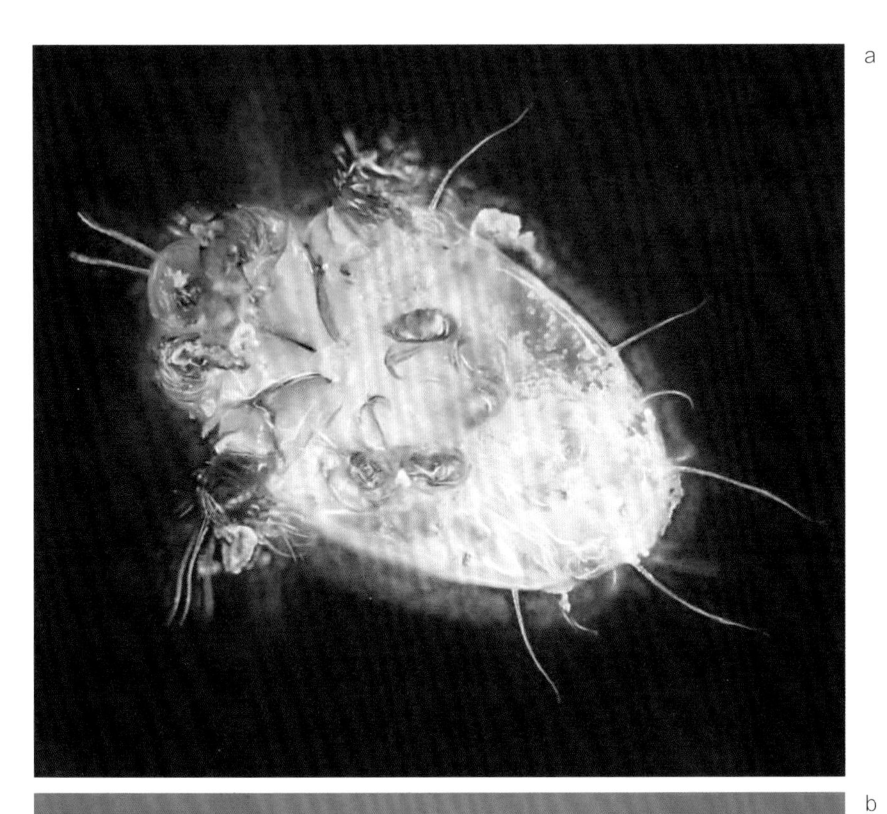

a

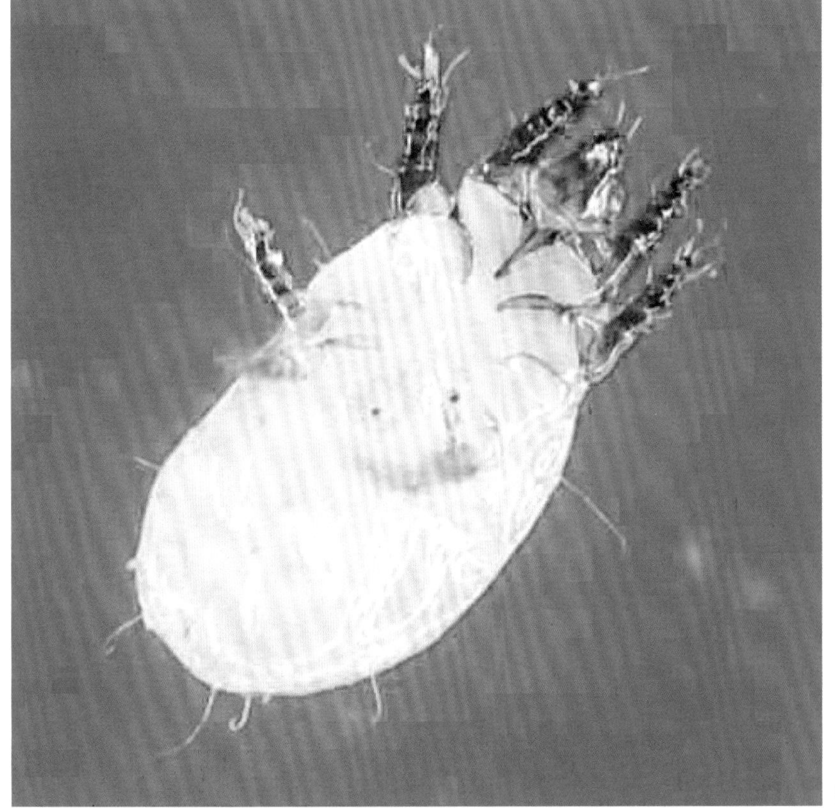

b

图 4-10　根螨腹面观

5.3 为害特征

两种根螨以成螨、若螨刺吸为害半夏球根组织，导致半夏植株的丝状根数量减少，逐渐失去吸收水分和养分能力，根脱落易于从土中拔出。种球受害处形成伤口，易被腐生性细菌感染而腐烂。地上部植株生长缓慢，叶片由外向内先后失绿、叶尖黄化、干枯、下垂。根螨待球根腐烂后则在其上营腐生生活，可传播半夏的腐烂病菌，加重、加速球根的受害程度，严重时导致半夏绝产无收（图4-11、图4-12）。

图 4-11 根螨为害前期

5.4 发生特点

5.4.1 刺足根螨

年发生代数因地而异，1年可发生9～18代。以成螨或若螨在土壤内或被害植株内越冬。发育适温20～25℃。喜高温、高湿，不耐干旱。其两性生殖，雌螨交配后1～3天即可产卵，单雌平均产卵200粒左右。若螨和成螨开始多在根周围活动为害，当根部腐烂便集中于腐烂处取食，螨量大小与腐烂程度关系密切。该螨既有寄生性也有腐生性，同时也有很强的携带腐生病菌和镰刀菌的能力。土壤有机质含量高，土质黏重，土壤孔隙小，水分不易散失，相对湿度较大，刺足根螨发生较重，不同土质发生程度为黏土＞壤土＞砂土。

休眠体是根螨发育的一个特殊阶段，也称为第2若螨期，它是一个不需取食的特殊的发育阶段，主要是螨类抵御不良环境、加强种的延续和传播的一种特殊形式。

5.4.2 罗宾根螨

罗宾根螨一年中可发生多代，除每年的第1代发生较为整齐外，其余各个世代重叠严重。以休眠体在土壤中越冬，越冬深度一般为3～7cm，但不越过9cm。地温10℃以下

图 4-12 根螨为害后期

时，停止活动。春季开始取食活动，交尾产卵，每雌可产80～100粒，卵期3～5天。根螨避光性强、不善于活动。

罗宾根螨为害程度，与环境密切相关。高温、土壤湿度大，种群繁殖快。连作田、潮湿土壤、有机质含量高、肥沃土壤、土壤质地疏松、透气性良好的砂质壤土和壤土中，罗宾根螨的为害严重；轮作田、干燥土壤、透气性差且黏重的黏土农田中发生很少，受害也轻。

5.5 防治方法

根螨个体小，又在土壤中生活，不易观察，为控制其为害，应采用综合措施，防虫治病相结合，才能收到更好的防治效果。

5.5.1 植物检疫

对于根螨的防治，注重预防工作，因为一旦根螨侵入农地，几乎无法加以完全根除，所以加强动植物检疫工作，是防治根螨的第一道防线。

5.5.2 农业防治

（1）秋耕冬灌，破坏越冬场所。

（2）盛暑高温，深翻曝晒，结合清除杂草和残株落叶，可消灭大量根螨，降低虫源基数。

（3）轮作倒茬　与根螨非寄主植物轮作倒茬，时间应在3年以上。

（4）半夏种植时，选择无病虫的田块及繁殖材料，防止根螨发生与蔓延。

5.5.3 生物防治

在根螨种群密度低时，释放天敌进行防治，目前使用的天敌有尖狭下盾螨，对根螨种群具明显的防控作用。

第五章

北苍术病虫害

北苍术 （图5-1～图5-3）

Atractylodes chinensis (DC.) koidz.

图 5-1 北苍术苗期

图 5-2 北苍术植株

北苍术为菊科苍术属，多年生草本药用植物，以根茎入药。根状茎肥大，呈结节状。根状茎含挥发油、淀粉等，油中的主要成分为苍术酮、苍术醇、茅术醇等，具燥湿健脾、祛风、散寒、明目等功效。用于治疗脘腹胀满，泄泻，水肿，脚气痿躄，风湿痹痛、风寒感冒、雀目夜盲等症。北苍术生于低山阴坡灌丛、林下及较干燥处，主要分布于我国北方，主产于河北北部。北苍术常见病害有黑斑病、软腐病、白绢病。虫害主要有蚜虫、地老虎等。

图 5-3 北苍术花期

1 北苍术黑斑病

1.1 症状

主要为害叶片，病斑受叶脉限制，呈多角形或不规则形，暗褐色至黑褐色，后中央变灰白色，上面散生小黑点。严重时病斑布满全叶，叶片呈铁黑色枯死。症状类似铁叶病（图5-4、图5-5）。

1.2 病原

北苍术黑斑病病原为丝孢目（Hyphomycetales），暗色孢科（Dematiaceae），链格孢属（*Alternaria*），细极链格孢[*Alternaria tenuissima*（Kunze）Wiltshire]和茄链格孢（*Alternaria solani*）（图5-6）。

1.3 发病特点

病菌在根茎残桩和地面病残叶上越冬。次年产生分生孢子引起初侵染，分生孢子靠风雨淋溅传播，引起再侵染。黑斑病较灰斑病发生时间早。

1.4 防治方法

（1）因地制宜地选用抗（耐）病品种。

（2）栽植密度适当，保持通风透光。

（3）使用充分腐熟有机肥，增施磷、钾肥。

（4）重病田实行3年以上轮作。

（5）彻底消除田间病株残体，及时剪除病叶深埋或烧毁。

图 5-4 北苍术黑斑病

图 5-5 北苍术黑斑病田间症状

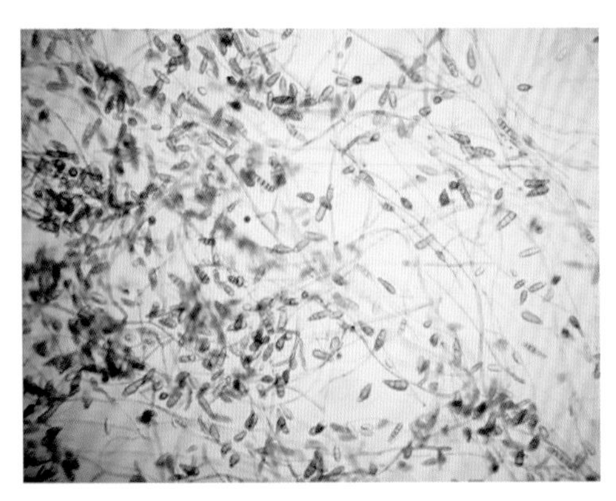

图 5-6 链格孢属（Alternaria）

2 北苍术白绢病

2.1 症状

根状茎和茎基部受害后，呈现水渍状黄褐色至褐色腐烂，其上长有白色绢状菌丝体，呈辐射状，边缘尤为明显，与此同时在菌丝上还结生许多油菜籽状菌核。植株叶片萎蔫下垂，最后枯死（图5-7）。

2.2 病原

北苍术白绢病病原为无孢目（Agonomycetales），无孢科（Agonomycetaceae），小核菌属（*Sclerotium*），齐整小核菌（*Sclerotium rolfsii* Sacc.）（图5-8）。有性阶段为白绢薄膜革菌[*Pellicularia rolfsii*（Sacc.）West.]。

2.3 发病特点

病菌主要以菌核在土壤中越冬，也能以菌丝体在种栽或病残体上存活。条件适宜时，菌核产生菌丝体，直接侵害近地面茎基部和根茎。菌丝沿土隙缝或地面蔓延为害邻近植株，菌核随水流、病土移动传播，带菌种栽栽植后也会引起发病。病菌喜高温（30～35℃）、多湿、通气、低氮的砂壤土。6月上旬至8月上旬，当天气时晴时雨，土面时干时湿，苍术生长封行郁闭时，有利于病害的发生。

图5-7 北苍术白绢病

2.4 防治方法

（1）收获后，深翻土壤和灌水。

（2）与水稻轮作，忌同感病的药材、茄科、豆科及瓜类等连作。

（3）选用无病健壮的种子。

（4）发现病株，应带土移出田外销毁，病穴撒施石灰消毒。

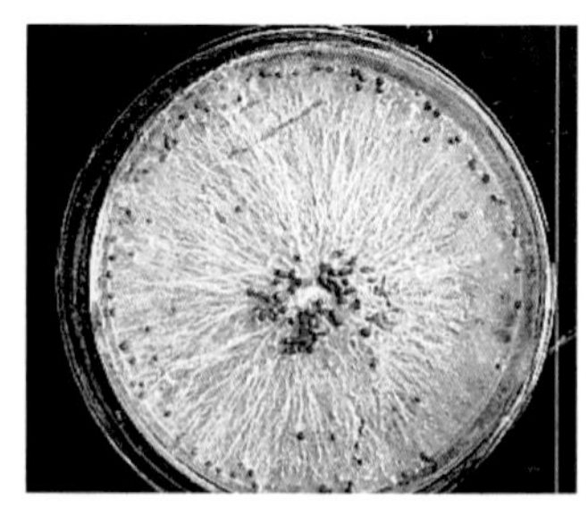
图 5-8 齐整小核菌

3 北苍术软腐病

3.1 症状

地下根状茎受害后，初期呈褐色水渍状，后呈“豆腐渣”或“浆糊状”软腐，发臭，仅残留褐色纤维组织。地上部分植株萎蔫，后期枯死，易从地上拔起（图5-9）。

3.2 病原

北苍术软腐病病原为肠杆菌目（Enterobacteriales），肠杆菌科（Enterobacteriaceae），果胶杆菌属（*Pectobacterium*），胡萝卜果胶软腐杆菌胡萝卜亚种（*Pectobacterium carotovorum* subsp. *carotovorum*）。

a

b

图 5-9 北苍术软腐病

3.3 发病特点

本病为细菌性病害，病菌主要通过雨水、灌溉水等传播，病害多发生在高温、多湿季节和越夏种块贮藏期间。病菌主要通过伤口侵入，高温、高湿的条件有利于病害的发生发展。雨水多，地势低洼、土壤黏重，地下害虫为害严重的田块发病严重，7～8月为发病盛期。

3.4 防治方法

（1）选用无病健壮的种苗或根茎种植。

（2）合理选地，高垄栽培，合理密植。

（3）科学施肥，施足底肥，选用腐熟的农家肥，适当增施磷、钾肥，增强植株抗病力。

（4）田间一旦出现病株，立即带土移出大田之外销毁，并在病穴施用土壤消毒剂。

4 红花指管蚜 *Uroleucon gobonis* (Matsumura)

形态特征（图5-10）、寄主植物、发生特点、防治方法参见第二章白术蚜虫部分。

图 5-10 红花指管蚜

第六章

北柴胡病虫害

北柴胡 （图6-1、图6-2）

Bupleurum chinense DC.

北柴胡又名竹叶柴胡、硬苗柴胡、韭叶柴胡、津柴胡等。伞形科多年生草本植物，需要两年完成一个生长发育周期。以根入药，具有解表退热、疏肝解郁、升举阳气的功能，用于治疗外感发热、寒热往来、疟疾、肝郁胁痛乳胀、头痛头眩、月经不调、气虚下陷之脱肛、子宫脱垂、胃下垂等。是我国常用大宗中药材品种，主要分布于华北、西北和东北地区，主产于山西、陕西、河北、河南、辽宁、吉林等地。北柴胡常见病害有根腐病、斑枯病、病毒病等，虫害主要有赤条蝽、伞双突野螟、法氏柴胡宽蛾、蚜虫等。

图 6-1 北柴胡苗期

图 6-2 北柴胡花期植株

1 北柴胡斑枯病

1.1 症状

图 6-3 北柴胡斑枯病

多从叶缘、叶尖开始发病，叶片上产生直径为3～5mm的圆形或不规则形暗褐色病斑，中央稍浅，有时呈灰色。有时多个病斑连片形成大枯斑，干枯面积达叶片的1/3～1/2，病斑边缘有一较深的带，病健交界明显，后期在病斑上产生一些小黑点。严重时病斑融合，叶片枯死（图6-3）。

1.2 病原

北柴胡斑枯病病原为植物病原真菌，具体种类不详。

1.3 发病特点

雨季发生，主要为害叶片。病菌以菌丝体和分生孢子器在病株残体上越冬。春季分生孢子引起初侵染，病斑上产生的分生孢子借风雨传播，不断引起再侵染。一般7～8月发病严重。

1.4 防治方法

（1）因地制宜地选用抗（耐）病品种。

（2）合理密植，保持通风透光。

（3）使用充分腐熟有机肥，增施磷、钾肥。

（4）实行3年以上轮作。

（5）秋季采收后彻底清理田园，将病株残体运出田外集中深埋或烧掉。

2 北柴胡根腐病

2.1 症状

主要为害主根，发病初期个别支根和须根变褐、腐烂，而后逐渐向主根扩展，自根茎交界处产生黑褐色斑点，后逐渐扩大呈圆形、近圆形或不规则形病斑。发病后期，根部表皮自顶端向下产生纵向干裂，裂口变褐或发黑，并逐渐加宽、加深，病株易从土中

图 6-4　北柴胡根腐病

图 6-5　北柴胡根腐病地上症状

拔起。发病初期地上部与健株无明显区别，发病后期裂口遍及根部整个外围，发病部位稍膨大，病部组织变硬、变脆，最终植株萎蔫死亡（图6-4、图6-5）。

2.2 病原

北柴胡根腐病病原为瘤座孢目（Tuberculariales），瘤座孢科（Tuberculariaceae），镰刀菌属（*Fusarium*），尖孢镰刀菌（*Fusarium oxysporum*）（图6-6）。

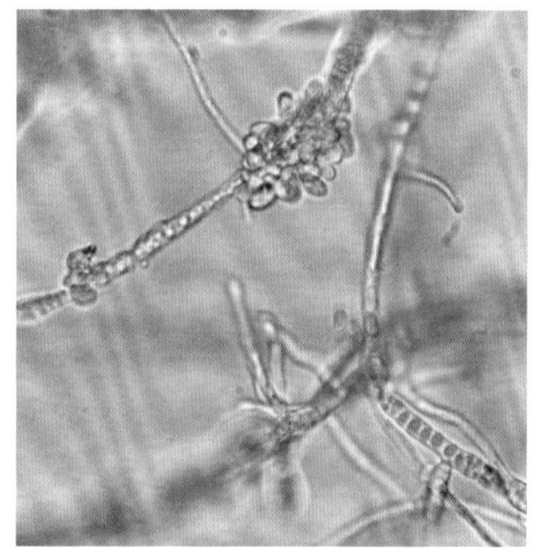

图 6-6　尖孢镰刀菌小型分生孢子

2.3 发病特点

以菌丝体、孢子在病株和土壤中存活，种苗和土壤带菌是病害的侵染来源和主要传播途径。土壤湿度大，地下害虫及土壤线虫造成的伤口有利于发病。该病发生普遍，一般在7～9月发病，传播较快，常造成田间大面积死苗。1年生发病较轻，主要发生在2年生植株上。

2.4 防治方法

（1）因地制宜地选用抗（耐）病品种。

（2）选择未被污染的土地种植，种植前进行土壤消毒。

（3）施用充分腐熟的农家肥，缺苗及时补苗，剔除病苗、弱苗。7～8月增施磷、钾肥，增强其抗病能力。

（4）雨季注意排水，防止积水。

（5）实行6年以上的轮作。

3 北柴胡病毒病

3.1 症状

参见第二章白术病虫害白术病毒病（图6-7）。

a

b

图6-7 北柴胡病毒病

3.2 病原

病毒，具体种类不详。

3.3 发病特点

参见第二章白术病虫害白术病毒病。

3.4 防治方法

参见第二章白术病虫害白术病毒病。

4 赤条蝽 *Graphosoma rubrolineata* Westwood

赤条蝽属半翅目蝽科。

4.1 形态特征

（1）成虫 橙红色，体长10～12mm，宽约7mm，有黑色条纹纵贯全身。头部2条，前胸背板6条，小盾片上4条。体表粗糙，具细密刻点。触角棕黑色，基部2节红黄色。喙黑色，基部黄褐色。足棕黑色，各腿节有红黄相间的斑点（图6-8）。

（2）卵 桶形，长约1mm，竖置，初期乳白色，后变为浅黄褐色，卵壳上密被白色短绒毛（图6-9、图6-10）。

图6-8 赤条蝽成虫

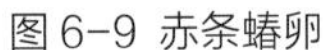
图6-9 赤条蝽卵

图6-10 赤条蝽卵（孵化前）

（3）若虫　共5龄。末龄若虫体长8～10mm，宽约7mm，橙红色，具黑纵纹。翅芽达腹部第3节，周缘及侧接缘黑色，各节杂生红黄斑点。

4.2 寄主范围

主要为害胡萝卜、茴香、北柴胡、白芷等伞形科植物及萝卜、白菜、洋葱、葱等蔬菜，也可为害栎、榆、黄菠萝等。

4.3 为害特征

以成虫和若虫在花蕾和叶片上吸食汁液，使植株生长衰弱、枯萎，花蕾败育，造成种子畸形、减产。

4.4 发生特点

赤条蝽在邯郸涉县地区1年发生1代，以成虫在田间枯枝落叶、杂草丛中或土下缝隙中越冬。4月下旬开始活动，5月上旬至7月下旬产卵，若虫于5月中旬至8月上旬孵化，7月上旬开始羽化为成虫，10月中旬以后陆续进入越冬状态。卵多产于寄主的叶片和嫩果上，排成2行，每块约10粒。若虫从2龄开始分散为害，8～9月为为害盛期。赤条蝽成虫不善飞，爬行迟缓，在早晨有露水时不活动，惧光，太阳出来后，大部分隐蔽在叶片背面。成虫交配时间在上午9：00前及傍晚，此时也是该虫活动的高峰期。

4.5 防治方法

4.5.1 农业防治

（1）冬季清除田间枯枝落叶及杂草，沤肥或烧掉，减少越冬成虫数量。

（2）深耕土壤，消灭部分越冬成虫。

4.5.2 物理防治

成虫产卵盛期人工摘除卵块或若虫团。

5 伞双突野螟 *Sitochroa palealis* Denis et Schiffermüller

伞双突野螟为鳞翅目草螟科。

5.1 形态特征

（1）成虫　翅展30～34mm。体色淡黄白色。头部白色，额外突呈尖锥状，触角灰黑色，下唇须黑色。胸部及腹部背面白色。前翅背面白色，腹面前缘黑色，中室周缘黑色，中室外有一黑色带；后翅白色，翅腹面顶角和前缘2/3处有褐色斑块，外缘线褐色，缘毛颜色与翅面相同（图6-11）。

（2）卵　椭圆形，直径约1.7mm，表面有网纹，卵粒初产时乳白色，近孵化时变黄。

（3）幼虫　圆筒形，体浅黄色，背线、亚背线青灰色或黑褐色，各节具有明显的黑色毛瘤（图6-12～图6-15）。

（4）蛹　细长，茧为污黑色袋状，丝质外层粘有沙粒。

背面观　　腹面观

图6-11 伞双突野螟成虫

图6-12 伞双突野螟低龄幼虫及为害状

图 6-13 伞双突野螟高龄幼虫

图 6-14 伞双突野螟幼虫田间为害状

图 6-15 步甲幼虫捕食伞双突野螟幼虫

5.2 寄主范围

主要为害伞形科的茴香、防风、独活、白芷、野生山芹、胡萝卜和北柴胡以及败酱科的败酱。

5.3 为害特征

幼虫孵化后在花序上取食吐丝拉网。柴胡现蕾前，以幼虫取食叶片，常吐丝缀叶成纵苞，严重时将叶片全部吃光，影响柴胡正常生长；柴胡现蕾以后，幼虫吐丝做薄茧，将花序纵卷成筒状，潜藏其内取食花序为害，严重影响植株开花结实，也可咬断细小花柄或取食花柄的表皮，造成咬食部位上方植株死亡，影响种子产量。成虫对伞形科植物的花蜜有嗜好性，产卵在伞形花序上。

5.4 发生特点

伞双突野螟在邯郸涉县地区1年发生2代，以老熟幼虫在土中越冬，5月中下旬化蛹，田间5月底至6月初可见越冬代成虫。6月中下旬为第1代幼虫为害盛期，7月上中旬第1代幼虫化蛹。8月中下旬为第2代幼虫为害期，9月老熟幼虫进入越冬期。

5.5 防治方法

5.5.1 农业防治

柴胡收获后，耕翻土地，消灭越冬幼虫，减少虫源。

5.5.2 物理防治

（1）虫量较少时，利用该虫受惊吓掉落的习性，收集幼虫集中消灭。

（2）成虫高峰期设置黑光灯诱杀成虫。

6 法氏柴胡宽蛾 *Depressaria falkovitshi* Lvovsky

法氏柴胡宽蛾属鳞翅目小潜蛾科。

6.1 形态特征

（1）成虫　翅展16.0 ~ 18.5mm。头黄白色或灰褐色。下唇须第2节长约为第3节的2倍，内侧黄白色，外侧灰色，端部夹杂少量黄白色鳞片；第3节黄白色，具少量灰色鳞片。触角约为前翅长的1/2，深褐色；柄节长约为宽的3倍，梗长约为柄节的2/3。胸部和翅基片基部灰白色，基部灰褐色。前翅前缘与后缘几乎平行，臀角钝圆；灰色，基部深灰色；中室末端具1个小的黑色圆点；缘毛灰褐色。后翅灰色，略带黄色；缘毛灰色。足背面黄白色，腹面深灰色，后足腹面浅灰色，胫节和跗节具黄白色环（图6-16）。

（2）卵　散产，椭圆形，长0.46 ~ 0.52mm，宽0.21 ~ 0.27mm，初期黄绿色，逐渐变为黄褐色（图6-17）。

（3）幼虫　共5龄。老熟幼虫体长约12.0 ~ 14.3mm，头部黑色，体躯黄绿色至深绿色，满布白色毛瘤。前胸盾黑褐色，中央被1条纵沟分为两部分。胸足黑色，腹足5对。气门9对，气门片黑色（图6-18）。

（4）蛹　长7.1 ~ 9.0mm，最宽处2.2 ~ 3.0mm，纺锤形，初为绿色，羽化前赤褐至黑褐色（图6-19）。

图6-16 法氏柴胡宽蛾成虫

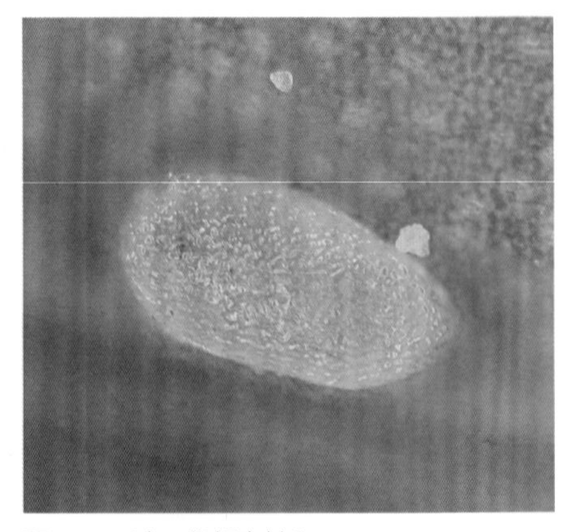
图6-17 法氏柴胡宽蛾卵

图 6-18 法氏柴胡宽蛾幼虫

图 6-19 法氏柴胡宽蛾蛹

6.2 寄主范围

主要取食伞形科和菊科植物，2013年在我国柴胡上首次发现，为我国新纪录种。

6.3 为害特征

以幼虫为害柴胡的叶片、茎尖、花序。幼虫吐丝缀合叶缘或茎尖嫩叶卷成苞取食，或吐丝将花蕾黏合在一起取食花蕾及果实（图6-20 ~ 图6-23），严重影响柴胡植株的生长及种子的形成。

6.4 发生特点

法氏柴胡宽蛾以成虫越冬。在河北保定柴胡田于6月中旬开始出现幼虫，随着气温的上升，数量逐渐增多，于7月上旬达到第1个盛发期；第2个幼虫盛发期在7月下旬；第3个幼虫盛发期在9月上旬。9月中旬开始化蛹。

6.5 防治方法

6.5.1 物理防治

虫量较少时，人工收集幼虫集中消灭。

6.5.2 生物防治

利用法氏柴胡宽蛾寄生蜂、步甲等天敌来进行防治。

图 6-20 法氏柴胡宽蛾幼虫为害生长点

图 6-21 法氏柴胡宽蛾幼虫为害叶片

图 6-22 法氏柴胡宽蛾幼虫为害花

图 6-23 法氏柴胡宽蛾蛹（田间）

7 蚜虫类

蚜虫为柴胡的主要害虫，其种类主要有胡萝卜微管蚜*Semiaphis heraclei*（Takahashi）和桃粉蚜（桃粉大尾蚜）*Hyalopterus pruni*（Geoffroy），均属同翅目蚜科，优势种为胡萝卜微管蚜。

7.1 形态特征

7.1.1 胡萝卜微管蚜*Semiaphis heraclei*（Takahashi）

（1）有翅胎生雌蚜　体长约1.6mm，体宽约0.72mm。体黄绿色，有薄粉，头胸部黑色，腹部第2至第6腹节背板均有黑色缘斑，第5、6节缘斑甚小，第7、8节有横贯全节的横带。触角长约1.1mm，为体长的0.68倍，第3节约有26～40个次生感觉孔。腹管长约0.06mm，为尾片的0.42倍。

（2）无翅胎生雌蚜　体长约2.1mm，体宽约1.1mm。体黄绿色，有薄粉，头部灰黑色，腹部第7、8节背板有背中横带。触角长约1.1mm，为体长的0.41倍。腹管长约0.08mm，为尾片的0.48倍（图6-24）。

7.1.2 桃粉蚜*Hyalopterus pruni* (Geoffroy)

（1）无翅胎生雌蚜　体长2.3～2.5mm，宽约1.1mm，长椭圆形，绿色，被白蜡粉。复眼红褐色。腹管短小，黑色。尾片长圆锥形，黑色，有长曲毛5～6根（图6-25、图6-26）。

（2）有翅胎生雌蚜　体长2～2.1mm，翅展6.6mm。头、胸部暗黄至黑色，腹部黄绿色。体被覆白粉。触角黑色，丝状6节。腹管短小黑色，基部1/3收缩，尾片较长大，有6根长毛。

图6-24 蚜虫为害茎部

图6-25 蚜虫为害叶片

图 6-26 蚜虫为害花部

（3）卵　椭圆形，长约0.6mm，初黄绿后变黑色。

（4）若蚜　体小，绿色，与无翅胎生雌蚜相似。被白粉。有翅若蚜胸部发达，有翅芽。

7.2 寄主范围

胡萝卜微管蚜食性较为广泛，第1寄主为金银花、黄花忍冬、金银木等忍冬属植物。第2寄主为芹菜、茴香、香菜、胡萝卜、白芷、当归、香根芹、水芹等多种伞形花科植物。在河北严重为害柴胡及北沙参、防风等药用植物。

桃粉蚜寄主为桃、李、杏、樱桃、山楂、梨、梅及禾本科植物等，调查发现桃粉蚜亦取食为害柴胡等药用植物。

7.3 为害特征

胡萝卜微管蚜主要为害抽薹后柴胡的上部嫩梢，开花后为害花梗，常密集在植株嫩梢和叶片上吸食汁液，影响植株正常生长和开花结实。

桃粉蚜主要为害苗期柴胡叶片，植株受到为害后，叶片卷曲，生长减缓，萎蔫变黄。造成柴胡丛矮、叶黄缩、早衰、局部成片干枯死亡。

两种蚜虫常混合发生，在为害过程中分泌的蜜露可导致煤污病发生，影响植株的光合作用，对产量和品质影响很大。

7.4 发生特点

胡萝卜微管蚜1年发生10～20余代，以卵在忍冬属植物金银花等枝条上越冬。早春越冬卵孵化，4、5月严重为害芹菜和忍冬属植物，5～7月间迁移到伞形科植物上为害，如北沙参、当归、防风、白芷等药用植物，10月间产生有翅性雌和雄蚜，迁飞到越冬寄主上，10～11月雌、雄交配，产卵，越冬。

桃粉蚜1年发生10余代，以卵在寄主的腋芽、裂缝及短枝杈处越冬，冬寄主萌芽时孵化，群集于嫩梢、叶背为害繁殖。5～6月间繁殖最盛为害最重，大量产生有翅胎生雌蚜，迁飞到柴胡上为害繁殖，10～11月产生有翅蚜，返回冬季寄主上为害繁殖，产生有性蚜交配产卵越冬。

7.5 防治方法

7.5.1 农业防治

（1）胡萝卜微管蚜和桃粉蚜在冬季有少量个体以孤雌蚜或卵在北柴胡田间植株上越冬，冬季清除残枝落叶及地边杂草，集中烧毁或深埋，可在一定程度上减少虫源基数。

（2）合理规划种植，北柴胡不与两种蚜虫的第1寄主植物相邻种植，可推迟和减轻该蚜虫的为害。

7.5.2 物理防治

利用有翅蚜对黄色的趋性，在胡萝卜微管蚜和桃粉蚜有翅蚜迁入为害初期，挂放黄色粘虫板（20cm×30cm），300～450块/hm^2，粘虫板的悬挂高度为黄板下端距植株顶部20cm左右，对有翅成蚜有较好的诱杀效果。

7.5.3 生物防治

胡萝卜微管蚜和桃粉蚜天敌很多，如瓢虫、草蛉、食蚜蝇等。瓢虫、草蛉对桃粉蚜的分布场所有跟踪现象。

第七章

北沙参病虫害

北沙参（图7-1、图7-2）

Glehniae Radix

北沙参为常用中药，是伞形科植物珊瑚菜（*Glehnia littoralis* Fr. Schmidt ex Miq.）的干燥根。养阴清肺，益胃生津。用于肺热燥咳、劳嗽痰血、热病津伤口渴。主要分布于山东、辽宁、河北、浙江、江苏、广东、福建、台湾等地，北沙参常见病害有锈病、根腐病、病毒病，虫害主要有蚜虫类、叶螨类、北沙参钻心虫、棉铃虫、地下害虫等。

图 7-1 北沙参苗期

图 7-2 北沙参花期

1 北沙参锈病

1.1 症状

主要为害叶片，也为害叶柄及果柄。发病初期，在老叶及叶柄上产生大小不等的不规则形病斑，病斑开始红褐色，后为黑褐色，并蔓延至全株叶片。后期病斑表皮破裂散出黑褐色粉状物，即病菌的夏孢子或冬孢子。发病初期叶片黄绿色，后期枯死（图7-3）。

1.2 病原

北沙参锈病病原为柄锈菌目（Pucciniales），柄锈菌科（Pucciniaceae），柄锈菌属（*Puccinia*），珊瑚菜柄锈菌（*Puccinia phellopteri* Syd.）（图7-4）。

1.3 发病特点

病菌以冬孢子在田间植株根芽及残叶上越冬，成为翌年的初侵染源。越冬病菌在春季形成性孢子器，并在其周围产生夏孢子堆及夏孢子，随气流传播，在留种田和春播田中蔓延。高温干旱对病菌有抑制作用，多雨有利于病害流行。出苗后即有发生，7~8月发病严重。

1.4 防治方法

（1）加强田间管理，适时播种，合理密植。种植不宜过密，保持植株有良好的通风透光条件。

（2）合理施肥，避免氮肥过多，特别避免过晚施用氮肥。增施磷、钾肥促进植株生长健壮，抗病高产。

（3）及时清理摘除病叶，拔去严重病株，烧毁。

图7-3 北沙参锈病

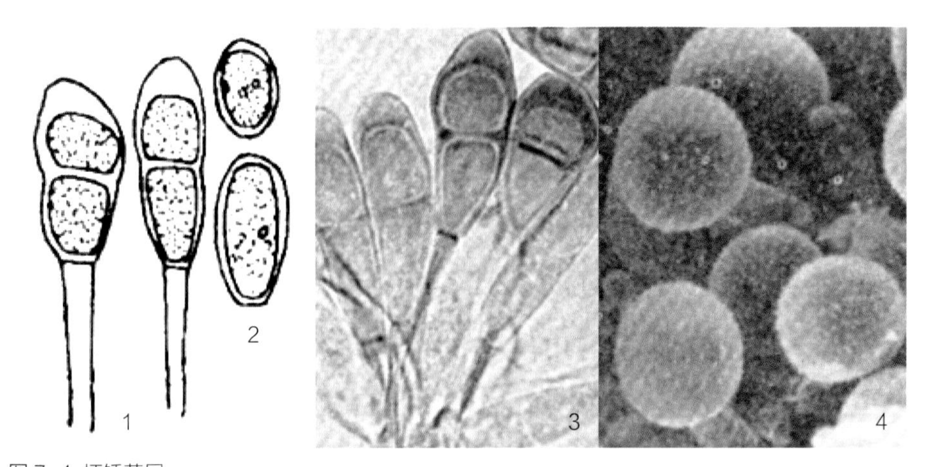

图 7-4 柄锈菌属
1. 冬孢子示意图；2. 夏孢子示意图；3. 冬孢子电镜图；4. 夏孢子电镜图

2 北沙参根腐病

2.1 症状

受害植株根尖和幼根初呈水渍状，随后变黄脱落。主根呈锈黄色腐烂，严重时仅剩下纤维状物。地上部植株矮小，黄化严重时死亡。主要以土壤和种子带菌传染。土壤积水，地下害虫多时发病重（图7-5～图7-7）。

2.2 病原

北沙参根腐病病原为瘤座孢目（Tuberculariales），瘤座孢科（Tuberculariaceae），镰刀菌属（*Fusarium*）的真菌（图7-8）。

2.3 发病特点

病菌在土壤或带菌病残体上越冬，翌年气候变暖，土温升高后开始侵染。一般5月上中旬开始发病，6月下旬至8月上旬为发病盛期，高温、高湿、多雨的年份发病重。连作、重茬田块发病重，一般发病率在15%～30%，严重田块可达60%以上。

2.4 防治方法

（1）发病田块不宜再种植，实行6年以上的轮作。

（2）选择土壤疏松、排灌良好的田块种植，同时做好深翻整地。

（3）增施优质农家肥和磷钾复合肥、微生物肥。

（4）田间管理突出一个“早”字，早间苗、定苗，早中耕除草，及时防治地下害虫。

（5）及时清理摘除病叶，拔去严重病株，烧毁。

a

b

图 7-5 北沙参根腐病

图 7-6 北沙参根腐病株与正常株对比

图 7-7 北沙参根腐病地上症状

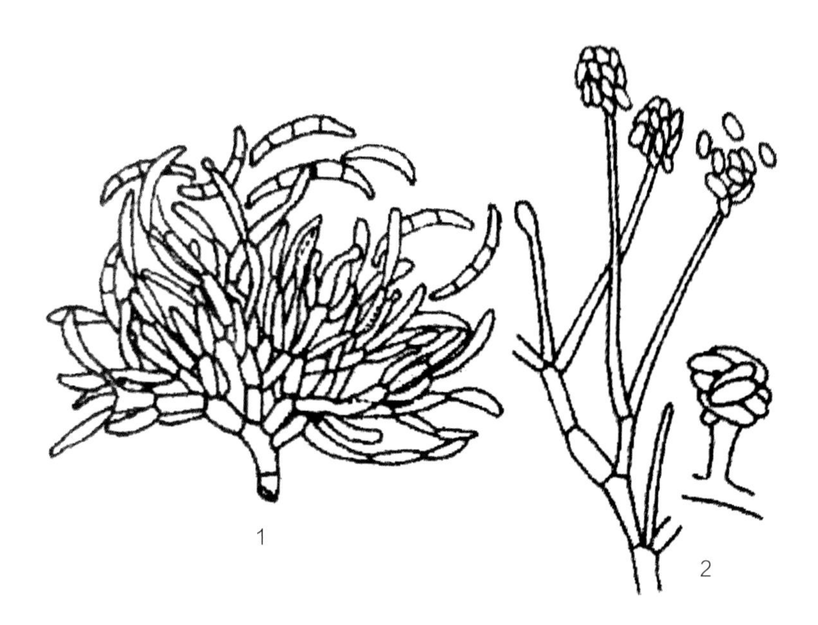

图 7-8 镰刀菌属
1. 大型分生孢子及分生孢子梗；2. 小型分生孢子及分生孢子梗

3 北沙参病毒病

3.1 症状

为害叶片及全株。受害叶片出现花叶、畸形，叶色黄绿相间，叶面皱缩。出现不规则褪绿、黄色条斑及明脉等。后期全株表现花叶、黄化，植株矮小。有些植株有隐症现象。不同种类病毒引起不同症状，造成植株生长不良，北沙参减产（图7-9）。

3.2 病原

北沙参病毒病病原为病毒，具体种类不详。

3.3 发病特点

病毒在带病种子、留种植株上越冬。翌年4月下旬出现症状，5～6月发病严重。夏季气温升高后隐症。蚜虫是主要传毒昆虫。土壤干旱、植株长势弱，光照较强时有利于病害发生和发展，故症状表现时轻时重。

3.4 防治方法

（1）选择生茬地种植，或与禾本科作物轮作。

（2）加强田间管理，注重配方施肥，培育壮苗，提高植株抗病性。

（3）及时拔除田间病株。及时除草，及时防治蚜虫。

图7-9 北沙参病毒病

4 北沙参钻心虫 *Epinotia leucantha* Meyrick

北沙参钻心虫属鳞翅目小卷蛾科，又称川芎茎节蛾。

4.1 形态特征

（1）成虫　体长5～7mm，体灰褐色。前翅白色，前缘有数条黑色和白色间隔的短斜纹，翅基部约有1/3为黑色，后缘约在2/3处有一三角形黑斑，向上与前缘的黑褐色横斑相接，后翅全部灰褐色（图7-10）。

（2）卵　圆形，初产时白色，逐渐变成乳白色。

（3）幼虫　老熟幼虫体长约14mm，体粉红色。头部黄褐色，两侧各有黑色条斑1块。前胸盾黄褐色，后缘有褐色斑点。腹部背面1～8节各有3对毛片，排成两排，前排4个，后排2个，每片上1毛。腹足趾钩呈单序环状排列。

（4）蛹　体长约8mm，红褐色。腹节背面2～7节各有两排短刺，基部的一排刺粗大而稀疏，后面一列刺小而紧密，第8、9节则只有中央一排小刺（图7-11）。

4.2 寄主范围

北沙参钻心虫是北沙参上的主要害虫，此外还可为害防风、白芷、川芎、当归等中药植物。

4.3 为害特征

北沙参钻心虫以幼虫进行为害。为害心叶时，幼虫吐丝，使心叶成簇状，幼虫潜于其内取食，将叶咬成缺刻，卷叶外表附着虫粪，严重时将叶片食光仅剩叶脉，也钻蛀花蕾，使之不能开花结籽，或钻入花茎，使茎内中空，严重时咬断花茎，或钻蛀根茎（图7-12），造成枯心。一般年份被蛀率为40%左右，严重时被蛀率为80%以上。

4.4 发生特点

北沙参钻心虫在河北安国1年发生4代，以老熟幼虫在根茎基部或在根际周围土表中结茧化蛹越冬。第1代幼虫在4月下旬进入孵化盛期，第2代幼虫孵化盛期在6月上中旬，第3代幼虫孵化盛期在7月中旬，第4代幼虫孵化盛期在8月中旬，9月中旬老熟幼虫陆续化蛹越冬。北沙参钻心虫的成虫具有较强的趋光性。幼虫孵化后，经短暂爬行，即可钻入心叶为害，5～6天后，逐步转向叶柄、花、茎、根茎等处蛀食。

图7-10 北沙参钻心虫成虫

图7-11 北沙参钻心虫蛹

a

b

图 7-12 北沙参钻心虫幼虫及为害状

4.5 防治方法

4.5.1 农业防治

（1）在10月底收刨北沙参时，把铲下的北沙参秧及时处理（高温堆肥或深埋），可杀死秧中的老熟幼虫和蛹。收获后及时翻耕，改变土中越冬蛹的生存环境，可抑制翌年成虫出土羽化，以此压低该虫的越冬基数。

（2）1年生北沙参孕蕾期时，幼虫集中于蕾及花中为害，及时掐掉花蕾，既能保证参根的养分供应，又可消灭大部分幼虫。

4.5.2 物理防治

灯光诱杀，在成虫发生盛期，尤其是

第3、4代发生盛期，可杀死大量成虫，有效减少幼虫为害。由于成虫飞翔力较弱，诱虫灯底部置于离地面30cm左右。

4.5.3 生物防治

保护天敌，北沙参钻心虫的蛹可以被日本黑瘤姬蜂*Coccygomimus nippnicus* Uchida寄生致死，在生产过程中注意保护利用。

5 蚜虫类

为害北沙参的蚜虫有多种，主要有胡萝卜微管蚜、桃蚜、北沙参蚜、柳二尾蚜等。优势种是胡萝卜微管蚜，属同翅目蚜科。

5.1 形态特征（图7-13、图7-14）

参见第六章北柴胡胡萝卜微管蚜、第三章板蓝根桃蚜部分。

5.2 寄主范围

参见第六章北柴胡胡萝卜微管蚜、第三章板蓝根桃蚜部分。

5.3 为害特征

胡萝卜微管蚜以成、若蚜刺吸为害北沙参植物的嫩叶、嫩茎和花序。在嫩叶背面和嫩茎上刺吸汁液，使叶片向背面卷缩，叶片发黄，植株和花序生长受到抑制（图7-15）。同时，该虫为害过程分泌的蜜露可导致煤污病发生，影响北沙参植株的光合作用。对北沙参的产量和品质影响很大。

5.4 发生特点

胡萝卜微管蚜发生特点的报道主要是中药金银花和伞形花科蔬菜。有报道该虫是北沙参苗期发生的主要蚜虫，为害发生盛期是在春末夏初，此时正值北沙参营养生长旺盛期至抽薹开花期。

5.5 防治方法

参见第六章北柴胡部分。

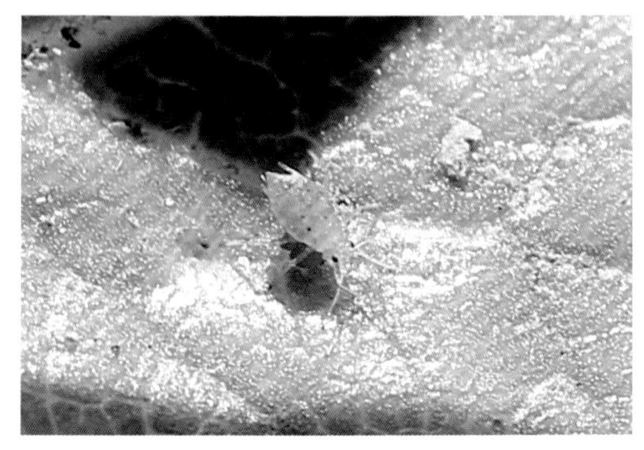

图7-13 无翅型蚜虫

图7-14 有翅型蚜虫

图 7-15 蚜虫为害状

6 朱砂叶螨 *Tetranychus cinnabarinus* (Boisduval)

朱砂叶螨属蛛形纲蜱螨目叶螨科，俗称红蜘蛛。

6.1 形态特征

（1）成螨　雌螨体椭圆形，长0.42～0.56mm。初羽化个体呈鲜红色，以后转变为锈红色或红褐色。须肢具有发达的胫节爪，须肢跗节锤突较粗大，其长约为宽的2倍。体躯两侧背面各有两个褐斑，前面一对大的褐斑可以向末体延伸而与后面一对小的褐斑相连结。雄成螨体长约0.36mm，体色为红色或橙红色，体末略尖，呈菱形。阳茎端锤大，近侧突钝圆，远侧突尖利，端锤背面靠近远侧突起约1/3处凸出形成一钝角（图7-16）。

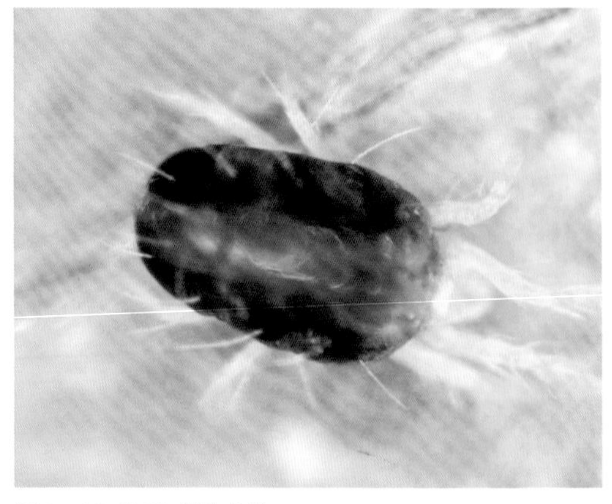

图 7-16 朱砂叶螨成螨

（2）卵　圆球形，直径0.10～0.12mm，初产时乳白色，后变为浅黄色，即将孵化前透过卵壳可见到2个红色的眼点（图7-17）。

（3）幼螨 体半球形，长0.15~0.20mm，体呈浅黄色或黄绿色，足3对（图7-18）。

（4）若螨 体椭圆形，红色。足4对。体长0.20~0.28mm，若螨体形及体色似成螨，足4对。

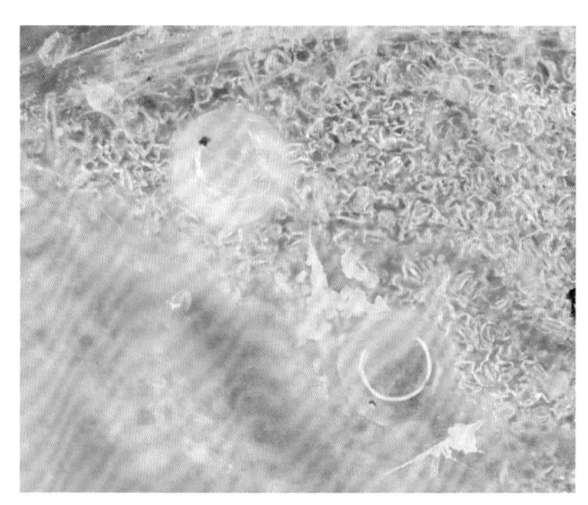

图 7-17 朱砂叶螨卵

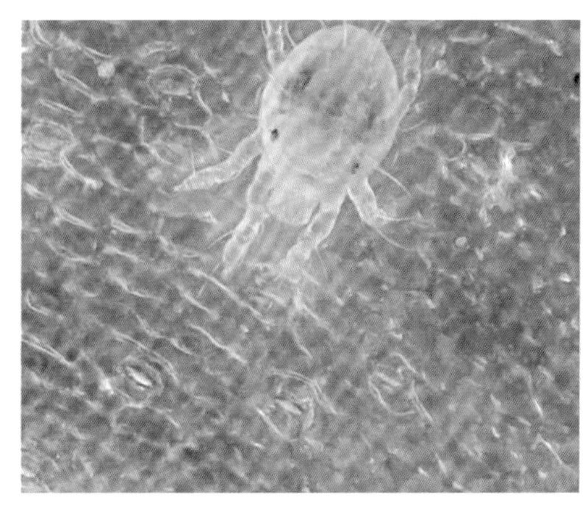

图 7-18 朱砂叶螨幼螨

6.2 寄主范围

朱砂叶螨是一种多食性害螨，寄主植物达43科120余种植物。主要有茄子、菜豆、青椒、白菜、番茄、黄瓜、苦瓜、甘蓝等蔬菜；还可为害玉米、高粱、棉花、向日葵、草莓、桑树、枣、柑桔等作物和果树及香石竹、菊花、水仙花、茉莉花、月季、桂花、一串红、鸡冠花、锦葵、木芙蓉等花卉；还包括多种田间杂草。在药用植物方面，是北沙参、牛膝、怀地黄、红花、芍药、桔梗等多种药用植物的主要害螨。

6.3 为害特征

朱砂叶螨以成螨、幼螨和若螨聚集在叶背及嫩芽上，刺食汁液，被害叶片初呈黄白色小点，后逐渐扩展到全叶，叶片变黄白色或红褐色，严重时叶片脱落，影响植株生长。

6.4 发生特点

据报道在四川地区5~7月间，该虫为北沙参上发生的重要害螨。在华北地区1年发生12~15代，以受精的雌成螨在草根、枯叶及土缝中吐丝结网群集越冬。翌年3月下旬开始出蛰活动，首先在田边的杂草取食、生活并繁殖1~2代，然后由杂草上陆续迁往田间为害。6月中下旬在药田形成第1次高峰，7月下旬至8月初如雨季来临，降雨频繁，虫口密度骤降；如持续干旱，8月份出现第2次螨量高峰。9~10月份数量下降，10月底至11月初开始寻找越冬场所越冬。

6.5 防治方法

6.5.1 农业防治

（1）清除杂草 朱砂叶螨除为害多种药用植物外，也取食多种田间杂草，及时清除杂草可减轻为害。

（2）清洁药园，及时翻耕 该虫多以雌螨在落叶、土壤缝隙及杂草根际越冬，秋季及时清除落叶、杂草，收获后及时翻耕也能大量减少越冬螨量。

6.5.2 生物防治

目前黄瓜新小绥螨、巴氏新小绥螨在我国已实现商品化生产，在朱砂叶螨发生初期，释放黄瓜新小绥螨，20天后控治朱砂叶螨的效果高达96.63%。

7 甜菜夜蛾 *Spodoptera exigua* (Hübner)

甜菜夜蛾属鳞翅目夜蛾科（图7−19、图7−20）。

其形态特征、发生特点、防治方法等参见第十二章枸杞部分。

图 7−19 甜菜夜蛾幼虫

图 7-20 甜菜夜蛾幼虫及为害状

第八章

薄荷病虫害

薄荷 （图8-1）

Mentha haplocalyx Briq.

土名叫“银丹草”，唇形科薄荷属植物，既是常用中药，又是一种有特种经济价值的芳香作物。薄荷是辛凉性发汗解热药，治流行性感冒、头疼、目赤、身热、咽喉、牙床肿痛等症。外用可治神经痛、皮肤瘙痒、皮疹和湿疹等。平常以薄荷代茶，清心明目。主要以河北、江苏、安徽等省份种植较多。薄荷常见病害有斑枯病、病毒病，虫害主要有银纹夜蛾、叶蝉等。

图 8-1 薄荷植株

1 薄荷斑枯病

1.1 症状

又称白星病，主要为害叶片，初期叶面产生暗绿色小病斑，后逐渐扩大，近圆形或不规则形。后期病斑中部灰白色，整个叶片呈白星状，上有黑色小点，即病原菌的分生孢子器。为害严重时，病斑周围的叶组织变黄，叶片早枯脱落（图8-2）。

图 8-2 薄荷斑枯病

1.2 病原

薄荷斑枯病病原为球壳孢目（Sphaeropsidales），球壳孢科（Sphaeropsidaceae），壳针孢属（*Septoria*），薄荷生壳针孢（*Septoria menthicola Sacc.*）（图8-3）。

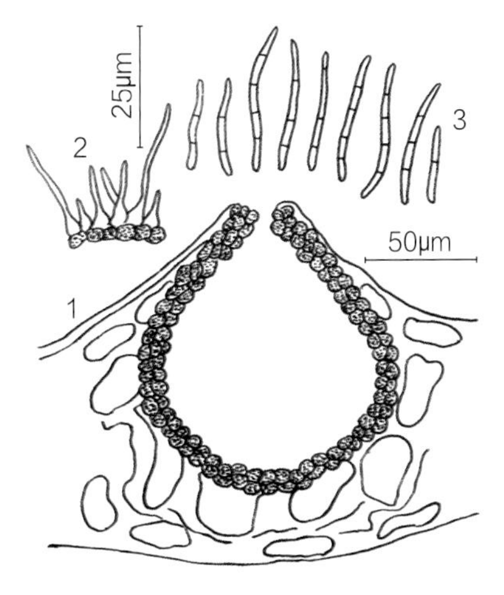

图 8-3 薄荷壳针孢 *Septoria menthicola* Sacc
1. 分生孢子器；2. 产孢细胞；3. 分生孢子

1.3 发病特点

病菌以菌丝体及分生孢子器随病残体组织在土壤中越冬。病菌主要通过风雨传播，引起多次侵染。在5～10月均有发生，夏秋季多雨露，重雾天气易于病害发生和流行。多雨、高湿的条件下发病重。连作，施用带菌未腐熟肥料发病重；土壤瘠薄、施氮过多易发病。

1.4 防治方法

（1）因地制宜地选用抗（耐）病品种。

（2）实行轮作。

（3）雨后及时疏沟排水，降低田间湿度，及时清沟排渍。

（4）合理密植，保持通风透光。

（5）秋后收集残枝枯叶烧毁，减少越冬菌源。

（6）使用充分腐熟有机肥，增施磷、钾肥。

2 薄荷病毒病

2.1 症状

薄荷病毒病多全株表现症状，常在幼嫩叶片上出现黄绿相间、不规则的花叶或斑驳。病株叶片较健株略小，轻微扭曲，后期呈不规则坏死。有的病株明显矮化，叶片皱缩扭曲变小、发脆，严重时病叶下垂，枯萎并脱落，中下部叶片呈不规则坏死，终致全株枯死（图8-4、图8-5）。

2.2 病原

薄荷病毒病病原已报道的有小西葫芦黄花叶病毒（Zucchini yellow mosaic virus，ZYMV）等。

2.3 发病特点

病毒病主要靠蚜虫传播，也可通过摩擦传播，发病植株矮小细弱，在设施栽培条件下发病主要集中在6、7、9月，其间发病比较均匀。高温、干旱宜于该病害的发生。

图 8-4 薄荷病毒病

a

b

图 8-5 薄荷病毒病株与正常株对比

2.4 防治方法

（1）选用抗病品种、选用生物组培种苗。

（2）避免连作重茬，实行轮作倒茬，一般连续种植2年的田块需间隔2年以上才宜继续种植。发现病株、病叶及时拔除，入冬前认真清理园田，把病残体集中深埋或烧毁。

（3）加强田间管理，开好排水沟，降低田间湿度，合理施肥，合理密植，苗期及时中耕除草，改善通风透光条件，促进健康生长，增强抗病能力。

3 银纹夜蛾 *Argyrogramma agnata* (Staudinger)

银纹夜蛾属鳞翅目，夜蛾科。又名黑点银纹夜蛾、豆银纹夜蛾、菜步曲等。

3.1 形态特征

（1）成虫　体长12～17mm，翅展32～36mm，体灰褐色。前翅深褐色，具2条银色横纹，翅中央有一显著的U形银纹和一个近三角形银斑；后翅暗褐色，有金属光泽（图8-6）。

（2）卵　半球形，直径约0.5mm，白色至淡黄绿色，表面具网纹。

（3）幼虫　共5龄。末龄幼虫体长约30mm，淡绿色，虫体前端较细，后端较粗。头部绿色，两侧有黑斑；胸足及腹足皆绿色，第1、2对腹足退化，行走时体背拱曲。体背及体侧具白色纵纹（图8-7、图8-8）。

（4）蛹　长约18mm，初期背面褐色，腹面绿色，末期全体黑褐色。体外表有疏松的白色薄茧。

3.2 寄主范围

食性杂，主要为害甘蓝、萝卜、白菜、油菜、花椰菜等十字花科蔬菜，还可为害豆类、莴苣、茄子、生菜、紫苏、菊花、美人蕉、大丽花、一串红、海棠、香石竹、槐、竹、泡桐等。

图8-6 银纹夜蛾成虫

图8-7 银纹夜蛾幼虫侧面观

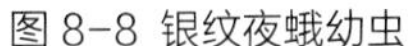

图 8-8 银纹夜蛾幼虫

图 8-9 银纹夜蛾幼虫为害状

3.3 为害特点

初孵幼虫在叶背取食叶肉，残留上表皮，大龄幼虫则取食叶片，将叶片吃成孔洞或缺刻，并排泄粪便污染植株（图8-9）。

3.4 发生特点

银纹夜蛾一年发生4～5代，以蛹越冬。翌年4月可见成虫羽化，成虫昼伏夜出，有趋光性和趋化性。卵多散产于叶背。幼虫3龄后取食嫩叶，吃成孔洞，且食量大增，有假死性，受惊后会卷缩掉地，幼虫老熟后在寄主叶背吐丝做茧化蛹。每年春、秋发生重，呈双峰型。

3.5 防治方法

3.5.1 农业防治

（1）加强栽培管理，冬季清除枯枝落叶，以减少来年的虫口基数。

（2）结合农事操作，根据残破叶片和虫粪，找到幼虫和虫茧，进行人工捕杀。

3.5.2 物理防治

利用黑光灯诱杀成虫。

3.5.3 生物防治

保护和利用天敌，其天敌主要有草蛉、瓢虫等。

第九章

丹参病虫害

丹参 （图9-1、图9-2）

Salvia miltiorrhiza Bge.

唇形科鼠尾草属的多年生草本植物。以根入药，是常用的活血化瘀中药之一，用于治疗胸痹心痛、脘腹胁痛等。我国四川、江苏、河北、浙江等省份广泛种植和栽培。丹参常见病害有根腐病、病毒病、黑斑病、根结线虫病等。虫害主要有棉铃虫、蚜虫类、叶蝉类等。

图 9-1 丹参苗期

图 9-2 丹参花期

1 丹参黑斑病

1.1 症状

主要为害叶片，叶柄、嫩枝、花梗也均可受害。发病初期，叶表面出现红褐色至紫褐色小点，逐渐扩大成圆形或不规则形的暗黑色病斑，病斑周围常有黄色晕圈，边缘呈放射状。后期病斑上散生黑色小粒点，即病菌的分生孢子盘。严重时植株下部叶片枯黄，早期落叶，个别枝条枯死。或者叶片上出现褐色到暗褐色近圆形或不规则形的轮纹斑，其上生长黑色霉状物，叶片早落（图9-3）。

1.2 病原

丹参黑斑病病原为植物病原真菌，具体种类不详。

1.3 发病特点

黑斑病是丹参上的主要病害，发生普遍，为害严重。病菌以菌丝体或分生孢子盘在枯枝或土壤中越冬。翌年5月中下旬开始侵染发病，7～9月为发病盛期。分生孢子借风、雨或昆虫传播、扩大再侵染。雨水是病害流行的主要条件，降雨早而多的年份，发病早而重。低洼积水处，通风不良，光照不足，肥水不当，地面残存病枝落叶等有利于加重病害的发生。

图 9-3 丹参黑斑病

1.4 防治方法

（1）选育抗（耐）病品种。

（2）播种时选择合适的密度，可以按照宽窄行进行播种，增加通风透光性，选择地势高的进行播种。

（3）合理灌溉和增施有机腐熟肥，提高植株抗病能力。最好采用滴灌，沟灌浇水。

（4）收获后把病残体和带病植株带出种植园，集中烧毁或深埋。

2 丹参根腐病

2.1 症状

病菌主要为害根部，植株发病初期，先由须根、支根产生水渍状褐色坏死斑，并迅速蔓延至主根，横切或者纵剖病根，维管束呈褐色，最后根整个内部腐烂，仅残留纤维状维管束，病部呈褐色或红褐色。外皮变黑色，随着根部腐烂程度的加剧，地上部茎叶表现出自下而上枯萎，最终全株枯死。拔出病株，可见主根上部和茎地下部分变黑色，发病部位稍凹陷，湿度大时，根茎表面产生白色霉层，病株易从土中拔起（图9-4、图9-5）。

a

b

c

图 9-4 丹参根腐病

图 9-5 丹参根腐病地上症状

2.2 病原

丹参根腐病病原为瘤座孢目（Tuberculariales），瘤座孢科（Tuberculariaceae），镰刀菌属（*Fusarium*），木贼镰刀菌（*Fusarium equiseti*）（图9-6）。

2.3 发病特点

该病是重要的土传病害，连作使其发生逐年加重。病菌主要在田间的病残体或土壤中越冬，存活时间长。地温在15 ~ 20℃时最易发病。土壤中的病残体是初侵染源，病菌通过雨水、灌溉水等传播蔓延，从伤口和自然孔口侵入植株。高温多雨，土壤湿度大，土壤黏重，低洼积水，中耕伤根，地下害虫发生严重等容易发病。植株整个生长期均可发生，一般5月始见，6 ~ 8月为发病盛期。田间植株过密、湿度大时，病害蔓延极为迅速，且为害严重。

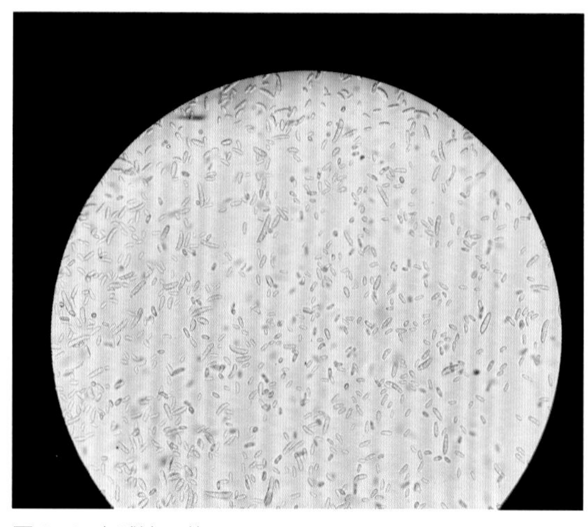
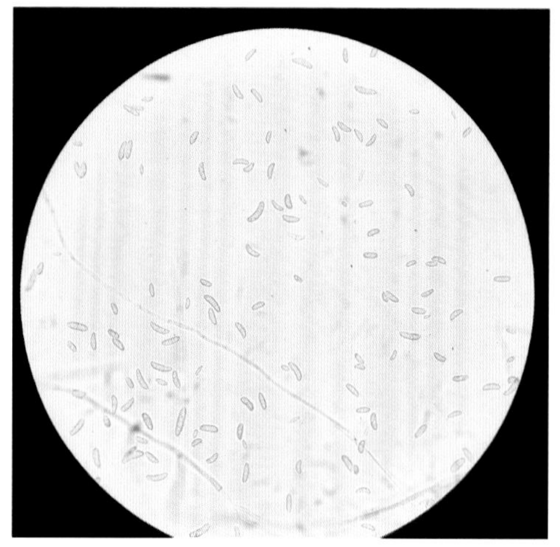

图 9-6 木贼镰刀菌

2.4 防治方法

（1）建立无病留种田，繁育无病种苗。选育抗病品种。

（2）选择地势高，排水好的地块种植，或高畦深沟栽培，防止积水，避免大水漫灌。遇到连阴雨和土壤湿度较大时，及时中耕，疏松土壤，增加土壤透气性。

（3）与禾本科作物实行6年以上轮作，或水旱轮作，特别是与葱蒜类蔬菜轮作效果更好。

（4）及时防治地下害虫，利用害虫的趋光、趋化性，用杀虫灯诱杀地下害虫的成虫。

3 丹参病毒病

3.1 症状

植株被病毒侵染后，常见的主要有三种类型的症状：皱缩型，受害极严重的植株全部叶片受害，皱缩不展；矮化、小叶，病株的叶片变小，植株矮化，严重时病叶卷成筒状、发黄枯死；花叶、黄化，叶片出现黄斑、黄脉等症状（图9-7）。

3.2 病原

丹参病毒病病原为芜菁黄化花叶病毒目（Tymovirales），雀麦花叶病毒科（Bromoviridae），黄瓜花叶病毒属（*Cucumovirus*），黄瓜花叶病毒（CMV）。

3.3 发病特点

是一种可以引起丹参退化的严重病害，病毒主要在多年生宿根植物上越冬，蚜虫是传播此病的主要媒介。发病适温20℃，气温高于25℃多表现隐症。该病害病毒可侵染36科双子叶植物、4科单子叶植物共约124种植物。病毒不能在病残体上越冬，主要在越冬蔬菜、多年生树木及农田杂草上越冬。

a

b

图 9-7 丹参病毒病

3.4 防治方法

（1）选育抗（耐）病品种；选用脱毒苗，留用无毒种子、培育无毒种苗。

（2）适当施肥、灌溉、合理的栽培密度，提高植株对病毒的抵抗力。

（3）合理轮作倒茬，与非寄主植物实行2年以上的轮作倒茬。

（4）及时拔除田间病株，减少侵染来源。清理田间地头杂草，破坏蚜虫寄生场所，及时防治蚜虫。

4 丹参根结线虫病

4.1 症状

主要发生在根上，产生大小不等的瘤状根结。解剖根结，病部组织里有很多细小的乳白色线虫。根结之上一般可长出许多毛根，使寄主再度染病，形成根结。重病株根部生长出许多瘤状物，植株生长矮小，发育缓慢，叶片褪绿，逐渐变黄，最后全株枯死。拔起病株，根上有许多虫瘿状的瘤，瘤的外面粘着土粒，难以抖落（图9-8）。

4.2 病原

丹参根结线虫病病原主要是两种根结线虫：垫刃目（Tylenchida），异皮科（Heteroderidae），根结线虫属（*Meloidogyne*）的南方根结线虫（*Meloidogyne incognita*）和爪哇根结线虫（*Meloidogyne javanica*）（图9-9）。

4.3 发病特点

线虫主要分布在5～30cm土层中，常以卵或二龄幼虫随病残体遗留在土壤中越冬，病土、病苗、农事操作及灌溉水是其主要传播途径，当气温达到10℃以上时，卵就能孵

图9-8 丹参根结线虫病

化出幼虫。在土壤中一般可存活1～3年，4月中旬到5月下旬是第一个发病高峰期，第二个发病高峰期在6月中下旬至8月中下旬。根结线虫有趋水性，在潮湿环境中有利于移动，极端潮湿和干旱都能抑制根结线虫的生存与活动。二龄幼虫能在土壤中移动，活动范围有限，在水中不活跃。15～30℃是线虫的适宜生长繁殖温度。活动状态的线虫不耐高温、低温、淹水、干旱、缺氧、高或低pH值、高渗透压等，未孵化的卵和卵囊中的卵则可以休眠状态存活在土壤中。

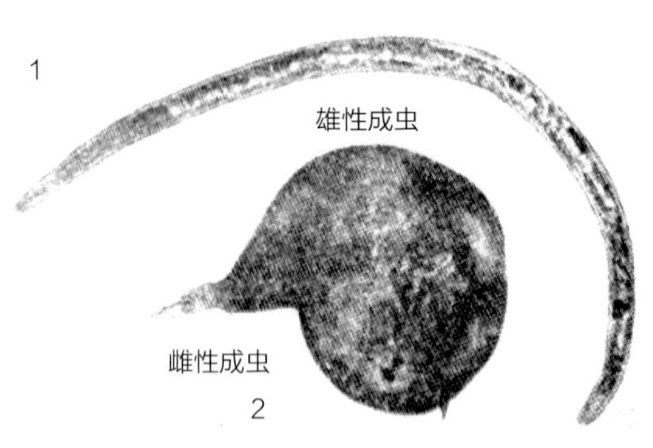

图 9-9 根结线虫属
1. 雄性成虫；2. 雌性成虫

4.4 防治方法

（1）与禾本科作物轮作3年。

（2）加强检疫，杜绝人为传播，严防农机具带虫，不从病区调集种苗，避免使用未腐熟的有机肥。

（3）在未发病的地块四周筑宽20～25cm，高15～20cm的挡水埂，防止根结线虫随水传播到丹参田。

（4）播种时选择壤土，尽量不在砂壤土中播种栽培。

（5）采用土壤高温杀死田里的线虫，即夏季深翻，灌大水后再盖地膜密封，阳光照射20天左右，利用高温（50℃）、高湿（土壤湿度90%～100%）防治。种植前进行土壤消毒处理。

5 丹参菟丝子病

5.1 症状

当菟丝子种子萌发时遇到寄主，即缠绕其茎，并产生吸盘伸入寄主韧皮部吸取营养。建立寄主关系后与胚根断离。一株菟丝子可复盖缠绕相当大面积的植物。植物受害后，植株生长衰弱，叶片变黄，造成茎叶早期枯萎，严重时枯死（图9-10）。

5.2 病原

菟丝子病病原为菟丝子，别称豆寄生、无根草，是高等寄生性种子植物，属旋花科菟丝子属（*Cuscuta*）。

5.3 发生特点

当菟丝子种子萌发时，伸出白色圆锥形胚根固定土中，另一端长出黄色细丝状幼芽，伸出土后，其顶端在空中随风吹而摇荡，如遇不到寄主，待10～13天营养耗尽而死去。如遇到寄主，即缠绕其茎。菟丝子每个生长点在一昼夜可生长10cm以上，阴雨天生长更快，茎藤继续长出许多分枝。菟丝子的再生能力强，被切断的茎蔓只要有一个生长点就可以发育成一个新的个体，继续为害。菟丝子种子成熟后大部分落入土中，少部分混入作物种子中。菟丝子种子混入秸秆做饲料或施用含有菟丝子种子的粪肥都可成为翌年初侵染来源。菟丝子的抗逆力强，遇到不适宜条件时种子休眠，不萌发，可保持发芽率5~7年，所以一旦田地被菟丝子侵入后，会造成连续数年均遭菟丝子为害问题，未完全成熟的种子也能萌发。菟丝子有成片群居的特性，在野外极易辨识，7~8月发生较重。

5.4 防治方法

（1）与非寄主植物轮作5~7年。

（2）在耕作前提早翻耕并灌水，以促使菟丝子在发芽后找不到寄主而死亡。受害严重的地块，每年深翻，凡种子埋于3cm以下便不易出土。

（3）汰除种子　利用菟丝子种子与作物种子大小形状的差异，通过筛选清除混入作物种子中的菟丝子种子。

（4）春末夏初及时检查，发现菟丝子连同杂草及寄主受害部位一起消除并销毁，清除起桥梁作用的萌蘖枝条和野生植物。

图9-10 菟丝子

6 棉铃虫 *Helicoverpa armigera* (Hübner)

棉铃虫属鳞翅目，夜蛾科。又名棉桃虫、钻心虫、青虫和棉铃实夜蛾、玉米穗虫等。广泛分布在中国及世界各地。

6.1 形态特征

参见第三章板蓝根棉铃虫部分。

6.2 寄主范围

其为害的寄主植物广泛，除为害棉花、玉米、番茄、豌豆、辣椒等粮食、蔬菜作物外，还可为害山药、丹参、射干等多种药用植物。

6.3 为害特征

以幼虫为害丹参的嫩叶和花蕾（图9-11、图9-12），造成叶片缺刻，严重时将整片叶片花蕾吃光。

6.4 发生特点

参见第三章板蓝根棉铃虫部分。

6.5 防治方法

参见第三章板蓝根棉铃虫部分。

图 9-11 棉铃虫幼虫为害嫩叶

图 9-12 棉铃虫幼虫为害花

7 蚜虫类

为害丹参的蚜虫主要有两种，一种为桃蚜［*Myzus persicae*（Sulzer）］又称烟蚜，另一种为桃粉蚜［*Hyalopterus pruni*（Geoffroy）］，属同翅目蚜科。是丹参生长期的主要害虫之一。陕南丹参是以桃蚜为害为主。本章以桃蚜、桃粉蚜为例介绍。

7.1 形态特征

桃蚜参见第三章板蓝根桃蚜；桃粉蚜参见第六章北柴胡蚜虫（图9-13、图9-14）。

7.2 寄主范围

桃蚜参见第三章板蓝根桃蚜；桃粉蚜参见第六章北柴胡蚜虫。

7.3 为害特征

桃蚜、桃粉蚜以成、若蚜刺吸为害丹参的嫩叶、新芽和花器，幼叶受害后，向反面横卷或不规则卷缩；蚜虫排泄的蜜露，常可引发煤污病，蚜虫还可传播多种病毒病。受蚜虫的为害，丹参叶片光合作用功能降低，产量和质量下降，药性降低。

7.4 发生特点

桃蚜参见第三章板蓝根桃蚜；桃粉蚜参见第六章北柴胡蚜虫。

7.5 防治方法

桃蚜参见第三章板蓝根桃蚜；桃粉蚜参见第六章北柴胡蚜虫。

图 9-13 无翅型蚜虫

图 9-14 有翅型蚜虫

8 叶蝉类

叶蝉主要有4类：大青叶蝉、黑尾叶蝉、小绿叶蝉、白翅叶蝉。为害丹参的主要是大青叶蝉［（*Tettigella viridis*（L.）］，属同翅目叶蝉科，又称青叶跳蝉、大绿浮尘子。

参见第二章白术大青叶蝉部分。

第十章

地黄病虫害

地黄 （图10-1、图10-2）

Rehmannia glutinosa Libosch.

为玄参科多年生草本植物，以干燥的块茎入药，生药称地黄。依照炮制方法分为鲜地黄、干地黄和熟地黄，其药性和功效也有较大的差异。鲜地黄有清热、生津、凉血的功效；干地黄有滋阴清热、凉血止血的功效；熟地黄有滋阴补血的作用。我国很多省份和地区都有栽培。地黄常见病害有根腐病、斑枯病、轮纹病等。虫害主要有朱砂叶螨、斜纹夜蛾、蛴螬、地老虎等。

图 10-1 地黄苗期

图 10-2 地黄花期

1 地黄轮纹病

1.1 症状

主要为害叶片。叶上病斑较大，圆形或近圆形，有的受叶脉限制呈半圆形或不规则形，直径2～12mm。初浅褐色，后期中央略呈褐色或紫褐色，具明显同心轮纹，后期病斑易破裂，病部现黑色小点，即病菌的分生孢子器。严重时病叶枯死（图10-3）。

图 10-3 地黄轮纹病

1.2 病原

地黄轮纹病的病原菌为球壳孢目（Sphaeropsidales），球壳孢科（Sphaeropsidaceae），壳二孢属（*Ascochyta*），地黄壳二孢（*Ascochyta molleriana* Wint.）（图10-4）。

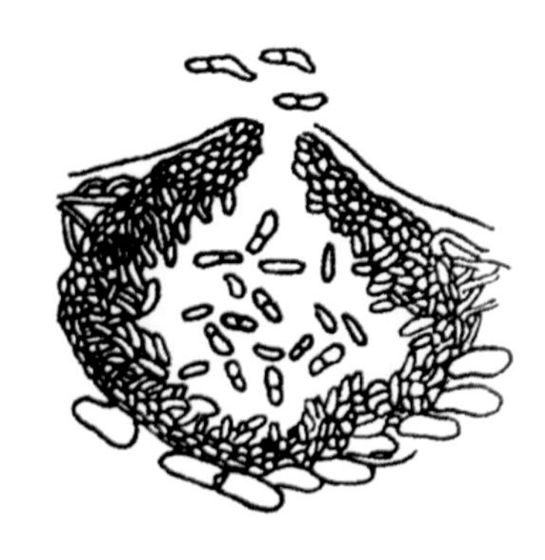

图 10-4 壳二孢属分生孢子器及分生孢子

1.3 发病特点

病菌以分生孢子器随病枯叶（病残体）在土壤中越冬，翌年春天分生孢子器（小黑点）遇水后释放大量的分生孢子，借风雨飞溅传播，引起初侵染，生长季病叶上产生的分生孢子进行再侵染。高温、高湿季节和多雨年份发生严重，6～8月为发病盛期。

1.4 防治方法

（1）因地制宜地选用抗（耐）病品种。

（2）栽植密度适当，保持通风透光；雨后疏沟排水。

（3）使用充分腐熟的有机肥，增施磷、钾肥。

（4）重病田实行3年以上轮作。

（5）地黄收获后及时清洁田园，病残体集中烧毁或深埋。

2 地黄根腐病

2.1 症状

发病初期为害根茎、小根和块根，近地面出现水浸状黄褐色腐烂斑，逐渐向上、向内扩展，致使叶片萎蔫，湿度大时，病部产生白色棉絮状菌丝体，后期离地面较远根茎也发生干腐。严重的地块，地黄整株腐烂，只剩下褐色表皮和木质部，细根也干腐脱落。（图10-5）

2.2 病原

地黄根腐病病原种类复杂，既有真菌的茄腐皮镰刀菌（*Fusarium somani*）（图10-6）和立枯丝核菌（*Rhizoctonia solani*），也有卵菌的恶疫霉（*Phytophthora cactorum*），以茄腐皮镰刀菌和恶疫霉为主，共同为害时发病严重。

2.3 发病特点

几种土传病原菌均以菌丝体、各种孢子或菌核在病株和土壤中存活，种栽和土壤带菌是病害的侵染来源和主要传播途径。土壤湿度大，地下害虫及土壤线虫造成的伤口有利于发病。在地黄产区该病发生普遍，常造成田间大面积死苗。

a

b

图 10-5 地黄根腐病

2.4 防治方法

（1）与非寄主实施6年以上轮作。

（2）选无病和无损伤的根茎做种栽，置于通风处，使切口愈合或用草木灰涂切口后栽种，也可用种衣剂拌种。

（3）加强栽培管理，保持土壤湿度适宜；低洼田应有排水沟，雨后及时排除田间积水。

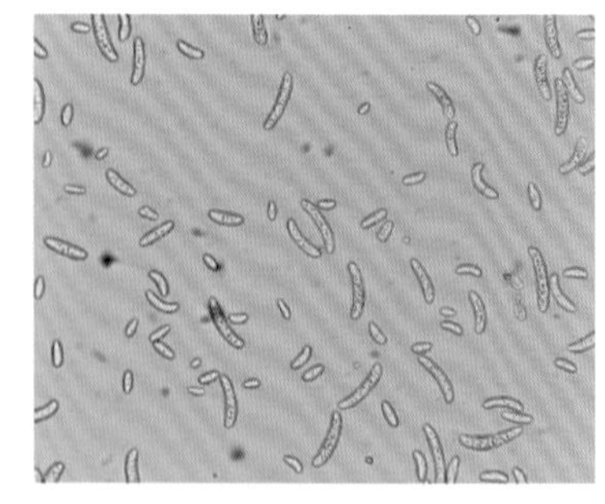

图 10-6 茄腐皮镰刀菌分生孢子

3 斜纹夜蛾 *Spodoptera litura* (Fabricius)

斜纹夜蛾属鳞翅目夜蛾科。

3.1 形态特征

（1）成虫 体长14～20mm，翅展35～40mm，体色深褐色。胸部背面前半部有白色丛毛，腹部背面中央有暗褐色丛毛。前翅灰褐色，内横线和外横线灰白色，呈波浪形，中间有白色条纹，环状纹不显著。由前缘近翅基1/3处斜向臀角有3条白色斜纹。后翅白色，带水红闪光，前缘角及外缘暗灰色（图10-7）。

（2）卵 半球形，直径0.4～0.5mm。初产黄白色，后转淡绿，孵化前紫黑色。卵块产，上覆黄白色疏松绒毛。

（3）幼虫 共6龄，老熟幼虫体长35～47mm。头部黑褐色，胸、腹部颜色多变，土黄色、青黄色、灰褐色或暗绿色。体表散生小白点。背线、亚背线及气门下线均为灰黄色及橙黄色。从中胸至第9腹节在亚背线内侧各有1对三角形黑斑，1、7、8腹节的最大（图10-8）。

背面观

侧面观

图 10-7 斜纹夜蛾成虫

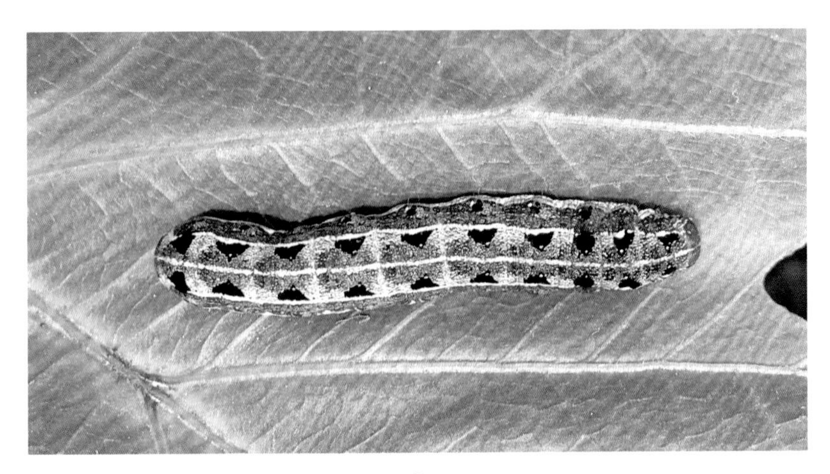

a

b

图 10-8 斜纹夜蛾幼虫

（4）蛹　长15~20mm，茄红色。腹部背面第4~7节近前缘处各有1个小刻点。臀棘短，有一对强大而弯曲的刺，刺基部分开（图10-9）。

3.2 寄主范围

为害寄主达109科389种植物，有甘薯、棉花、芋、莲、田菁、大豆、地黄、烟草、甜菜及十字花科和茄科蔬菜等，间歇性猖獗为害。

3.3 为害特征

斜纹夜蛾是一类杂食性和暴食性害虫，以幼虫食害叶片、花蕾、花等。初孵幼虫群集在卵块附近取食，2龄后分散为害，取食叶片下表皮及

图 10-9 斜纹夜蛾蛹

叶肉，仅留上表皮呈透明斑；4龄后进入暴食期，取食叶片，仅留主脉。

3.4 发生特点

该虫在华北地区1年发生4～5代，在华北地区不能越冬，春季虫源可能是南方迁飞而来。第1代5月上旬至6月下旬。第2代6月上中旬至7月中旬。第3代7月中旬至8月下旬。第4代8月中旬至9月中下旬。第5代9月中旬至10月中下旬。一般年份1、2代发生轻，3、4代发生重，偶有年份发生5代。成虫白天潜伏在叶背或土缝等阴暗处，夜间出来活动，有趋光性和趋化性。羽化后1天即交尾，交尾时间多在19：00～23：00，以20：00～21：00为最盛，交尾后即可产卵，每只雌蛾能产卵3～5块，每块约有卵粒100～200个，卵多产在叶背的叶脉分叉处。初孵时聚集叶背，4龄后白天躲在叶下土表处或土缝里，傍晚到植株上取食为害叶片，幼虫具假死性。

3.5 防治方法

3.5.1 农业防治

（1）铲除杂草，将残株落叶就地烧毁，杀灭部分幼虫和蛹，减少虫源。

（2）结合管理随手摘除卵块和群集为害的初孵幼虫，以减少虫源。

（3）在地黄田块周边种植芋、大豆、甘蓝等诱集斜纹夜蛾产卵，利于集中消灭。

3.5.2 物理防治

（1）灯光诱蛾　利用黑光灯或频振式诱虫灯诱杀成虫，减少田间落卵量。

（2）糖醋液诱杀　利用成虫的趋化性，糖醋液（糖：醋：酒：水=3：4：1：2）加总量1%～2%的90%敌百虫晶体，于诱虫盆中混匀，放在田间距地面50cm的支架上，45处/hm^{2}诱杀成虫。

3.5.3 生物防治

（1）保护利用瓢虫、蜘蛛、侧刺蝽、蚂蚁、青蛙、侧沟茧蜂和姬蜂等，自然控制斜纹夜蛾种群数量。

（2）布置性诱剂于田间边缘，放置高度为高出地黄植株20cm。

4 朱砂叶螨 *Tetranychus cinnabarinus* (Boisduval)

为害地黄的叶螨类主要为朱砂叶螨，俗称红蜘蛛，属蛛形纲真螨目叶螨科。

4.1 形态特征

参见第七章北沙参朱砂叶螨部分。

4.2 寄主范围

朱砂叶螨是一种多食性害螨，寄主植物种类很多。是北沙参、怀地黄、红花、芍药、桔梗等药用植物的主要害螨。

4.3 为害特征

朱砂叶螨以成螨、幼螨和若螨聚集在叶背，刺食叶片及嫩芽的汁液。受朱砂叶螨为害，地黄叶片初期出现鲜黄色针尖状斑点，引起植株生长势衰弱，后期叶片焦枯，似火烧状。

4.4 发生特点

参见第七章北沙参朱砂叶螨部分。

4.5 防治方法

参见第七章北沙参朱砂叶螨部分。

第十一章

防风病虫害

防风 （图11-1、图11-2）

Saposhnikovia divaricata (Turcz.) Schischk.

又名 Siler divaricatum Benthet Hook，山芹菜、白毛草。属伞形科多年生草本植物，以干燥根入药。具发汗解表、祛风除湿功能。治风寒感冒、头疼、发热、无汗、关节痛、风湿痹痛、四肢痉挛、皮肤瘙痒等症。我国河北、山西、陕西、辽宁、吉林、内蒙古等地种植较多。防风常见病害有白粉病、斑枯病、根腐病等，虫害主要有黄翅茴香螟、茴香凤蝶等。

图 11-1 防风苗期

图 11-2 防风花期

1 防风斑枯病

1.1 症状

主要为害叶片。叶片染病，病斑圆形至近圆形，2～5mm，中央淡褐色，边缘褐色（图11-3），后期病斑上生褐色小粒点即病原菌分生孢子器，干燥时病斑破裂穿孔，为害严重时影响产量。

1.2 病原

防风斑枯病病原为球壳孢目（Sphaeropsidales），球壳孢科（Sphaeropsidaceae），壳针孢属（*Septoria*）的真菌。

1.3 发病特点

病菌主要以分生孢子器在病残体上越冬，翌年产生分生孢子引起初侵染。生长季病斑上不断产生分生孢子，借风雨传播引起多次再侵染。高温、高湿、持续阴雨天有利于发病，8～9月为发病盛期。

1.4 防治方法

（1）因地制宜地选用抗（耐）病品种。

（2）实行轮作。

（3）雨后及时疏沟排水，降低田间湿度，及时清沟排渍。

（4）栽植密度适当，保持通风透光。

（5）使用充分腐熟有机肥，增施磷、钾肥。

（6）入冬前彻底清除田间病残体集中烧毁，以减少翌年菌源。

图 11-3 防风斑枯病

2 防风白粉病

2.1 症状

主要为害叶片、叶柄、花梗，果实也可受害。先在叶面产生不定形白色粉斑，逐渐扩大蔓延。在叶片、嫩茎及花序上覆盖白粉状物，为病原菌的分生孢子，发病严重时引起早期落叶及茎干枯。后期病斑上产生小黑点，为病原菌的闭囊壳（图11-4和图11-5）。

2.2 病原

防风白粉病病原为白粉菌目（Erysiphales），白粉菌科（Erysiphaceae），白粉菌属（*Erysiphe*），独活白粉菌（*Erysiphe heraclei* DC.）（图11-6）。

2.3 发病特点

病菌以闭囊壳在病残体上越冬，翌年春天在温、湿度条件适宜时产生子囊孢子，借风雨传播引起初侵染。生长季节在病株上产生的大量的分生孢子不断传播蔓延，引起多次再侵染。高温、高湿有利于分生孢子萌发和侵染。植株生长过于茂密，通风透光差有利于病害发生与流行。严重时种子无收成。

图 11-4 防风白粉病叶片症状

图 11-5 防风白粉病茎秆症状

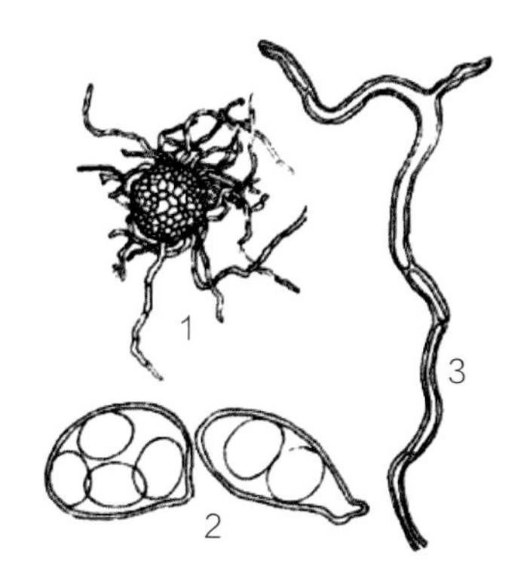

图 11-6 白粉菌属
1. 闭囊壳；2. 子囊和子囊孢子；3. 附属丝

2.4 防治方法

（1）因地制宜选用抗（耐）病品种。

（2）与非寄主作物轮作3年，以减少病源。

（3）田间不宜栽植过密，注意通风透光。适时灌溉，避免低洼地种植，雨后及时排水。

（4）增施磷、钾肥，提高植株抗病力。

（5）发病初期摘除病叶，冬季清除病叶，病残体集中深埋或烧毁，减少初侵染源。

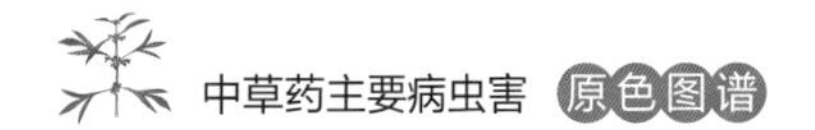

3 防风根腐病

3.1 症状

主要为害根部，发病初期须根发病呈褐色腐烂，随着病情的发展，病斑逐步向茎部发展，维管束被破坏，失去传导功能，导致根际腐烂，叶片萎蔫、变黄枯死，严重影响防风产量和质量（图11-7～图11-9）。

a

b

图 11-7 防风根腐病

图 11-8 防风根腐病与正常株对比

图 11-9 防风根腐病地上症状

3.2 病原

防风根腐病病原为瘤座孢目（Tuberculariales），瘤座孢科（Tuberculariaceae），镰刀菌属（*Fusarium*），木贼镰刀菌（*Fusarium equiseti* Sacc.）。

3.3 发病特点

病菌在土壤中和田间病残体上越冬，成为病害的初侵染源，留在土中和病株上所产生的分生孢子，可经风雨特别是流水传播，进行再次侵染。一般在5月初发病，6～8月进入盛期。温度高，湿度大，连续阴雨天利于发病。植株生长不良，抗病性降低，发病较重。在地下害虫和线虫为害严重的地块发病也较重。

3.4 防治方法

（1）选育抗（耐）病品种。

（2）建立无病留种田，繁育无病种苗。种子播种前，用种衣剂对种子进行包衣。

（3）选择地势高，排水好的土壤种植，高畦深沟，防止积水，避免大水漫灌。遇到连阴雨和土壤湿度较大时，及时中耕松土，增加土壤透气性。

（4）与禾本科作物实行6年以上轮作，或水旱轮作，特别是与葱蒜类蔬菜轮作效果更好。

（5）收获后，及时清除地面病残物，进行整翻土地。及时防治地下害虫。

4 黄翅茴香螟 *Loxostege palealis* Schiffmuler et Denis.

黄翅茴香螟属鳞翅目螟蛾科。

4.1 形态特征

幼虫为五龄。初龄幼虫体灰黑色，三龄后体呈淡黄绿色，老熟幼虫变为桔红色（图11-10）。

4.2 寄主范围

黄翅茴香螟是河北省茴香的主要害虫，此外还为害防风、独活、白芷等伞形科药用植物。

4.3 为害特征

为害防风的花和果实，幼虫孵出后，可爬行寻找食物，拉网为害（图11-11）。网起初稀薄，随幼虫长大，网变得大而密，其两端开口，呈圆筒状，幼虫栖于网中。幼虫特别喜食小茴香果实，为害时头部伸出网外。3龄后，幼虫为害甚重。

4.4 发生特点

黄翅茴香螟在黑龙江省和吉林省1年1代，以幼虫结茧越冬，越冬茧常成堆的集中在土壤疏松和比较高燥的垄台上。越冬幼虫于翌年6月中旬开始化蛹，在25℃条件下，蛹期为5～20天，平均为15天。田间土壤含水量为5%～35%时，能正常羽化，超过40%以上不能羽化。7月中下旬为羽化盛期；成虫具弱趋光性，羽化后不久，雌、雄蛾进行交

背面观

腹面观

图 11-10 黄翅茴香螟幼虫

图 11-11 黄翅茴香螟田间为害状

配。交配后1～2天开始产卵，卵期为4～5天。7月下旬为产卵盛期，8月中旬卵开始孵化，8月下旬为孵化盛期。初龄幼虫体灰黑色，三龄后体呈淡黄绿色，老熟幼虫变为桔红色。幼虫老熟后就地钻入防风根部附近约1～4cm的土层中作茧越冬。蛹多在早晨7～10时羽化，羽化后隐伏于防风植株下或栖于附近的田间杂草上。对花蜜有一定嗜好，雌蛾集中在小茴香的花梗和顶梢部分产卵，覆瓦状排列。

4.5 防治方法

（1）及时收获，消灭大部分尚未越冬的幼虫。

（2）适当提早播种，可避开黄翅茴香螟的为害盛期。

5 茴香凤蝶 *Papilio machaon* Linnaeus

茴香凤蝶属鳞翅目凤蝶科，又名金凤蝶、黄凤蝶、黄扬羽、胡萝卜凤蝶、芹菜金凤蝶、黄纹凤蝶等。

5.1 形态特征

参见第一章白芷茴香凤蝶部分，茴香凤蝶成虫、幼虫、蛹如图11−12 ~ 图11−14所示。

图 11−12 茴香凤蝶成虫

5.2 寄主范围

寄主包括茴香、柴胡、蛇床、胡萝卜、芹菜、防风、白芷、北沙参、芫荽、独活、羌活和香根芹等。

5.3 为害特征

幼虫咬食叶片、花蕾及嫩梢。叶片被害后呈不规则的缺刻或孔洞，受害严重时仅剩下叶柄（图11−15）。

图 11−13 茴香凤蝶幼虫

5.4 发生特点

参见第一章白芷茴香凤蝶部分。

5.5 防治方法

（1）在零星发生时，可人工捕捉幼虫或蛹，集中处理。

（2）作物采收后，及时清除杂草及周围寄主，减少越冬虫源。

图 11-14 茴香凤蝶蛹

图 11-15 茴香凤蝶为害状

6 蚜虫

蚜虫属同翅目蚜科，为害防风的蚜虫种类有待鉴定。

6.1 形态特征

（1）有翅胎生雌成蚜 体长1.5 ~ 1.8mm，宽0.6 ~ 0.8mm，黄绿色，有薄粉。头、胸黑色，腹部淡色。

（2）无翅胎生雌成蚜 体长约2.1mm，宽约1.1mm，黄绿至土黄色，有薄粉。头部灰黑色，胸、腹部淡色。

6.2 寄主范围

除为害防风外，其他寄主不详。

6.3 为害特征

以成、若蚜刺吸防风叶片及嫩茎，严重时茎叶布满蚜虫，使叶片卷曲干枯，嫩茎萎缩，造成植株生长不良或枯萎死亡（图11-16、图11-17）。

图 11-16 防风蚜虫为害叶部

图 11-17 防风蚜虫为害茎部

6.4 发生特点

5月下旬至7月上旬为害植株嫩叶，其他不详。

6.5 防治方法

6.5.1 农业防治

拔除中心发生较重的蚜株。

6.5.2 物理防治

有翅胎生雌蚜对黄色有明显的趋性，一般选用规格20cm × 30cm黄板，300 ~ 450个/hm^2，对有翅成蚜有较好的诱杀效果。

6.5.3 生物防治

蚜虫天敌很多，如捕食性瓢虫、草蛉、食蚜蝇等。可用网捕的方法移植到蚜虫较多的防风田。也可在蚜虫越冬寄主附近种植覆盖作物，增加天敌活动场所，栽培一定量的开花植物，为天敌提供转移寄主。

第十二章 枸杞病虫害

枸杞 （图12-1）

Lycium barbarum L.

枸杞为茄科多年生落叶灌木，别名枸杞子、山枸杞。以果实入药，可增强人体免疫功能，抑制癌细胞生长，并有补肾、强腰膝、清肝明目等作用，主治肾虚、精血不足、头目眩晕、耳鸣、腰腿酸痛、遗精、精力减退、糖尿病等症。根也做药用，称“地骨皮”，主治阴虚劳热、肺热、咯血和盗汗等症。在宁夏、内蒙古、甘肃、山东、河北等地种植。枸杞常见病害有炭疽病、白粉病、根腐病等，虫害主要有负泥虫、蚜虫、甜菜夜蛾、瘿螨、蜗牛、木虱等。

图 12-1 枸杞植株

1 枸杞炭疽病

1.1 症状

俗称黑果病。主要为害果实，也可侵染嫩枝、叶、蕾、花等。青果染病，初在果面呈现针尖大小的褐色小点，后扩大呈不规则形病斑，后病斑凹陷、变软，果实整个或部分变黑，干燥时果实干缩，病斑表面长出近轮纹状排列的小黑点，即病菌的分生孢子盘，潮湿时病果表面出现橘红色孢子团。发病的嫩枝、叶尖或叶缘，出现半圆形褐色斑，潮湿条件下呈湿腐状，表面出现橘红色黏液小点。花和蕾受害后变黑，不能开花结果（图12-2）。

1.2 病原

枸杞炭疽病病原为黑盘孢目（Melanoconiales），黑盘孢科（Melanoconiaceae），炭

叶部症状

果部症状

图 12-2 枸杞炭疽病

疽菌属（*Colletotrichum*），胶孢炭疽菌（*Colletotrichum gloeosporioides* Penz.），有性态是围小丛壳[*Glomerella cingulata*（Stonem）Spauld.et Schrenk]（图12-3）。

1.3 发病特点

以菌丝体和分生孢子在枸杞树上和地面病残果上越冬。翌年春季主要靠雨水把粘结在一起的分生孢子溅击开后传播到幼果、花及蕾上，经伤口或直接侵入，潜育期4～6天，生长季均可发病，田间可不断发生再侵染。该病在多雨年份、多雨季节扩展快，呈

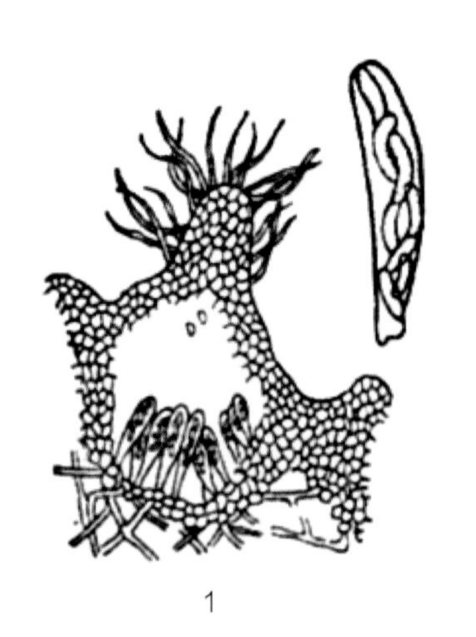

1

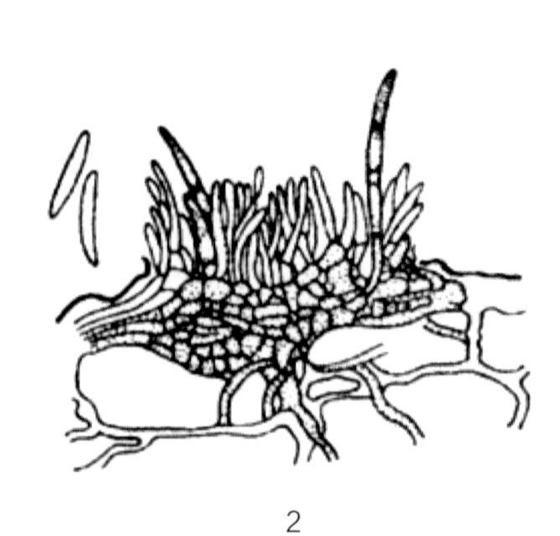

2

图 12-3 小丛壳属
1. 子囊壳、子囊及子囊孢子；2. 分生孢子盘及分生孢子

大雨大高峰、小雨小高峰的态势。果面有水膜利于孢子萌发，无雨时孢子在夜间果面有水膜或露滴时萌发。干旱年份或干旱无雨季节发病轻，7月中旬至8月中旬暴发，为害严重时，病果率高达80%。

1.4 防治方法

（1）发病期禁止大水漫灌，雨后排除积水。浇水应在上午，控制田间湿度，减少夜间果面结露。

（2）6月份第一次降雨前先喷一次药，在药液中加入适量尿素，杀灭越冬病菌，发病后重点抓好降雨后喷药，喷药时间应在雨后24小时内进行，以防传播后的分生孢子萌发和侵入。

（3）及时剪去病枝、病果，清除树上和地面上病残果，集中深埋或烧毁，减少初侵染源。

（4）发病期及时防治蚜、螨，避免害虫携带孢子传病和造成伤口，发病初期喷施20%苯甲 · 咪鲜胺水乳剂，有效成分用量133.3 ~ 200mg/kg。

2 枸杞白粉病

2.1 症状

主要为害叶片和嫩枝，也可为害花和幼果。发病叶片两面生近圆形的白色粉状霉层，为病原菌的分生孢子梗和分生孢子，后扩大至整个叶片被白粉覆盖，形成白色病斑。受害嫩叶常皱缩卷曲，后期病叶枯黄坏死，并长出小黑点，为白粉菌的闭囊壳，叶片早期脱落（图12-4）。

2.2 病原

枸杞白粉病病原为白粉菌目（Erysiphales），白粉菌科（Erysiphaceae），节丝壳属（*Arthrocladiella*），多孢穆氏节丝壳[*Arthrocladiella mougeotii* var. *polysporae* Z.Y. Zhao]。

2.3 发病特点

病菌以闭囊壳随病残体遗留在土壤表面越冬或在病枝梢的冬芽中越冬。翌年春季放射出子囊孢子进行初侵染。田间发病后，病部产生分生孢子通过气流传播，进行再侵染，条件适宜时，孢子萌发产生侵染丝直接从表皮细胞侵入，以吸器吸收营养，菌丝体则以附着胞匍匐于寄主表面，不断扩展蔓延，秋末形成闭囊壳或继续以菌丝体在活体寄主上越冬。干燥比多雨时发病严重，昼夜温差大有利于病害的发生和流行，7月下旬至9月上旬发病严重。

2.4 防治方法

（1）因地制宜选用抗（耐）病品种。

（2）田间不宜栽植过密，注意通风透光。适时灌溉，雨后及时排水，防止湿气滞留。

（3）增施磷、钾肥，提高植株抗病力。

图 12-4 枸杞白粉病

（4）发病初期摘除病叶，冬季清除病叶，病残体集中深埋或烧毁，减少初侵染源。

（5）发病初期，喷施1%蛇床子素微乳剂，有效成分用量22.5～27g/hm^2；0.5%香芹酚水剂，有效成分用药量5～6.25mg/kg；30%苯甲醚菊酯悬浮剂，有效成分用药量150～300mg/kg。

3 枸杞根腐病

3.1 症状

主要为害根茎部和根部。发病初期病部呈褐色至黑褐色，逐渐腐烂，后期外皮脱落，只剩下木质部，剖开病茎可见维管束褐变。湿度大时病部长出一层白色至粉红色菌丝状物。地上部叶片发黄或枝条萎缩，发病严重时枝条或全株枯死（图12-5）。

3.2 病原

枸杞根腐病病原为瘤座孢目（Tuberculariales），瘤座孢科（Tuberculariaceae），镰刀菌属（*Fusarium*），茄腐镰孢菌[*Fusarium solani*（Mart）Sacc.]（图12-6）。此外，立枯丝核菌（*Rhizoctonia solani* kuhn）也可引起类似的症状。

3.3 发病特点

病菌在土壤中或在病残体中越冬，翌年条件适宜时，萌发侵入根部或根茎部引起发

图 12-5 枸杞根腐病

病，一般4～6月中下旬开始发生，7～8月病害蔓延。地势低洼积水、土壤黏重、耕作粗放的枸杞园易发病。多雨年份、光照不足、种植过密、修剪不当的情况下发病重。

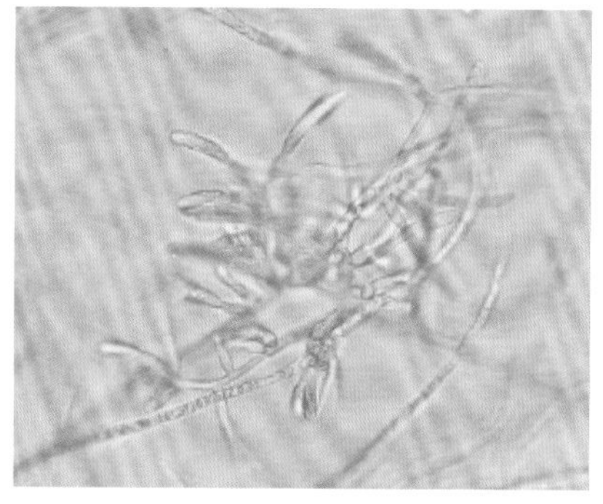
图 12-6 茄腐镰刀菌

3.4 防治方法

（1）新建枸杞园要选择地势高的砂壤土，严禁栽植有病种苗。

（2）发现病株及时挖除，补栽健株，并在病穴施入石灰消毒，必要时可换入新土。

（3）在建园时要注意分区或分株管理，有效的控制病害的传播，既要避免病土遗落到健株土壤，又要防止流过病区（株）的水（雨水或灌溉水）流到无病区（株）。

（4）药剂灌根　对病株使用750g/L十三吗啉进行灌根处理，有效成分用药量为750～1000mg/kg。

4 甜菜夜蛾 *Spodoptera exigua* (Hübner)

甜菜夜蛾属于鳞翅目夜蛾科，别名玉米夜蛾、白菜褐夜蛾、贪夜蛾。

4.1 形态特征

（1）成虫　体长8～10mm，翅展19～25mm，灰褐色。头、胸有黑点。前翅外缘线由1列黑色三角形小斑组成，翅面有黑白两色双线2条，有黄褐色肾状纹和环状纹。后翅银白色，翅脉及缘线黑褐色（图12-7）。

（2）卵　半球形，直径0.2～0.3mm，白色。卵粒1～3层重叠成块，外覆白色绒毛（图12-8）。

图 12-7 甜菜夜蛾成虫

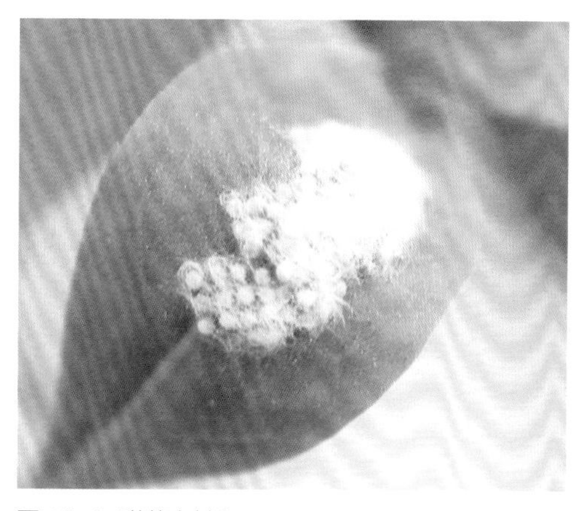
图 12-8 甜菜夜蛾卵

（3）幼虫　共5龄，老熟幼虫体长约22mm。体色多变，绿色、暗绿色、黄褐色、灰褐色至黑褐色。老熟幼虫背线及亚背线黄色。腹部气门下线为明显的黄白色纵带，有时带粉红色。各节气门后上方具一明显白点（图12-9）。

（4）蛹　长约15~20mm，黄褐色，中胸气门显著外突，臀棘上有刚毛2根，腹面基部亦有2根极短的刚毛。

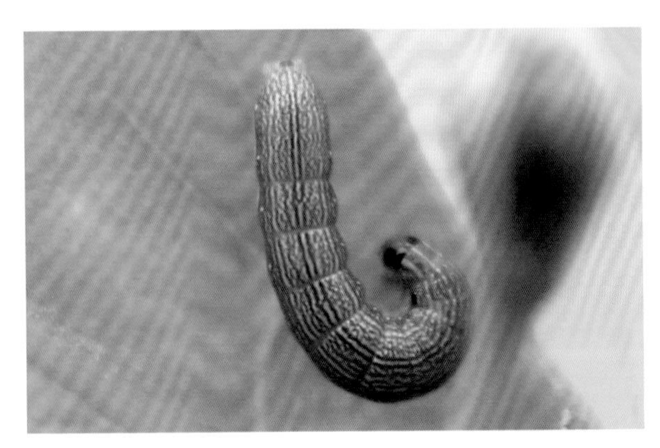

a

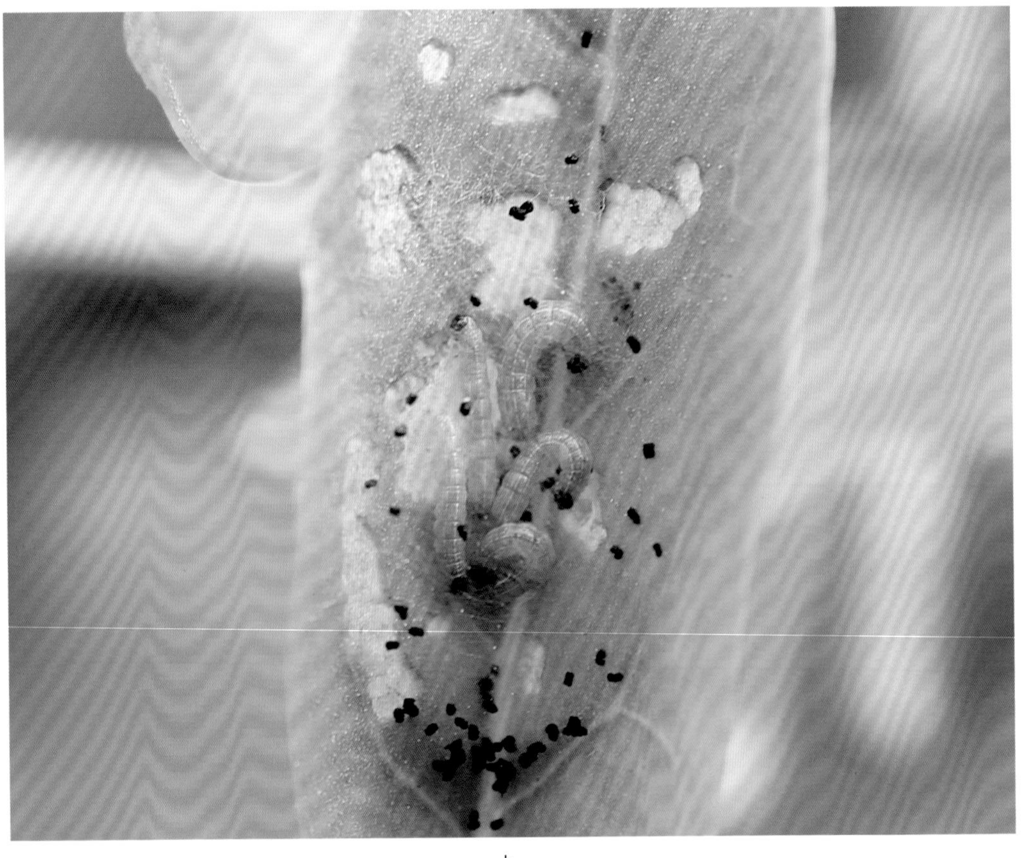

b

图 12-9 甜菜夜蛾幼虫

4.2 寄主范围

可取食为害35科108属200余种植物，十字花科植物受害最烈，其次为茄科、豆科、伞形科、葫芦科、菊科、百合科等植物，近年来枸杞种植区受其为害较重。

4.3 为害特征

以幼虫为害，初孵幼虫群集叶背，吐丝结网，在网内取食叶肉，留下表皮，形成透明“小天窗”。3龄后分散为害，将叶片吃成孔洞或缺刻。严重时，将叶片食成网状，仅留叶脉和叶柄。

4.4 发生规律

华北地区1年发生4～5代。以蛹在土室内越冬。属间歇性发生害虫，喜高温干旱。其中以3、4、5代为主害代，特别是7～8月发生的第3、4代为害最重。第1代成虫在4月底5月初盛发，第2、3代成虫盛发期为6月初到7月底，第4、5代发生盛期在8月中旬到9月初。甜菜夜蛾成虫有很强的趋光性和较强的趋化性，白天潜伏于植株叶间、枯叶杂草或土缝等隐蔽的场所，受惊时可作短距离飞行。夜间以20：00～22：00活动最盛，进行取食、交配和产卵等。

4.5 防治方法

4.5.1 农业防治

（1）清洁田园　及时清除田间的残枝落叶及杂草，集中深埋或沤肥。减少甜菜夜蛾产卵场所，降低虫源基数。

（2）利用甜菜夜蛾在土中化蛹的习性，及时中耕与合理灌溉，破坏其化蛹场所。

4.5.2 物理防治

（1）利用频振式杀虫灯或黑光灯诱杀成虫。1台/hm^2，置于距地面1.5m高度。

（2）人工除卵捕虫　在产卵高峰期至孵化初期，人工摘除卵块及低龄幼虫聚集较多的叶片，清晨、傍晚人工捕捉高龄幼虫，降低田间虫口密度。

4.5.3 生物防治

（1）可通过诱捕器诱杀成虫，将人工合成的化学信息素诱芯放置于诱捕器中，引诱成虫至诱捕器中诱杀成虫。

（2）甜菜夜蛾卵期及卵孵化初期，早晨或傍晚在田间释放寄生蜂（如马尼拉陡胸茧蜂），15000头/hm^2，甜菜夜蛾发生期内释放3～4次即可有效控制其为害。

5 枸杞负泥虫 *Lema decempunctata* Gebler

枸杞负泥虫属鞘翅目叶甲科。又名背屎虫、肉蛋虫、金花虫和十点叶甲等。

5.1 形态特征

（1）成虫　体长4.5～5.8mm，宽2.2～2.8mm。头黑色，复眼突出于两侧，触角蓝黑色。前胸背板近方形。鞘翅黄褐至红褐色，每个鞘翅上有近圆形的黑斑5个，外缘3个较小，靠近鞘缝处2个较大，斑点常有变异，有的全部消失。头、前胸背板及鞘翅均有粗密刻点。足黄褐至红褐色（图12-10）。

（2）卵　长圆形，长0.8～1.0mm，宽0.3～0.45mm，橙黄色。排列成“八”字形（图12-11）。

（3）幼虫　体长约7mm，灰黄色，头黑色，具反光，前胸背板黑褐色，胸节之间凹陷。2龄后幼虫背面覆盖黑色分泌物，仅头部露出（图12-12）。

（4）蛹　长约5mm，浅黄色，末端有臀刺1对（图12-13）。

5.2 寄主范围

其是枸杞种植区为害枸杞的食叶性害虫，还可为害颠茄草，其他寄主不详。

5.3 为害特征

以成、幼虫为害枸杞叶片。1龄幼虫群集咬食叶片呈孔洞或筛底状，2龄后幼虫为害叶片呈缺刻状，3龄后能将整片叶食光。成虫咬食叶片呈缺刻状（图12-14）。

a

b

c

图 12-10 枸杞负泥虫成虫

图 12-11 枸杞负泥虫卵

图 12-12 枸杞负泥虫幼虫

5.4 发生特点

在河北省南部 1 年发生 5 代，主要以成虫在枸杞根际附近的土下越冬。翌年4月下旬枸杞抽芽时，成虫开始活动。卵产于叶背面，黄色呈人字形排列。1 龄幼虫常群集在叶片背面取食，2 龄后分散为害，幼虫背负自己的排泄物，故称负泥虫。幼虫老熟后入土 3 ~ 5cm 处，吐丝与土粒结成棉絮状茧，化蛹其中。

图 12-13 枸杞负泥虫蛹

5.5 防治方法

（1）在冬季成虫或老熟幼虫越冬后，清理树下的枯枝落叶及杂草，在树周围挖掘越冬蛹，集中烧灭，可有效降低越冬虫口数量。

（2）害虫发生初期，人工挑除负泥虫幼虫、卵，捕捉成虫，及时修剪被为害枝，控制害虫为害。

图 12-14 枸杞负泥虫为害状

6 茄二十八星瓢虫 *Henosepilachna vigintioctopunctata* (Fabricius)

茄二十八星瓢虫属鞘翅目瓢甲科。别名酸浆瓢虫。

6.1 形态特征

（1）成虫　半球形，体长5.2～7.4mm，宽5～5.6mm，黄褐色。密被金黄色细毛。前胸背板中央有1条横行的双菱形黑斑，其后方有1个黑点。每鞘翅上有14个黑斑，鞘翅基部3个黑斑后方的4个黑斑在一条直线上，两鞘翅汇合处的黑斑不相互接触。雄虫外生殖器中叶上无齿状突起（图12-15）。

（2）卵　弹头形，长约1.2mm，初产时黄白色，后变褐色。卵块中卵粒排列较紧密（图12-16）。

（3）幼虫　共4龄。纺锤形，老熟幼虫体长约7mm。初龄幼虫淡黄色，后变白色。体背各节有整齐横列的枝刺，枝刺基部具黑褐色环纹（图12-17）。

（4）蛹　扁平椭圆形，长约5.5mm，黄白色，体背有淡黑色斑纹，末端为幼虫蜕皮所包被（图12-18）。

6.2 寄主范围

主要寄主为茄子、马铃薯、番茄、辣椒、龙葵、枸杞等茄科植物及黄瓜、丝瓜等葫芦科植物。以茄科植物受害重，还见为害白菜。

图 12-15 茄二十八星瓢虫成虫

图 12-16 茄二十八星瓢虫卵

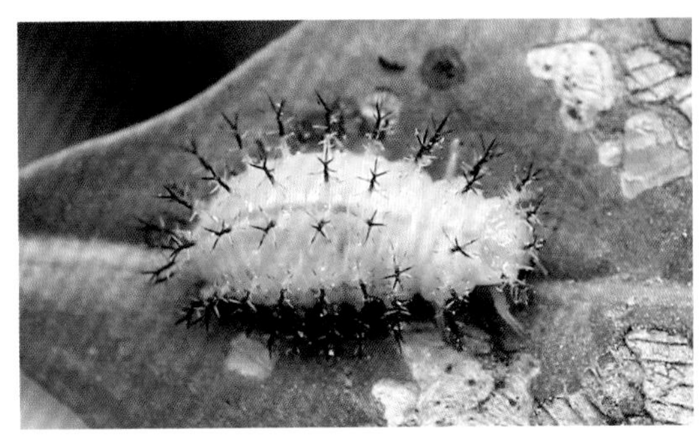
图 12-17 茄二十八星瓢虫幼虫

图 12-18 茄二十八星瓢虫蛹

6.3 为害特征

成虫和幼虫均取食寄主植物叶片，咬食叶肉，残留表皮，成透明密集的条痕，状如箩底。亦将叶片咬成孔洞或缺刻（图12-19）。

6.4 发生特点

在华北地区1年发生2代。成虫在发生地附近背风向阳地边杂草、土缝内越冬，越冬群集现象不明显。越冬成虫于5月间出蛰活动，经过5～6天取食后，相继飞往枸杞、龙葵上取食，6月份为越冬代产卵盛期，越冬代成虫寿命较长，两代相互重叠，7～8月间田间可同时看到两代各虫态，此时造成为害最重。第2代幼虫7月下旬出现，8月中旬为害最重，于8月中旬至9月上旬羽化，持续到10月上旬，向越冬场所转移，进入越冬状

图 12-19 茄二十八星瓢虫为害状

态。成虫昼夜取食，有自残和食卵、食蛹习性。每卵块一般有卵15～40粒。成虫和幼虫畏光，常在叶背和其他隐蔽处活动。

6.5 防治方法

6.5.1 农业防治

及时彻底清洁田园，将病株和残留枝叶等带出田外进行深埋或烧毁，并深翻晒地，可消灭茄二十八星瓢虫的卵、幼虫和藏于缝隙中的成虫。

6.5.2 物理防治

（1）可用频振式杀虫灯，诱杀成虫，控制虫源，减少落卵量，从而减轻为害。

（2）捕杀成虫　利用茄二十八星瓢虫成虫具有假死的习性，可适时敲打植株，使之坠落，并用盆接住后统一杀灭。用此方法杀虫最好在中午温度较高时进行，灭杀效果较好。

（3）摘除卵块　雌成虫产卵集中成群，而且所产卵颜色艳丽，极易被发现，可在产卵盛期人工摘除卵块，以降低害虫田间发生基数。

6.5.3 生物防治

人工饲养双脊姬小蜂进行田间释放或助迁。

7 枸杞木虱 *Paratrioza sinica* Yang & Li.

枸杞木虱属同翅目木虱科，又称猪嘴蜜、黄疸。

7.1 形态特征

（1）成虫　体长2.3～3.2mm，翅展7～7.5mm。触角10节，基部两节和端部两节较粗，黑褐色，其余为黄褐色，端部有两根长刺。复眼大，黑褐色。胸腹背面褐色，腹面黄褐色，腹背近后胸处有一白色横带，十分明显。翅缘及翅脉褐色。体色变化较大，越冬时，雌性成虫灰褐色，雄性成虫体色较深，其余时间有翠绿色、橘黄色和褐黄色等（图12-20）。

（2）卵　椭圆形，长约0.3mm，橘黄色，有柄，卵与柄的比例为1∶3，卵散产，喜在叶背面产卵（图12-21）。

（3）若虫　共5龄。椭圆形，扁平，固着在叶上。老熟若虫体长约2.06mm，宽约1.56mm。初孵时橙黄色，周围有白色蜡丝，2龄背部具褐斑2对，有的可见红色斑点，3龄翅芽出现。4龄淡黄色，头胸背部出现较多黑褐色斑纹，翅芽发达，5龄翅芽极显著，为体长的1/2。

7.2 寄主范围

研究发现该虫食性专一，只为害枸杞。

7.3 为害特征

若虫主要在枸杞叶片上吸食汁液，反面较正面多，一片叶上虫体常多达数十个；成虫可以在园内飞动，在树体的叶、花、叶柄、幼枝等多处吸食汁液，使树势衰弱，早期落叶、落果。严重地块，人到园内能感觉到木虱成虫碰脸或叮咬。

7.4 发生特点

枸杞木虱在河北省巨鹿县1年发生4代，以成虫在树皮缝、枯枝落叶下、土缝等处越

图 12-20 枸杞木虱成虫

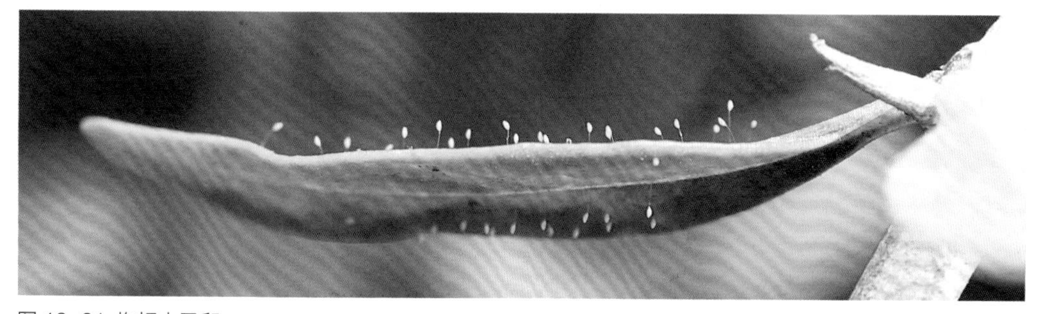

图 12-21 枸杞木虱卵

冬。翌年4月底5月初开始活动，多在叶背栖息，可近距离跳跃或飞翔，在枸杞枝叶上刺吸取食，白天交尾，在叶背或叶面上产卵。若虫于5月中旬孵化，开始刺吸枸杞叶片为害。第1代成虫高峰期于6月中旬出现，第2代在7月中旬出现，第3代在8月中下旬，第4代在9月中下旬出现。枸杞木虱1年内世代重叠，5 ~ 10月几乎均能找到各种虫态。

7.5 防治方法

7.5.1 农业防治

（1）清洁田园。冬季或早春清理枯枝落叶及杂草，集中深埋或拉出田外进行焚烧，减少越冬成虫数量。

（2）于春天成虫开始活动前，进行灌水或翻土，消灭部分虫源。

7.5.2 物理防治

（1）早春在树体喷施仿生胶，可有效阻止枸杞木虱上树产卵。

（2）黄板诱虫。利用枸杞木虱成虫对黄色光的趋性，4月下旬至10月在枸杞田间距地面1.3m处挂黄色粘虫板进行诱杀，450 ~ 900张/hm^2。

7.5.3 生物防治

保护利用枸杞木虱的天敌昆虫瓢虫、捕食性蝽象和枸杞木虱啮小蜂等。

8 蚜虫类

枸杞蚜虫（*Aphis sp.*），属同翅目蚜科。在生产上又叫绿蜜、蜜虫和油汗。

8.1 形态特征

（1）有翅胎生蚜　体长约1.9mm，黄绿色。头部黑色，复眼黑红色，触角黑色。前胸狭长与头等宽，绿色；中后胸较宽，黑色；腹部深绿色。腹末尾片黄色，两侧各具2根刚毛。腹管黑色圆筒形，约与尾片等长。

（2）无翅胎生蚜　体长1.5 ~ 1.9mm，淡黄至浓绿色，尾片浅黄色，两侧各具2 ~ 3根刚毛。

（3）卵　长圆形，初产淡黄色，后变为绿色、墨绿色至黑色。

8.2 寄主范围

寄主为枸杞，其他寄主不详。

8.3 为害特征

枸杞蚜虫常群集嫩梢、叶背、花蕾及幼果等汁液较多的幼嫩部位吸取汁液为害，致使嫩芽、叶片、幼果呈褐色枯萎状，枝梢曲缩、停滞生长、花蕾脱落、幼果不能正常膨大。枸杞蚜的分泌物覆盖叶片，直接影响叶片的光合作用，使叶片早落、树势衰弱（图12−22、图12−23）。

8.4 发生规律

枸杞蚜虫1年发生10余代，以卵在枸杞枝条、腋芽及树干缝隙内越冬。翌年4月下

图 12-22 枸杞蚜虫为害嫩梢

旬越冬卵孵化为干母，孤雌繁殖为害枸杞嫩芽。6月中下旬是枸杞蚜虫为害高峰期。7月中下旬后由于虫口密度减小，为害减轻。9月份略有回升，并产生两性蚜，10月份产卵，进入越冬。

8.5 防治方法

8.5.1 农业防治

（1）加强枸杞园管理，早春和晚秋清理修剪下来的枸杞枝条连同园地周围的枯草落叶，集中烧毁，以消灭越冬卵，减少越冬虫源。

（2）枸杞生长季，及时剪除带蚜虫的徒长枝，压低田间虫口密度。

（3）采用配方施肥技术，禁止过施氮肥，合理浇水。

8.5.2 物理防治

在蚜虫发生初期，使用黄色粘虫板诱杀有翅蚜虫。

8.5.3 生物防治

枸杞蚜虫天敌有小花蝽、草蛉、瓢虫、蚜茧蜂、食蚜蝇等，保护好天敌，可有效的控制蚜虫种群数量。

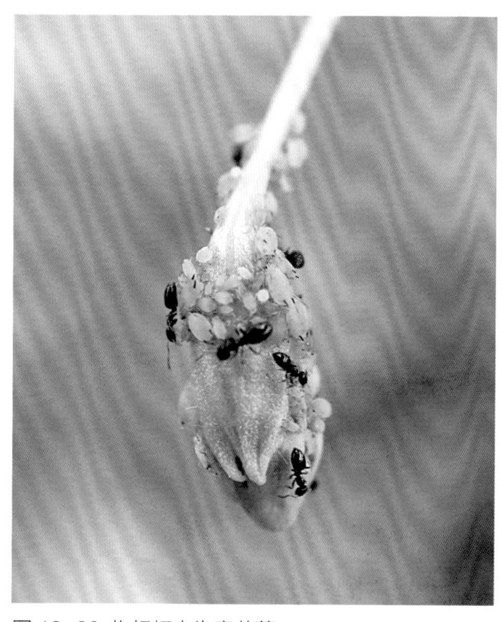

图 12-23 枸杞蚜虫为害花蕾

9 枸杞瘿螨 *Aceri macrodonis* Keifer

枸杞瘿螨属蜱螨目瘿螨科，又称大瘤瘿螨、虫仓、痣虫。

9.1 形态特征

（1）成螨　长圆锥形，体长0.12～0.33mm，橙黄色或赭黄色。体略向下弯曲成弓形，近头胸部具足2对。足末端均有1根羽状爪。腹部背面前端有背刚毛一对，侧面有侧刚毛一对，腹面有腹刚毛3对，尾端有特长的尾毛一对（图12-24）。

（2）卵　近球形，直径39～42.5μm，浅白色，透明。

（3）幼螨　圆锥形。体长74～109.6μm。略向下弯曲，浅白色，半透明。

（4）若螨　形如成螨，较成螨短，浅白色至浅黄色，半透明。

9.2 寄主范围

研究表明枸杞瘿螨只为害枸杞，其他寄主不详。

9.3 为害特征

成、若螨主要为害叶片，嫩叶较老叶重。叶片受害后，害螨钻入叶片组织形成虫瘿，初为近圆形黄绿色隆起小点，后渐变为直径2～5mm的虫瘿，后期叶面病部稍凹陷，叶背隆起明显，病部呈褐色（图12-25）。受害植株光合作用减弱，生长受阻，嫩茎、叶不堪食用，老枝枯叶、落叶严重（图12-26）。

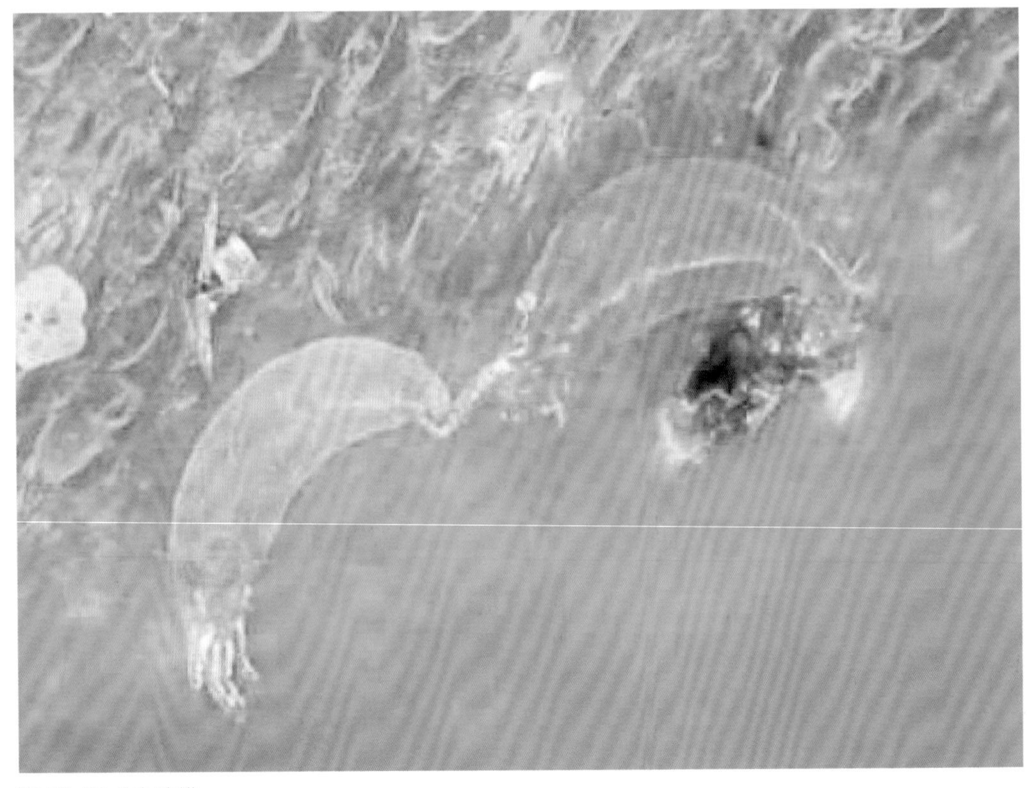

图 12-24 枸杞瘿螨

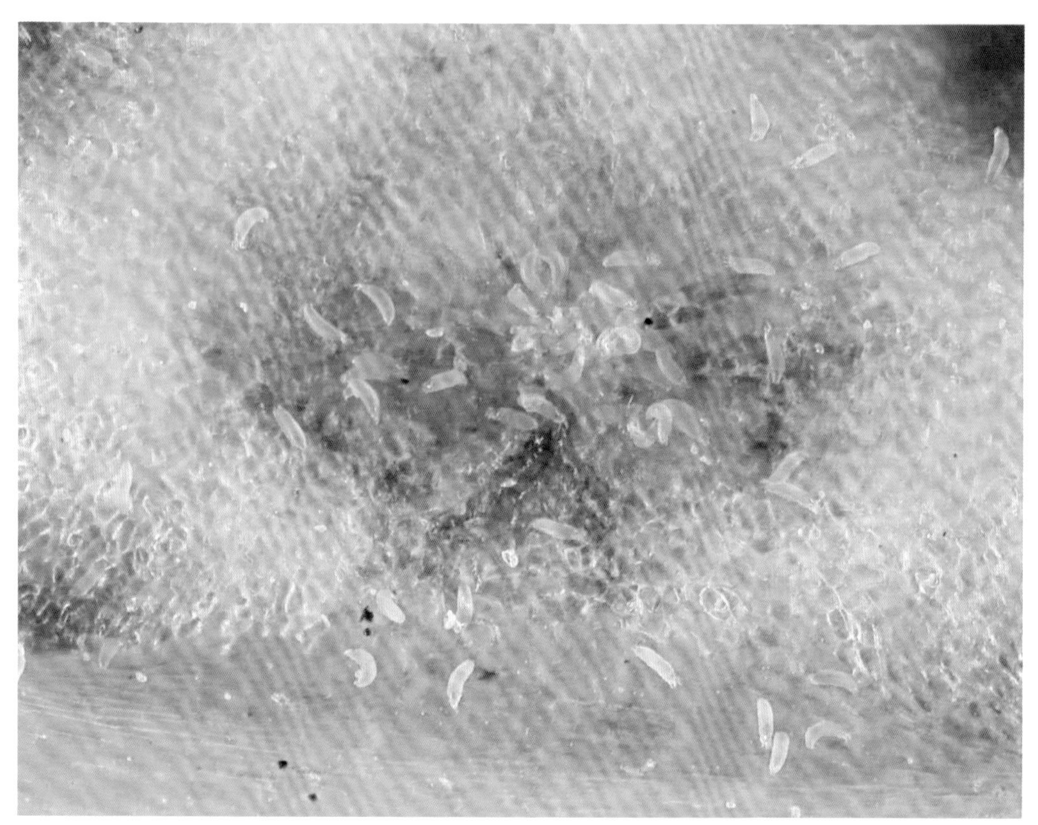

图 12-25 虫瘿中的瘿螨

9.4 发生特点

在河北省巨鹿县枸杞瘿螨以成螨在枸杞老枝上或其附近的树隙内越冬。翌年4月，成螨出蛰活动。当枸杞展叶时，成螨大量转移到枸杞新叶上产卵，孵出的幼螨钻入叶内为害、形成虫瘿，5~6月达高峰。夏季气温高于25℃时，新梢抽生减慢，症状不明显。8~9月份，枸杞枝叶生长加快，瘿螨为害形成第2个高峰。11月中下旬气温下降到5℃以下时，成螨转入越冬。枸杞瘿螨可通过爬行、借助风、蚜虫、蓟马等活动进行扩散传播。

9.5 防治方法

9.5.1 检疫防治

做好异地引种检疫。

9.5.2 农业防治

（1）扦插育苗时选用无螨枝条，减少虫源。

（2）冬季割去带螨的枝梢，集中深埋或烧毁。

（3）田间管理　加强肥水管理，做好发芽、开花和果实膨大期的追肥，按照夏水灌透、冬水灌好的原则，及时灌水，保持适当湿度，以增强树势，提高植株的抗逆性。

（4）种植不宜过密，使行间通风透光，植株生长健壮，利于抗病方便人工治螨。

叶背面

叶正面

图 12-26 枸杞瘿螨为害状

9.5.3 生物防治

保护利用七星瓢虫、智利小植绥螨等瘿螨的天敌。发生初期，可按1∶10～20释放智利小植绥螨，必要时可以补放1次。

10 蜗牛

为害枸杞的蜗牛为同型巴蜗牛[*Bradybaena similaris*（Ferussac）]，属陆生软体动物门腹足纲柄眼目巴蜗牛科。又名水牛。

10.1 形态特征

（1）成贝 贝壳中等大小，壳质厚，坚实，呈扁球形。壳高约11.5～12mm、宽15～17mm，有5～6个螺层。壳顶钝，缝合线深。壳面呈黄褐色或红褐色，有稠密而细致的生长线。体螺层周缘或缝合线处常有一条暗褐色带，有些个体无。壳口呈马蹄形，口缘锋利，轴缘外折，遮盖部分脐孔。脐孔小而深，呈洞穴状。个体之间形态变异较大。

（2）卵 圆球形，直径约2mm，乳白色，有光泽，渐变淡黄色，近孵化时为土黄色。

（3）幼贝 形态与成贝相似，仅体型较小。

10.2 寄主范围

寄主范围广，除枸杞外也可为害其他多种药用植物和蔬菜，如紫薇、芍药、海棠、玫瑰、月季、蔷薇、白蜡、白菜、萝卜、甘蓝、花椰菜等。

10.3 为害特征

主要为害枸杞嫩芽、叶片和嫩茎。初孵幼螺只取食叶肉，残留表皮，稍大个体则用齿舌将嫩茎、幼叶舐食成小孔，严重时叶片被吃光，茎被咬断。亦可为害花及幼果，造成结果率低（图12-27）。

10.4 发生特点

同型巴蜗牛各地较常见，多与灰巴蜗牛混合发生。成贝多蛰伏于作物秸秆堆下面或冬季作物的土壤中越冬，幼贝也可在冬季作物根部土壤中越冬。生活于潮湿的灌木丛、草丛中、田埂上、乱石堆里、枯枝落叶下、作物根际土块和土缝中以及温室、菜窖、畜圈附近的阴暗潮湿、多腐殖质的环境，适应性极广。1年繁殖1代，3～4月开始活动，4月下旬至5月中旬转入枸杞田为害至7月底。若9月以后潮湿多雨，仍可大量活动为害，10月转入越冬状态。多在4～5月间产卵，大多产在根际疏松湿润的土中、缝隙中、枯叶或石块下。每个成螺可产卵30～235粒。上年虫口基数大，当年苗期多雨，土壤湿润，蜗牛可能大发生。

为害叶片

为害枝干

图 12-27 同型巴蜗牛

10.5 防治方法

10.5.1 农业防治

（1）及时清除田间和邻近杂草，清除落叶落果，将枯枝烧毁或深埋。

（2）在清晨撒石灰粉防治。

（3）用黏虫带缠裹树干使蜗牛不能上树为害。

（4）结合秋施基肥，深翻土壤，破坏其越冬场所，使部分蜗牛暴露于地面冻死。

10.5.2 物理防治

（1）蜗牛在植株上活动时人工捕捉。

（2）在排水沟内堆放青草诱杀。

第十三章

栝楼病虫害

栝楼 （图13-1、图13-2）

Trichosanthes kirilowii Maxim.

栝楼为葫芦科多年生草质藤本植物，雌雄异株。以果实、种子、块茎入药。果实称瓜蒌，有润肺祛痰、滑肠散结的作用，用于肺热咳嗽、胸闷、冠心病、心绞痛、便秘、乳腺炎的治疗；种子称瓜蒌子，有润燥滑肠、清热化痰的功能，用于大便燥结、痰稠难咳；根称天花粉，有生津止渴、降火润燥、排脓消肿的功能，用于热病口渴、消渴、乳痛、疮肿等症。我国大部分地区都有栽植。栝楼常见病害有斑枯病、蔓枯病、根腐病、根结线虫病等，虫害主要有潜叶蝇、黄守瓜、种蝇、菱斑食植瓢虫等。

图 13-1 栝楼雌株

图 13-2 栝楼雄株

1 栝楼斑枯病

1.1 症状

主要为害叶片。病斑大小不一，初期呈褐色至灰白色小点，后逐渐扩大，受叶脉限制呈多角形或不规则形，有时多个病斑相互融合成不规则的大斑，严重时整个叶片枯死。茎蔓受害后病斑为梭形至长条形，中央灰白色。后期病斑上产生小黑点，为病原菌的分生孢子梗和分生孢子（图13-3）。

图 13-3 栝楼斑枯病

1.2 病原

栝楼斑枯病病原为丝孢目（Hyphomycetales），暗色菌科（Dematiaceae），尾孢属（*Cercospora*），瓜类尾孢（*Cercospora citrullina* Cooke）。

1.3 发病特点

病菌以菌丝体和分生孢子在田间病残叶上越冬，并成为翌年病害的初侵染源，病菌主要以分生孢子随风雨飞溅传播。在适宜的温湿度条件下，分生孢子萌发并侵入到寄主组织内，引起初侵染，病斑上产生大量的分生孢子，又造成多次再侵染。6月开始发生，7~9月为发病盛期。

1.4 防治方法

（1）秋季栝楼进入越冬休眠至春季发芽前，集中烧毁残株落叶。

（2）实行3年以上的轮作换茬。

（3）选无病植株留种，远离上年发病地块种植，合理密植，加强田间管理，增强植株抗病力。

2 栝楼蔓枯病

2.1 症状

栝楼蔓枯病是制约栝楼生产的重要病害。主要为害茎基部，其次为害果实。初期呈褐色油渍状斑，稍凹陷并出现黄白色流胶，后期干燥后呈现红褐色，病部干枯，表面散生小黑点，维管束不变色（图13-4）。

图 13-4 栝楼蔓枯病

2.2 病原

栝楼蔓枯病病原为植物病原真菌，具体种类不详。

2.3 发病特点

长期低温阴雨有利于该病发生，特别是连作田块有逐年加重趋势。

2.4 防治方法

（1）实行轮作，特别是水旱轮作效果最好，或者将栝楼与韭菜、葱、蒜等作物进行套种。

（2）预防为主，综合防治。做到病虫早期防治，其中病在于预防，减少用药次数，合理使用低毒高效农药。

（3）及时清洁田园，在收获后将病蔓、病叶和病果烧毁。

3 栝楼根腐病

3.1 症状

病株出苗偏晚，幼苗长势较弱，成株茎蔓纤细，叶片偏小，花朵少，结果率低，果实瘦小；地下块根发病时，上端先发生，逐步向下扩展，表现为维管束变黄、变褐，严重时呈现腐烂（图13-5）。

图 13-5 栝楼根腐病

3.2 病原

栝楼根腐病病原主要为瘤座孢目（Tuberculariales），瘤座孢科（Tuberculariaceae），镰刀菌属（*Fusarium*）的尖孢镰刀菌（*Fusarium oxysporum* Schldtl.）和腐皮镰刀菌[*F. solani* (mart) Sacc.]。

3.3 发病特点

病菌在土壤中长期营腐生生活，主要靠水流、土壤耕作传播。通过根部伤口侵入，地下害虫等造成的伤口有利于病菌侵入。通风不良、排水不畅、杂草丛生、连作地及多雨潮湿地块易发病，常导致根部腐烂，造成植株成片枯死。

3.4 防治方法

（1）建立无病留种田，繁育无病种苗。选育抗病品种。

（2）实行3年以上的水旱轮作。

（3）选择地势高，排水好的土壤种植，或高畦深沟栽培，防止积水，避免大水漫灌。遇到连阴雨和土壤湿度较大时，及时中耕，疏松土壤，增加土壤透气性。

4 栝楼根结线虫病

4.1 症状

发病植株地下主根、侧根和须根上全部生有大小不等的根结，表面光滑，上面不再生侧根，为害严重时，根上布满肿瘤，主根上的瘤体较大（图13-6、图13-7），剖开肿瘤，可见乳白色小粒（成虫）。在50cm以上土层内的根上肿瘤较多，50cm以下土层内的

a

b

图 13-6 栝楼根结线虫病与正常根部对比

图 13-7 栝楼根结线虫病

根肿瘤较少。由于根结线虫的侵害，土壤中的病原菌侵入根内，使肿瘤腐蚀成黄褐色的空瘤或残腐瘤，后期根部全部或局部腐烂。病株地上部分表现为叶片变小，叶色变浅，植株生长缓慢。根部腐烂后，秧蔓也随即枯死，第二年不再出苗，受害轻时地上部症状不明显。

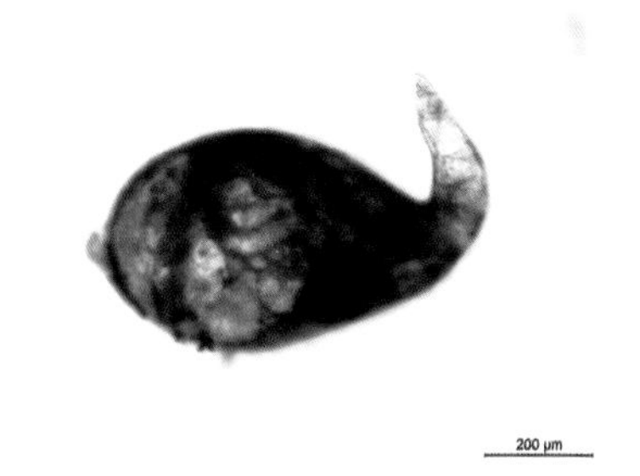

图 13-8 南方根结线虫成虫

4.2 病原

栝楼根结线虫病病原为垫刃目（Tylenchida），异皮科（Heteroderidae），根结线虫属（*Meloidogyne*），南方根结线虫（*Meloidogyne incognita* Chit.Wood）（图13-8～图13-10）。

4.3 发病特点

线虫主要在根内越冬，幼虫、卵和少量雌虫均可越冬。栝楼为多年生宿根植物，一旦发病，线虫便会在根内和根际上迅速积累，病情逐年加重，直至绝产。土壤温度高于10℃时，幼虫开始侵入根内，适宜温度在25～30℃。一年可发生多代，多在土壤5～30cm处生存，其中95%的线虫在表土20cm以内。初侵染源来自病根和土壤，带病种块也是重要的传播途径。栽培年限越长，根结线虫病的发病率越高；在地势较高、土质疏松、通气较好的砂土或砂壤土发病重，在土质疏松的地里，90cm左右深处的根仍有直径2cm的根结，而黏重、通气性不良的低洼地发病较轻。

4.4 防治方法

（1）实行轮作，特别是水旱轮作效果最好，或者将栝楼与韭菜、葱、蒜等作物进行套种。

（2）根结线虫适宜生存在湿润的土壤中，早春深翻土地、暴晒土壤，对根结线虫2龄幼虫的防治率可达80%以上。

（3）适时栽种，合理密植。采用地膜覆盖栽培可减少病害的发生。

（4）及时清洁田园，在收获后将病蔓、病叶和病果烧毁。

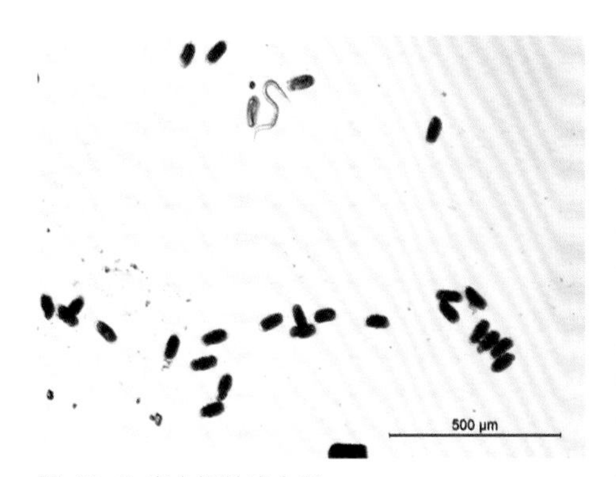

图 13-9 南方根结线虫卵

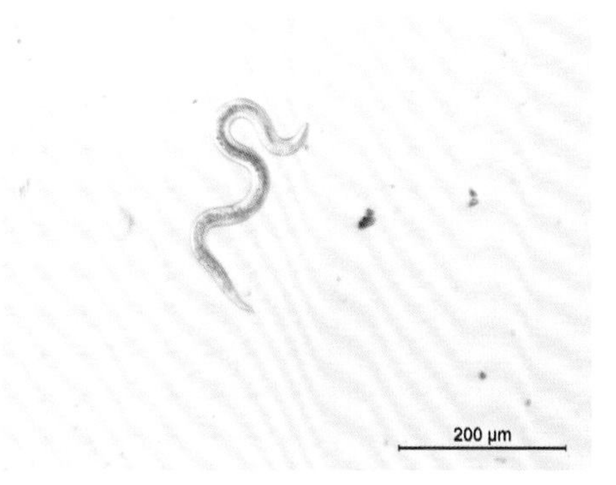

图 13-10 南方根结线虫幼虫

5 潜叶蝇类

为害栝楼的潜叶蝇类主要为美洲斑潜蝇（*Liriomyza sativae* Blanchard），属双翅目，潜蝇科，世界上最为严重和危险的多食性斑潜蝇之一。本章以美洲斑潜蝇为例进行描述。

5.1 形态特征

（1）成虫　成虫体长约1.3 ~ 2.3mm，体型小，淡灰黑色。头部双顶鬃着生处黑色，额鲜黄色，侧额上面部分色深，甚至黑色。中胸背板亮黑色，小盾片及腹面、侧板和足基节、腿节均为鲜黄色（图13-11）。

（2）卵　长椭圆形，长0.3 ~ 0.4mm，宽0.15 ~ 0.2mm。初期淡黄白色，后期淡黄绿色，水渍状。

（3）幼虫　共3龄。蛆状，最长可达3mm，初期无色，后期变为淡橙黄色、金黄色。有一对形似圆锥的气门，后气门突末端3分叉，每叉有1个开口，其中两个分叉较长（图13-12）。

（4）蛹　围蛹椭圆形。雌蛹长1.7 ~ 2.1mm，宽0.5 ~ 0.7mm；雄蛹长1.5 ~ 1.7mm，宽0.7 ~ 0.8mm。初期淡黄色，中期黑黄色，末期黑色至银灰色。前后端各具2个气门突，后气门端部有3个指状突，中间指状突稍短，气门位于指状突顶端（图13-13）。

5.2 寄主范围

常见的寄主有22科的100多种植物，如白菜、西葫芦、芹菜、油菜、茄子、番茄、辣椒、栝楼、黄瓜、丝瓜、冬瓜、西瓜、甜瓜、大豆、蚕豆、豇豆、菜豆、棉花、蓖麻、烟草等。其中，以豆科和葫芦科的植物受害最为严重。

5.3 为害特征

美洲斑潜蝇以幼虫为害叶片，幼虫孵化后潜食叶肉，呈曲折蜿蜒的食痕，多为白色，有的后期变为铁锈色，其内有交替排列湿黑色线状虫粪（图13-14），苗期2 ~ 7叶受害多，严重的潜痕密布，致叶片发黄、枯焦或脱落。幼虫通过取食还可传播病毒病等病害。

图 13-11 美洲斑潜蝇成虫

图 13-12 美洲斑潜蝇幼虫

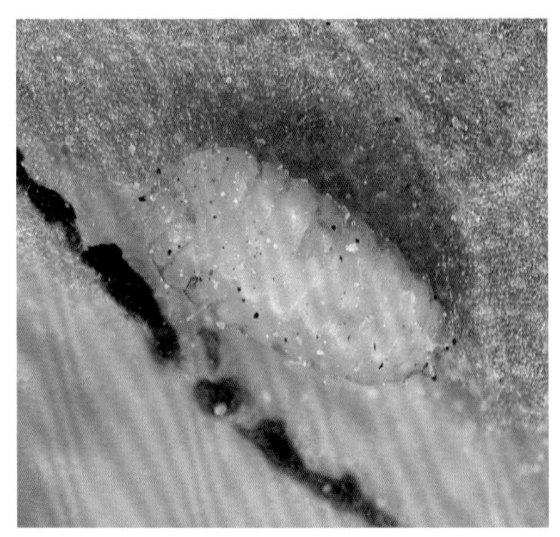

图 13-13 美洲斑潜蝇蛹

图 13-14 美洲斑潜蝇为害状

5.4 发生特点

美洲斑潜蝇在华北地区自然条件下不能正常越冬，而在保护地可越冬并继续为害。全年可发生8～12代。在北京地区6月初始见，主要发生期在7~10月，虫口峰值在8月中旬。美洲斑潜蝇世代受温度变化的影响很大：15℃时，完成1世代约54天；20℃时为16天；30℃时大约12天。潜叶蝇成虫寿命一般情况在7～20天，春季卵期一般9天左右，夏季可缩短至4～5天。斑潜蝇幼虫共3龄，历期为5～15天，老熟幼虫一般钻出叶面，在叶面或土壤表层正式化蛹，蛹期约8～21天。成虫羽化需要1.5～2小时，活动多出现于9～12时，当天取食、交配，第2天便可产卵，卵产于叶片表皮下。

5.5 防治方法

5.5.1 检疫防治

对来自疫区的蔬菜、花卉等植物及其繁殖材料等调运时必须实施检疫，防治该虫的传入和扩散。

5.5.2 农业防治

（1）发生较重的地区实行与非喜食作物轮作。

（2）为害初期，定期摘除虫叶；受害严重时结合翻耕锄草和浇水灭蛹，降低虫口密度。

（3）收获后，及时彻底清除田间植株残体和杂草，集中处理和烧毁。

5.5.3 物理防治

悬挂30cm×40cm的黄板涂粘虫胶、机油或色拉油诱杀成虫。

5.5.4 生物防治

（1）释放姬小蜂、金小蜂、反颚茧蜂、潜蝇茧蜂等天敌，对美洲斑潜蝇寄生率较高。

（2）保护并利用瓢虫、蚂蚁、草蛉、蜘蛛等捕食性天敌。

6 菱斑食植瓢虫 *Epilachna insignis* Gorham

属鞘翅目瓢虫科，异名为菱斑整瓢虫[（*Afissa insignis*（Gorham）]。

6.1 形态特征

（1）成虫　近心形，体长9.5～11.0mm，体宽8.0～9.5mm。背面红褐色，明显拱起，被黄白色绒毛。胸部背板上有一个黑色横斑，小盾片浅色。每一鞘翅上具7个黑斑，即6个基斑与a斑。斑点排列如下：1斑在小盾片之后，呈三角形；2斑独立；3斑位于中线上；4斑与鞘翅外缘相连；5斑在鞘缝的2/3处，呈五角形，1、5斑与另一鞘翅上相对应的斑点构成缝斑，6斑距鞘缝及外缘较近而距端角较远；a斑与基缘相连（图13-15）。

（2）卵　长卵形，两端较尖，聚产成堆竖立在一起（图13-16）。

（3）幼虫　共5龄。椭圆形，黄色。体背拱突密生枝刺，每节6枚，中、后胸中央两边两枚枝刺连在一起（图13-17）。

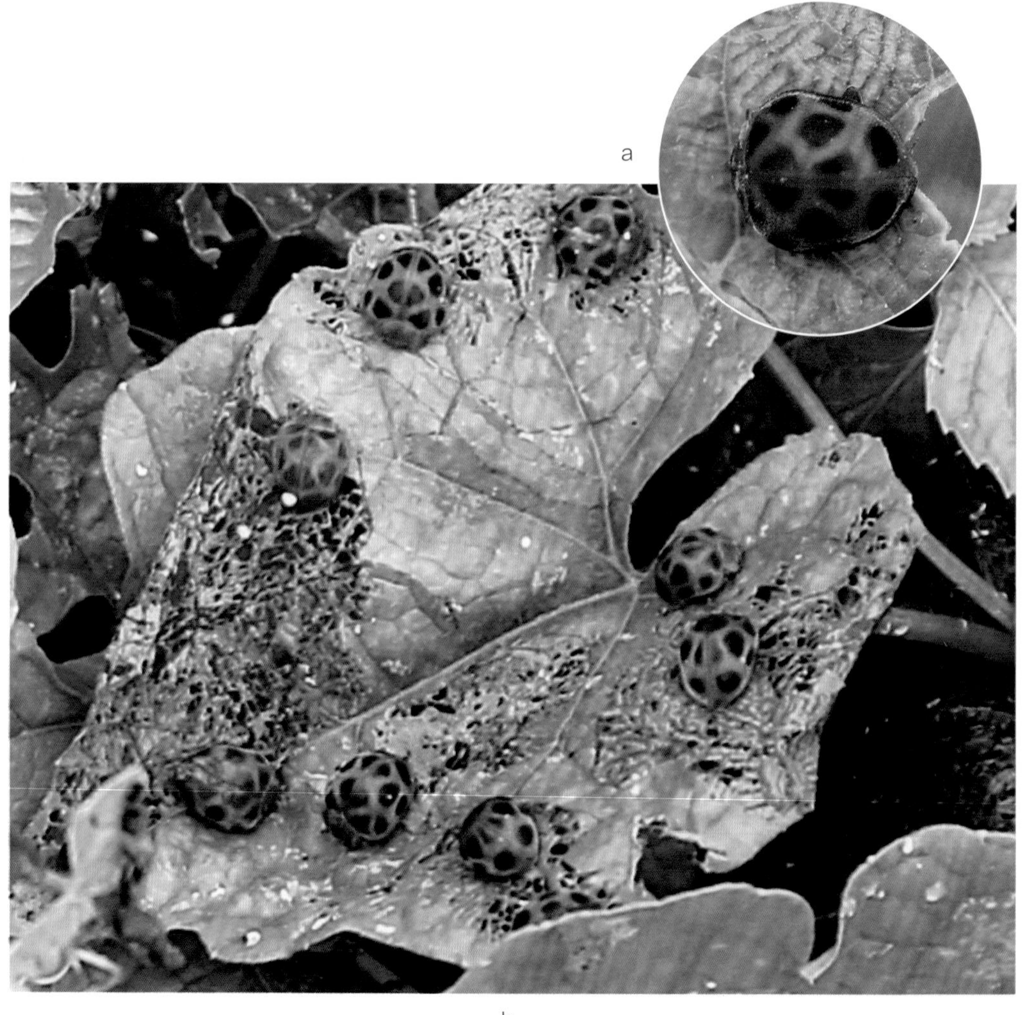

图 13-15 菱斑食植瓢虫成虫与为害状

图 13-16 菱斑食植瓢虫卵

a

b

图 13-17 菱斑食植瓢虫幼虫与为害状

（4）蛹　为裸蛹，蛹体黄白色，背面有红褐色斑，羽化时蜕皮及壳从背面中央开裂，包围蛹体的大部分硬化，成为蛹体的庇护物（图13-18）。

6.2 寄主范围

寄主为栝楼、龙葵、茄子和瓜类等植物。

6.3 为害特征

幼虫及成虫均可为害。初孵幼虫群集为害叶下表皮及叶肉，2龄后开始分散且食量逐渐增加，4龄时最大。待取食完一叶后再转移到其他叶片上为害。为害严重者全株叶片干枯，仅留蔓枝及生长点，新生长的嫩叶上爬满幼虫。成虫为害取食叶上表皮及叶肉（图13-17和图13-19）。

6.4 发生特点

华北地区，该虫1年发生2代，以成虫在背阴处的土缝、墙缝和表土中越冬。越冬成虫翌年4月中旬开始活动为害。第1代发生在5月中旬至7月中旬，第2代发生在8月中旬至10月下旬。成虫有假死性，多在白天羽化，羽化后当天即可取食为害，昼夜均可取食，以白天取食为主。卵多上午孵化，幼虫2龄以后分散取食，2～4龄食量逐渐增大，以4龄食量最大，取食叶肉，不甚活动。

图 13-18 菱斑食植瓢虫蛹

图 13-19 菱斑食植瓢虫为害状

6.5 防治方法

（1）进行田间管理的同时，人工捏杀，能有效减少虫口数量。

（2）秋冬季清除田间枯枝落叶及杂草，集中烧毁，可有效地杀死越冬成虫。

（3）成虫盛发期利用其假死性用长竹竿敲打植株，使成虫落地集中杀死。

7 种蝇类

为害栝楼的种蝇以灰地种蝇*Delia platura*（Meigen）为主，属双翅目花蝇科。又名灰种蝇、种蝇、地蛆、种蛆、菜蛆、根蛆等。

7.1 形态特征

（1）成虫　体长4～6mm，雄虫稍小。雄虫暗黄至暗褐色。两复眼几乎相连。触角黑色。胸部背面具黑纵纹3条。后足胫节内下方具1列稠密末端弯曲的短毛。腹部背面中央具黑纵纹1条，各腹节间有1黑色横纹。雌虫灰色至灰黄色。两复眼间距为头宽1/3。后足胫节无雄蝇的特征，中足胫节外上方具刚毛1根。腹背中央纵纹不明显（图13-20）。

（2）卵　长椭圆形稍弯，长约1.6mm，乳白色，表面具网状纹。

（3）幼虫　蛆形，老熟时长8～10mm，乳白色至淡黄色。气门稍带褐色。尾节具肉

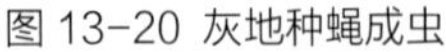

图 13-20 灰地种蝇成虫

图 13-21 灰地种蝇幼虫

质突起7对，1 ~ 2对等高，5 ~ 6对等长（图13-21）。

（4）蛹　椭圆形，长4 ~ 5mm。红褐色至黄褐色，两端稍带黑色。腹末端7对突起可辨（图13-22）。

7.2 寄主范围

寄主植物有十字花科、百合科、豆科、禾本科和葫芦科等。

7.3 为害特征

幼虫为害萌动的种子或幼苗的地下组织，导致种芽畸形或腐烂，种株根部受害后导致根茎腐烂，植株枯死（图13-23）。

7.4 发生特点

在北京、山西1年发生3代，以蛹在土中越冬。4月下旬至5月上旬成虫羽化、交配产卵。种蝇成虫耐寒、喜白天活动，对花蜜、腐烂的有机物、未腐熟的有机肥有很强的趋性，喜欢将卵产在潮湿的土壤中。幼虫孵化后在表土下为害种子、根、茎基部，幼虫活动能力强，能转主为害。幼虫老熟后即在土内或寄主中化蛹。一年中以春季发生最重，秋季轻于春季，夏季最轻。阴湿的环境有利于种蝇的繁殖和生长发育。

7.5 防治方法

7.5.1 农业防治

（1）将田间的杂草、残枝病叶及被害植株及时清理销毁。

（2）采用充分腐熟的基质或微生物有机肥进行种植。

（3）幼虫为害后结合浇水追施氨水2次，可及时补充植株水分的同时减轻为害。

7.5.2 物理防治

（1）在田间每20 ~ 30m^{2}放1个盛糖醋诱剂的黄色小盘诱成虫（诱剂配制为1份糖、2.5份水加少量敌百虫拌匀）。

（2）采用黄板诱杀成虫　在田间挂诱虫黄板，对田间灰地种蝇的防治具有较好的效果，一般每5m^{2}挂1块20cm × 20cm的黄板。

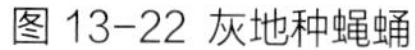

图 13-22 灰地种蝇蛹

图 13-23 灰地种蝇为害状

8 黄守瓜 *Aulacophora indica* (Gmelin)

黄守瓜属鞘翅目叶甲科，俗称黄莹、瓜守、瓜莹等。

8.1 形态特征

（1）成虫　长椭圆形，体长约9mm，后方稍阔，橙黄或橙红色。后胸及腹部腹板黑色。足棕黄或棕红色。触角基节较粗，第2节短小，其余各节较长。前胸背板中央有一较深的弯曲横沟，翅鞘有细密的刺点，端部略膨大。雄虫鞘翅肩部及肩下区域有竖毛，尾节腹板末端2/3裂成3片，中叶长方形，腹部末节腹面有匙形构造。雌虫尾节臀板向后延伸，呈三角形突出。尾节腹板末端有V形凹陷（图13-24）。

（2）卵　近球形，直径约0.8mm，黄色，孵化时变灰白色，表面具六角形蜂窝状网纹。

（3）幼虫　共3龄。体长11.5～13.0mm，初孵幼虫灰白色，后头部变褐，胸腹部黄白色，前胸盾黄色，各体节有不显著的肉瘤，腹部末节臀板长椭圆形，向后伸出，上有圆圈状褐纹，并有4条纵凹纹。

（4）蛹　纺锤形，长约9mm。黄白色，接近羽化时为浅黑色。各腹节背面疏生褐色刚毛，腹末端有粗刺2个。

图 13-24 黄守瓜成虫

8.2 寄主范围

已知寄主有19科69种以上，但以葫芦科为主，如黄瓜、南瓜、丝瓜、苦瓜、西瓜、甜瓜等，也可为害十字花科、茄科、豆科等蔬菜。是目前栝楼上的一类主要害虫。

8.3 为害特征

成虫、幼虫均可为害。成虫为害瓜叶时，常以身体为半径，旋转咬食一圈，然后在圈内取食，使叶片残留若干干枯环形食痕或圆孔洞。成虫还可以为害花和幼瓜，但以叶片受害最重。幼虫半土生，咬食根部，甚至蛀入根内为害，常数十头群集为害，造成幼苗干枯死亡。黄守瓜幼虫的为害程度重于成虫。

8.4 发生特点

华北1年发生1代，华南3代，台湾3～4代，以成虫在地面杂草丛中群集越冬。华北地区翌春气温达10℃时开始活动，以中午前后活动最盛，自5月中旬至8月皆可产卵，以6月最盛，每雌可产卵4～7次，每次平均约30粒，产于潮湿的表土内。此虫喜温湿，湿度越高产卵愈多，每在降雨之后即大量产卵，相对湿度在75%以下卵不能孵化，卵发育历期10～14天。6～8月份为幼虫为害期，孵化出的幼虫即可为害细根，3龄以后食害主根，致使作物整株枯死。幼虫在土中活动的深度为6～10cm，幼虫发育历期20～40天。前蛹期约4天，蛹期12～23天。8月份成虫羽化，10月份后陆续进入越冬。

8.5 防治方法

8.5.1 农业防治

（1）冬前彻底清除田间杂草，枯枝落叶，填平土缝，消灭越冬虫源。

（2）在植株根部附近撒草木灰、烟草粉和木屑等，阻止成虫产卵。

（3）实行葱蒜、甘蓝、西芹、莴苣等非喜食寄主轮作或间作，减轻为害。

8.5.2 物理防治

（1）可利用趋黄习性，用黄板诱杀成虫。

（2）可用人工震落捕杀。

9 蚜虫类

据文献报道，为害栝楼的蚜虫优势种棉蚜（*Aphis gossypii* Glover），属同翅目蚜科。俗称腻虫，又名瓜蚜。

9.1 形态特征

（1）无翅胎生雌蚜　体卵圆形，长1.5～1.9mm，宽1mm，夏季多为黄绿色或黄色，春秋多为深绿色、黑色或棕色。触角6节，不及体长的2/3。复眼暗红色。腹管短，圆筒形，黑青色。尾片圆锥形，近中部收缩，青绿色，两侧各具毛3根。

（2）有翅胎生雌蚜　体长1.2～1.9mm，黄色、浅绿或深绿色。前胸背板及胸部黑色，腹部背面两侧有3～4对黑斑。触角6节，短于体长。尾片常有毛6根。翅透明，前翅中脉分为3支（图13-25）。

（3）卵 椭圆形，长0.5～0.7mm，初产时橙黄色，后变为黑色，具光泽。

（4）无翅若蚜 体较小，4龄若蚜体长0.6～0.7mm，体色夏季黄绿色、春秋季为蓝灰色。复眼红色。腹部较瘦，无尾片。

（5）有翅若蚜 形状同无翅若蚜，体色夏季为淡红色、秋季为灰黄色，2龄出现翅芽，向两侧后方伸展，端半部灰黄色。

图 13-25 棉蚜有翅成蚜

9.2 寄主范围

寄主植物达74科280余种，除为害棉花、瓜类、花椒、木槿外，还可为害夏至草、紫花地丁、苦荬菜、栝楼、菊花、芍药、益母草等药用植物。

9.3 为害特点

以成蚜或若蚜群集在栝楼嫩叶背面和嫩茎上刺吸汁液，造成叶片卷曲皱缩、变黄、甚至全株枯萎死亡。苗期主要为害嫩茎和嫩叶，影响茎叶正常生长。现蕾开花期则集中为害花梗和花蕾，造成花蕾变小，易脱落，早凋谢。传播栝楼病毒病。蚜虫为害的同时排泄蜜露（油腻），使为害部位形成油亮状，并往往滋生霉菌，阻碍光合作用。

9.4 发生特点

为害栝楼的蚜虫周年以无性孤雌有翅蚜和无翅蚜在多种寄主间转移为害。北方1年发生10～20代，以卵在木槿、花椒、石榴、夏至草、鼠李等寄主植物上越冬。翌年春季越冬寄主发芽后，越冬卵孵化为干母，孤雌生殖2～3代后，产生有翅胎生雌蚜，迁入寄主田进行繁殖、为害。10月中下旬产生有翅的性母，迁回越冬寄主，产生无翅有性雌蚜和有翅雄蚜。雌雄蚜交配后，在越冬寄主枝条缝隙或芽腋处产卵越冬。棉蚜发生适温17～24℃，30℃以上高温炎热天气对其生长发育不利。大雨对棉蚜抑制作用明显，多雨的年份或多雨季节不利其发生。

9.5 防治方法

9.5.1 农业防治

（1）合理规划种植，棉蚜在栝楼田发生为害程度与周边植被环境有很大关系，栝楼与棉花、瓜类、花椒、木槿等作物相间、相邻种植，棉蚜发生重且持续时间长；栝楼与小麦、玉米、油菜等植物间作、套种或插花种植，棉蚜发生则轻且危害时间短。

（2）清洁田园，铲除越冬杂草。

9.5.2 物理防治

有翅胎生雌蚜对黄色有明显的趋性，可采用黄板诱杀蚜虫。有翅蚜初发期可用市场上出售的商品黄板；或用60cm×40cm长方形纸板或木板等，涂上黄色油漆，再涂上一层机油，挂在行间或株间，450 ~ 600块/hm^2，当黄板粘满蚜虫时，再涂一层机油。对有翅成蚜有较好的诱杀效果。

9.5.3 生物防治

保护并利用天敌，如瓢虫、食蚜蝇、草蛉、寄生蜂、蜘蛛等，发挥天敌的自然控制作用。

第十四章

黄芪病虫害

黄芪 （图14-1）

黄芪为豆科多年生草本植物蒙古黄芪［*Astragalus membranaceus* (Fisch.) Bge. var. *mongholicus* (Bge.) Hsiao.］或膜荚黄芪［*Astragalus membranaceus* (Fisch.) Bge.］的干燥根，具有补气壮脾胃、固表止汗、托疮排脓等功效。在我国主要分布于华北、东北、西北等省区，为常用大宗中药材。黄芪常见病害有白粉病、根腐病、立枯病、根结线虫病、菟丝子病等，虫害主要有蚜虫、豆荚野螟、黄芪种子小蜂、棉铃虫、芫菁类等。

图 14-1 黄芪植株

1 黄芪白粉病

1.1 症状

初期叶两面生近圆形白色粉状斑，扩展后连接成片，呈边缘不明显的大片白粉斑。严重时，整个叶片或整株被一层白粉所覆盖。不仅为害叶片，也为害花蕊、荚果、茎秆等部位。后期白粉呈灰白色，霉层中产生无数黑色小颗粒，为病菌闭囊壳。到秋天黄芪田块发病率达70%以上，严重时引起早期落叶，产量受损（图14-2～图14-5）。

1.2 病原

黄芪白粉病病原为白粉菌目（Erysiphales），白粉菌科（Erysiphaceae），白粉菌属（*Erysiphe*），豌豆白粉菌（*Erysiphe pisi*）。

1.3 发病特点

病菌于9月下旬形成有性世代，以闭囊壳在病残体上越冬，来年5月气温达到20℃

图 14-2 黄芪白粉病病株

时，子囊孢子萌发，侵染二年生黄芪植株，出现发病中心，并繁殖蔓延，叶片上出现白色粉状物，随风传播，可多次再侵染。6月下旬于春播黄芪田出现多个发病中心，并迅速向邻株蔓延，很快遍布全田。8～9月病情加重，9月下旬至10月上旬病菌形成闭囊壳随病残体落入土壤越冬。除为害黄芪外，还为害防风、沙苑子、金盏菊、鉴草、苦参、黑故子、紫菀等。

图 14-3 黄芪白粉病病叶早期症状

图 14-4 黄芪白粉病病果

a

b

图 14-5 黄芪白粉病病叶正反面

1.4 防治方法

（1）种植时宜选新茬种植，尤其以禾本科为好，忌重茬。

（2）合理密植，加强田间通风透光。

（3）根据黄芪在枯枝落叶上越冬的习性，待收割黄芪地上部分后，扫除残枝落叶，集中烧毁以降低越冬菌源。

（4）前期及时中耕除草，中期合理肥水管理，提高植株抗病性。

2 黄芪白绢病

2.1 症状

发病初期地下部无明显症状，后期根茎内的菌丝穿出土表，布满病株茎基部，最后在根茎上和土表层形成先乳白色、米黄色，后茶褐色菜籽大小的菌核。后期根茎腐烂，仅存一丝“乱麻”。地上部发病初期顶端凋萎、下垂，最后全株枯死（图14-6）。

图 14-6 黄芪白绢病

2.2 病原

黄芪白绢病病原为无孢目（Agonomycetales），无孢科（Agonomycetaceae），小核菌属（*Sclerotium*），齐整小核菌（*Sclerotium rolfsii* Sacc.）。有性阶段为白绢薄膜革菌[*Pellicularia rolfsii*（Sacc.）West.]

2.3 发病特点

土壤、肥料带菌是该病的初侵染源，病菌在田间以菌丝蔓延或菌核随流水传播进行再侵染。一般6月初开始发病，7月下旬至8月下旬发病严重。病害在高温、高湿情况下发生严重，蔓延迅速。

2.4 防治方法

（1）加强田间管理，开沟排渍，降低田间湿度，及时中耕除草，保持田园清洁。及时拔除田间病株，集中烧毁，并在病穴中施用石灰消毒。

（2）选择离林地较远的熟地以及土层深厚、排水良好的砂壤土种植；与禾本科作物进行5年以上轮作，忌用前作为茄科、豆科、菊科植物的土地种植黄芪，栽植黄芪前茬以小麦、油菜为宜。

（3）适时定植，合理密植。精细耕地，土壤处理。秋季耙耱、整平土地。开春后定植前耕地、耙耱，以保证地表平整、土壤疏松。

（4）施足基肥，配方施用化肥。增施有机肥料，黄芪药用根系发达，需肥较多，生长季施肥较难，故在开春整地时施足基肥。

3 黄芪根腐病

3.1 症状

主要为害根部。根尖或侧根先发病并蔓延至主根，染病植株叶片变黄枯萎，茎基和主根呈红褐色干腐，上有纵裂或红色条纹，侧根腐烂或很少，病株易从土中拔出，主根维管束变为褐色，湿度大时根部长出粉霉（分生孢子）（图14-7、图14-8）。

3.2 病原

黄芪根腐病病原主要是瘤座孢目（Tuberculariales），瘤座孢科（Tuberculariaceae），镰刀菌属（*Fusarium*），腐皮镰刀菌（*Fusarium solani* Sacc.）。另外还有串珠镰孢（*F. moniliforme*）、木贼镰孢（*F. equiseti*）等。

3.3 发病特点

镰刀菌是土壤习居菌，可在土壤中长期腐生，借水流、耕作传播，通过根部伤口或直接从叉根分枝裂缝及老化幼苗茎基部裂口处侵入。地下害虫、线虫为害造成的伤口利于病菌侵入。管理粗放、通风不良、湿气滞留地块易发病。4月中旬始发，6～7月连阴雨后转晴，气温突然升高易发病，植株常成片死亡，甚至大面积毁种（图14-9）。

图 14-7 黄芪根腐病

图 14-8 黄芪根腐病与正常根对比

图 14-9 黄芪根腐病地上症状

3.4 防治方法

（1）因地制宜地选用抗（耐）病品种，且选用健康优质的种子。

（2）选择地势高，排水畅通、土层深厚、相对平坦的砂壤土种植。

（3）做好排水工作，排出积水，特别是雨季。

（4）实行6年以上的轮作。

（5）合理施肥，施腐熟有机肥，适当增施磷、钾肥，提高植株抗病力。

（6）防止种苗在贮运和移栽过程中造成伤口，注意防治地下害虫。

4 黄芪菟丝子病（图14-10）

参见第九章丹参菟丝子部分。

图 14-10 黄芪菟丝子病

5 豆荚野螟 *Maruca vitrata* (Fabricius)

别名豇豆荚螟、豆野螟等，属鳞翅目，螟蛾科，豆荚野螟属。

图 14-11 豆野螟成虫

5.1 形态特征

（1）成虫　体长10～16mm，翅展24～26cm，体灰褐色。前翅暗黄褐色，有紫色闪光，翅中央有两个白色透明斑纹；后翅外缘线暗褐色，其余部分白色半透明，有闪光（图14-11）。

（2）卵　扁平椭圆形，长0.6mm，宽约0.4mm。初产时淡黄绿色，后逐渐变成淡黄色，近孵化时，卵的顶部出现红色的小圆点，卵壳表面有近六角形网状纹。

（3）幼虫　共5龄，老熟幼虫体长约18mm，黄绿色，头部及前胸背板褐色。中、后胸背板有黑褐色毛片6个，排成两列，前列4个各生有2根细长的刚毛，后列2个无刚毛。腹部各节背面上的毛片位置同胸部，但各毛片上都着生1根刚毛（图14-12）。

图 14-12 豆野螟幼虫

（4）蛹　体长约13mm，初化蛹时黄绿色，后变黄褐色，头顶突出，复眼浅褐色，后变红褐色。翅芽伸至第4腹节的后缘，羽化前在褐色翅芽上能见到成虫前翅的透明斑纹。

5.2 寄主范围

主要为害黄芪、大豆、菜豆、四季豆、豇豆等豆科植物，还为害苏木科、胡麻科等6科20属35种植物。

5.3 为害特征

初孵幼虫取食卵壳后直接蛀食为害豆科作物花器、果荚和籽粒，还能吐丝卷叶在内蚕食叶片，以及蛀害嫩茎和取食花瓣，造成落花、落蕾和烂荚，严重影响产量和品质。3龄以后幼虫则主要为害豆荚，幼虫转荚为害，一生可转移2 ~ 3个豆荚，每个豆荚中有虫一头。

5.4 发生特点

豆荚野螟每年发生代数因地区而异，在华北地区内发生3 ~ 4代，华中地区4 ~ 5代，华南地区6 ~ 9代。以蛹在土中或茎秆中越冬，但有报道其在北方地区不能越冬，而是由南方迁飞来的。在山东莱阳，5月下旬始见成虫。第1代幼虫发生期在6月上旬至下旬，第2代为7月上旬至中旬，第3代为7月下旬至8月上旬，第4代为8月中旬至9月上旬，9月中旬以后化蛹，世代重叠严重。

成虫白天停息在作物下部的叶背面荫蔽处，天黑开始活动，以晚上22 ~ 23时活动最盛。成虫有趋光性，飞翔力极强。成虫多产卵在花蕾、花瓣、苞叶、花托上，少数产在嫩茎、嫩荚上。卵散产，也有2 ~ 4粒产于一处的，每雌平均产卵88粒。幼虫5龄，幼虫期8 ~ 12天。初孵幼虫在花瓣上咬一小孔蛀入花中，常吐丝将几个花器连成虫苞，在其中为害。3龄以后幼虫则主要为害豆荚。幼虫有转荚为害习性，一生可转移2 ~ 3个豆荚。一般在两豆荚相靠处或与其他物体的相靠处蛀入，将绿色粪便排到蛀孔外，丝缀不落。幼虫老熟后吐丝下落土表和落叶中做土室结茧化蛹。蛹期约10天。豆荚野螟是一种喜温、喜湿的害虫。一般干旱年份发生轻，降雨多的年份发生重。

5.5 防治方法

5.5.1 农业防治

适当调整播种期、间作套种、冬季深耕翻地、清除田园枯草败叶等措施，能有效地减少翌年的虫源基数。

5.5.2 生物防治

利用天敌防治豆荚野螟的重点应放在卵和低龄幼虫阶段，主要天敌有小花蝽、屁步甲和胡蜂。

6 棉铃虫 *Helicoverpa armigera* (Hübner)

参见第三章板蓝根部分。

为害特征：幼虫为害花蕾，啃食豆荚，造成减产（图14-13～图14-15）。

图 14-13 棉铃虫幼虫为害叶片

图 14-14 棉铃虫幼虫为害状

图 14-15 棉铃虫幼虫为害豆荚

7 蚜虫类

蚜虫属同翅目，蚜科。为害黄芪的蚜虫为豆蚜和槐蚜的混合群体。

7.1 形态特征

7.1.1 豆蚜（*Aphis craccivora* Koch）

又名苜蓿蚜、花生蚜。

（1）有翅胎生雌蚜　体长1.6～1.8mm，黑色或黑绿色，有光泽。触角6节，长度约为体长的0.7倍，橙黄色，第三节有感觉圈4～7个，多数5～6个，排列成行，第五节末端及第六节呈暗褐色。翅基、翅痣和翅脉均为橙黄色，后翅具中脉和肘脉。足黄白色，前足胫节基部、跗节和后足基节、转节及腿节、胫节端部褐色。腹部第一至六节背面各有硬化条斑，第一至第七节两侧有一对侧突。腹管圆筒状，黑色，较细长，端部稍细，具覆瓦状花纹，约为尾片的3倍。尾片乳突状，黑色，明显上翘，两侧各有刚毛3根。

（2）无翅胎生雌蚜　体长1.8～2.0mm，较肥胖，黑色或黑紫色，有光泽，体被甚薄的蜡粉。触角6节，长度约为体长的2/3，第三节无感觉孔，第一、二节和五节末端及第六节黑色，其余黄白色。腹部第一至第六节背面隆起，有一块灰色斑，分节界限不清，各界侧缘有明显的凹陷。足黄白色，胫节、腿节端和跗节黑色。腹管细长，黑色，约为尾片的2倍。其他特征与有翅胎生雌蚜相似。

（3）若蚜　与成蚜相似。体小，灰紫色，体节明显，体上具薄蜡粉。

（4）卵　长椭圆形，初产淡黄色，后变草绿色至黑色。

7.1.2 槐蚜（*Aphis robiniae* Macchiat）

又名刺槐蚜。

（1）无翅孤雌蚜　体卵圆形，约长2.3mm，宽1.4mm。漆黑色，有光泽。触角长1.4mm，各节有瓦纹。头、胸及腹部1至第6节愈合为一块大黑斑，背面有明显六角形网纹。第7、8腹节有横纹。腹管长0.46mm，长圆管形，基部粗大，有瓦纹。尾片长锥形，有长曲毛6～7根。尾板半圆形，有长毛12～14根。

（2）有翅孤雌蚜　长卵圆形，约长2.0mm，宽0.94mm。体黑色，体表光滑。触角1.4mm，第三节有圆形感觉圈4～7个，分布于中部，排列成一行。第1至第6腹节横带断续与绿斑相连为一块斑。尾片具长曲毛5～8根，尾板有长毛9～14根，其他特征与无翅型相似。

7.2 寄主范围

为害黄芪、刺槐、槐树、紫穗槐等多种豆科植物。

7.3 为害特征

成虫、若虫刺吸嫩叶、嫩梢、花穗及豆荚的汁液，引起嫩叶卷缩发黄，新梢弯曲，嫩荚变黄，致使植株生长不良、落花、空荚等，严重影响种子的产量和质量（图14-16～图14-18）。

7.4 发生特点

北方1年发生数代，豆蚜以成、若蚜越冬；槐蚜以有翅蚜（有报道以无翅孤雌

图 14-16 蚜虫为害嫩尖

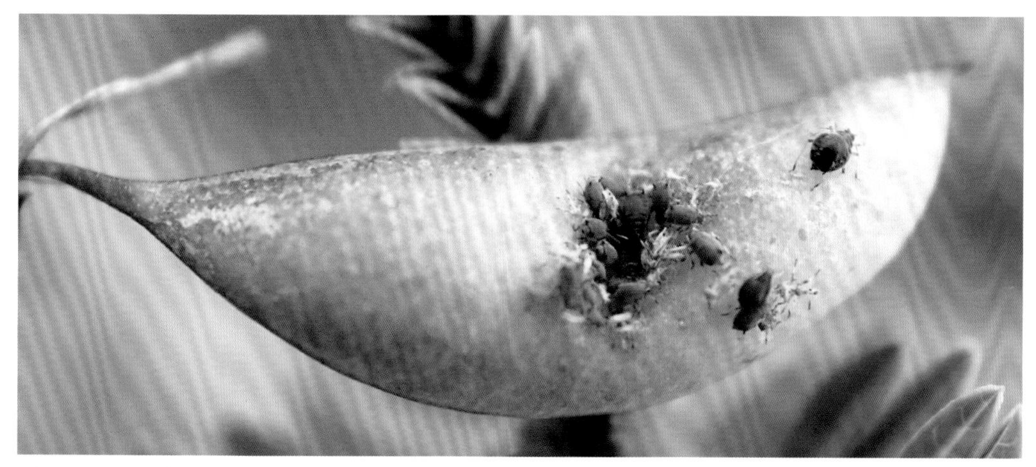

图 14-17 蚜虫为害豆荚

a

b

c

图 14-18 蚜虫为害状

蚜、若蚜或少量卵）越冬。温度是影响蚜虫繁殖和活动的重要因素，适宜的温度范围在20～26℃。大气湿度和降雨是决定蚜虫种群数量变动的主导因素，相对湿度在60%～70%时，有利于大量繁殖。一般4～6月因雨水少湿度低，常大量发生，7月份雨季来临，因高温、高湿发生数量明显下降。暴风天气常致蚜虫大量死亡。

7.5 防治方法

7.5.1 农业防治

加强田间检查、虫情预测预报。

7.5.2 物理防治

黄板诱蚜，杀灭迁飞的有翅蚜。为害初期，挂放黄色粘虫板（20cm×30cm），平均300～450块/hm^2，粘虫板的悬挂高度为黄板下端距植株顶部20cm左右，对有翅成蚜有较好的诱杀效果。

7.5.3 生物防治

天敌对抑制种群数量有一定影响，常见捕食类天敌有瓢虫、食蚜蝇、草蛉、小花蝽等，寄生类有蚜茧蜂等。

8 芫菁类

为害黄芪的芫菁主要为中华豆芫菁（*Epicauta chinensis* Laporte）和绿芫菁[*Lytta caraganae*（Pallas）]，均为鞘翅目，芫菁科。

8.1 形态特征

8.1.1 中华豆芫菁*Epicauta chinensis* Laporte

（1）成虫　体长15～22mm，体和足黑色，头部略呈三角形，红色，被褐色短毛。触角除第1、2节为红色外，其余均为黑色。雄虫为锯齿状，雌虫为丝状。前胸背板中央有一条由白色短毛组成的白纵纹，沿鞘翅侧缘、端缘和中缝均镶有由白色短毛组成的白边（图14-19）。

（2）卵　椭圆形，长2.4～2.8mm，宽1mm，初产时乳白色，后变黄褐色，表面光滑，聚生。

（3）幼虫　复变态，各龄幼虫形态不同。1龄为（蛃）型，为深褐色的三爪蚴，行动活泼；2～4龄都是蛴螬型；5龄化为伪蛹状，胸足呈乳状突起，形似象甲幼虫。6龄又为蛴螬型。

（4）蛹　长15mm左右，灰黄色，复眼黑色，裸蛹。

8.1.2 绿芫菁（*Lytta caraganae* Pallas）

（1）成虫　体长11.5～21.0mm，宽3.0～6.0mm，通体为绿色或蓝绿色，具紫色的金属光泽，个别鞘翅上具铜色或金绿色。头略呈三角形，蓝紫色，复眼小，微突出，前额复眼间具3个凹陷横裂，额前部中央具1橘红色斑纹。触角11节，约是体长的1/3，5~10节膨大且呈念珠状，末端渐尖。前胸短而宽，两侧前角外突，背板光滑，有稀小刻点。鞘翅两侧平行，翅面具3条不明显纵脊，具皱状刻点构造。腹面及胸足有细而短的毛。足细长，雄虫前足、中足第一跗节基部较细，腹面凹入，端部膨大，呈马蹄形。雄性中足腿节基部腹面各有1根尖齿，可区别于雌性（图14-20）。

图 14-19 中华豆芫菁

8.2 寄主范围

豆科作物、园林观赏植物及甜菜、马铃薯和药用植物，主要有黄芪、苦参、射干、黄芩、芍药、桔梗等。

8.3 为害特征

以成虫取食茎、叶、花及果荚，致使被害株枝叶、花蕾残缺不全，不能正常生长，影响结荚，使种子产量降低。群居为害，严重的可在几天之内将植株吃成光秆（图14-21）。两种芫菁幼虫均取食蝗虫卵。

8.4 发生特点

中华豆芫菁在华北地区1年发生1代，在长江流域及以南各省每年发生2代，以第5龄幼虫在土中越冬，翌年继续发育至6龄、化蛹。1代区成虫5月中旬羽化，7月中旬为盛发期。卵产在受害植株附近土中，8月中下旬开始孵化幼虫，10月中旬开始进入越冬期。2代区越冬代成虫于5~6月间发生。

绿芫菁在华北地区1年发生1代，以假蛹在土壤中越冬，翌年蜕皮化蛹，成虫多在7~8月开始羽化，7月末至8月初为羽化盛期。成虫常于白天活动，迁飞能力弱，能作短距离飞翔，活泼善爬，有假死性，受惊时往往迅速飞走，或坠地藏匿，并从腿节末端分泌出黄色液体，该液体对人体有害。羽化后3~10天交尾，交尾后5~10天产卵。一般产卵40~240粒，产于湿润微酸性土壤中，整个幼虫期均在土中生活。幼虫长到5龄后化为假蛹。

8.5 防治方法

8.5.1 农业防治

（1）秋冬收获后耕翻土地，可消灭部分越冬幼虫。

图 14-20 绿芫菁

图 14-21 绿芫菁为害状

（2）及时清除田边枯枝、杂草，减少其隐蔽场所。

（3）施用充分腐熟的农家肥。

8.5.2 物理防治

（1）成虫点片发生时，用黑光灯诱杀成虫。

（2）在田间每隔10m悬挂或放置1个糖醋液瓶诱杀成虫，糖醋液配比为红糖1份、醋4份、水15份。

（3）在成虫取食、交尾盛期，利用其群集为害的习性，可采取网捕法，以杀死成虫。

8.5.3 生物防治

保护并利用天敌，如赤眼蜂、寄生蜂等。

9 黄芪种子小蜂

黄芪种子小蜂为5种广肩小蜂科的混合群体，其中内蒙黄芪小蜂（*Bruchophagus mongholicus* Fan et Liao）和黄芪种子小蜂（*B.huonchili* Liao et Fan）分别为内蒙古和北京两地的优势种。主要为害种子，黄芪种子被害率一般为10%左右，严重时达50%以上。

9.1 形态特征

以内蒙黄芪小蜂为例，体黑色，长2.4 ~ 3.0mm。翅基片黄色，腹部卵圆形，腹末背板产卵器向后平伸，第1腹背板和体轴呈45°。前翅翅脉无云斑，雄性腹部小圆筒形（图14-22）。

9.2 寄主范围

主要为黄芪属植物。

9.3 为害特征

雌虫用产卵器刺入种荚内产卵。幼虫孵化后在种内取食种子，只留下种皮，严重影响黄芪种子及药材的生产。一般1只幼虫只吃1粒种子。

9.4 发生特点

黄芪种子小蜂虽种类复杂，但它们的习性基本相似。1年发生1 ~ 3代，以幼虫在晚寄主种子内滞育越冬。成虫5月中下旬在蒙古黄芪上出现，6月上旬为发生高峰，6月下旬为第1代幼虫高峰期。6月下旬至7月上旬种子成熟季节，大多数成虫从田间或已收获

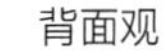
背面观　　侧面观

图 14-22 黄芪种子小蜂成虫

的种子里羽化，以后转移到膜荚黄芪等生育期较晚的植物上产卵为害，可继续发育1～2代，以幼虫在晚寄主种子内滞育越冬。

9.5 防治方法

（1）清除田间杂草，清洁田园。

（2）选用抗虫品种　选用小三黄或大三黄等抗虫的农家品种。

（3）播种前做好种子清选工作，除去有虫种子，减少小蜂传播。

第十五章

黄芩病虫害

黄芩 （图15-1～图15-3）

Scutellaria baicalensis Georgi

黄芩为唇形科多年生草本植物。黄芩以根入药，味苦、性寒，有清热燥湿、泻火解毒、止血、安胎等功效。主治温热病、上呼吸道感染、肺热咳嗽、湿热黄胆、肺炎、痢疾、咯血、目赤、胎动不安、高血压、痈肿疖疮等症。主产于河北、山西、辽宁、内蒙古、山东、黑龙江、陕西等省区，以及长江以北的其他大部分地区。黄芩常见病害有叶斑病、根腐病、白粉病、菟丝子病等，虫害主要有黄翅菜叶蜂、苹斑芫菁、地老虎等。

图 15-1 黄芩苗期

图 15-2 黄芩花期

图 15-3 大田黄芩

1 黄芩叶斑病

1.1 症状

受害叶片从叶尖开始发黄变褐，逐渐向叶基蔓延，病健交界处色泽较深。有时叶片上产生水渍状、青色、白色等不同颜色的病斑。后期叶片全部发黄枯死（图15-4）。

图 15-4 黄芩叶斑病

1.2 病原

黄芩叶斑病病原是植物病原真菌，具体种类不详。

1.3 发病特点

病原菌在种苗上越冬，翌年4月中旬开始发病。病害的发生发展与雨水关系很大，雨季发病较重。田间有明显的发病中心，发病后，向四周蔓延，在温、湿度条件适宜的情况下，很快流行，成片枯死。

1.4 防治方法

（1）秋后清理田园，除尽发病的枯枝落叶，消灭越冬菌源。

（2）苗期注意中耕松土除草，提高地温，促使苗全苗壮。

（3）合理密度，加强通风透光，提高植株的抗病性。

（4）合理肥水管理，防倒伏。

2 黄芩白粉病

2.1 症状

主要为害叶片和果荚，叶的两面生白色斑，病斑汇合而布满整个叶片，最后病斑上散生黑色小粒点，田间湿度大时易发病，导致提早干枯或结实不良甚至不结实（图15-5）。

图 15-5 黄芩白粉病

2.2 病原

黄芩白粉病病原为白粉菌目（Erysiphales），白粉菌科（Erysiphaceae），白粉菌属（*Erysiphe*），蓼白粉菌（*Erysiphe polygoni* DC. sensu str.）。

2.3 发病特点

病菌以菌丝体在病株上或闭囊壳在病残体上越冬，成为翌年的初侵染源。5月下旬环境条件适宜时，越冬菌丝上产生分生孢子或闭囊壳内释放子囊孢子随着气流、雨水等传播，引起发病，其后又产生分生孢子进行多次再侵染，9月下旬产生闭囊壳随病残体越冬。

2.4 防治方法

（1）不宜选用十字花科作物轮作。

（2）合理密植，增施磷、钾肥，增强抗病力。

（3）排除田间积水，抑制病害的发生。

（4）发病初期及时摘除病叶，收获后清除病残枝和落叶，携出田外集中深埋或烧毁。

3 黄芩根腐病

3.1 症状

主要为害根部，初期部分支根和须根变褐腐烂，之后逐渐蔓延至整个根部。受害植株根部呈现黑褐色病斑以致腐烂，严重时全株枯死。两年生以上植株易发病（图15-6）。

3.2 病原

黄芩根腐病病原为瘤座孢目（Tuberculariales），瘤座孢科（Tuberculariaceae），镰刀菌属（*Fusarium*）的真菌，以及无孢目（Agonomycetales），无孢科（Agonomycetaceae），丝核菌属（*Rhizoctonia*）的立枯丝核菌（*Rhizoctonia solani* Kuhn）。

3.3 发病特点

土壤中水分过大发病较重，多发生在排水不良、土壤黏重的地块。一般在8～9月发病，初期只是个别侧根和须根变褐腐烂，后逐渐蔓延至主根腐烂，可使全株死亡（图15-7）。

3.4 防治方法

（1）选择土壤深厚的砂壤土、地势略高、排水畅通的地块种植。

（2）与禾本科作物实行合理轮作。

（3）合理施肥，适施氮肥，增施磷、钾肥，提高植株抗病力。

（4）及时拔除病株烧毁。苗期注意中耕松土除草，提高地温，促使苗全苗壮。

（5）合理密度，加强通风透光，合理肥水管理，防倒伏。

（6）拔除病株后对病穴撒施适量石灰粉消毒，以防蔓延。

a

b

图 15-6 黄芩根腐病内部腐烂状

图 15-7　黄芩根腐病地上症状

4 黄芩菟丝子病（图15-8、图15-9）

参见第九章丹参菟丝子病部分。

图 15-8 黄芩菟丝子

图 15-9 黄芩菟丝子田间为害状

5 黄翅菜叶蜂 *Athalia rosae japanensis* (Rhower)

黄翅菜叶蜂属膜翅目，叶蜂科。近年来，其对黄芩果荚的蛀害率常年在40%左右，有时达80%，严重影响了黄芩种子的产量和质量，威胁了黄芩的正常生产。

5.1 形态特征

（1）成虫　雌成虫体长7.0 ~ 8.0mm，翅展15 ~ 19mm，雄成虫体长6.2 ~ 7.3mm，翅展13 ~ 15mm。头部黑色，触角丝状，胸部大部橙黄色，但中胸背板侧叶的后部为黑色，背板为橙黄色，后胸大部为黑色。翅基半部黄褐色，向外渐淡至翅尖透明，前缘有1黑带与翅痣相连，3对足橙黄色，但胫节和跗节的端部为黑色。腹部和腹板为橙黄色，雌虫有1黑色锯状产卵器（图15-10）。

（2）卵　近圆形，初产时淡黄色，后为乳白色透明，卵的端部两侧出现黑色眼点，孵化前为浅蓝色，通常单个散产。

（3）幼虫　幼虫共5龄，老熟幼虫体长约15mm。初龄幼虫淡绿褐色，后渐呈绿黑色。头部黑色，体蓝黑色，体表有许多小突起和皱纹。有3对胸足和8对腹足（图15-11）。

（4）茧及蛹　茧为长椭圆形，长7.5 ~ 11.0mm，宽4.0 ~ 5.3mm，由末龄幼虫吐分泌物缀合土粒而成，表面光滑为灰白色。蛹长7 ~ 9mm，初时全体浅青色，触角、翅芽、足乳白色透明，眼暗黑色，后为淡黄色或黄色，羽化前为橙黄色。

5.2 寄主范围

在药用植物中为害黄芩，其他为害白菜、萝卜、甘蓝、花椰菜、油菜、芜菁、青花菜、芥菜等十字花科蔬菜以及芹菜等蔬菜。

图 15-10 黄翅菜叶蜂成虫

图 15-11 黄翅菜叶蜂幼虫

5.3 为害特征

黄翅菜叶蜂为黄芩生产中的重要蛀荚害虫，以幼虫蚕食黄芩嫩叶、果荚，以蛀荚为主。初孵幼虫多从果荚背面的夹缝处钻入果荚蛀食种子，高龄幼虫从果荚正面蛀入果荚取食种子。有转荚为害的习性，1头幼虫可蛀害果荚6～10个。受害果荚逐渐变黑，一般正面留有圆孔。在重茬地和老生产田为害严重。据报道2004年承德地区受害严重地块，蛀果率高达70%（图15-12）。

5.4 发生特点

在承德地区1年发生4～5代，以老熟幼虫于土壤中结茧越冬。第2年春季化蛹，越冬成虫最早于4月上旬出现，第1代幼虫于5月上旬至6月中旬为害，第2代幼虫于6月上旬至7月中旬为害，第3代幼虫于7月上旬至8月中旬为害，第4代幼虫于8月中旬至10月中旬为害，有世代重叠现象。在黄芩陆续开花和结荚的6～9月均可蛀荚为害。

5.5 防治方法

5.5.1 农业防治

（1）秋末冬初清除残株败叶，铲除杂草，深耕土壤，消灭越冬代幼虫，降低虫口基数。

（2）生长季节，人工及时摘除被害荚果，集中销毁。

5.5.2 物理防治

成虫盛发期可用黑光灯、频振式杀虫灯诱杀成虫。

5.5.3 生物防治

保护并利用天敌。在卵初期至盛期，分别释放松毛虫赤眼蜂、螟黄赤眼蜂，每次30～40万只/hm^2。

背面观

正面观

图 15-12 黄翅菜叶蜂幼虫为害种荚

6 苹斑芫菁 *Mylabris calida* Pallas

苹斑芫菁属鞘翅目，芫菁科。

6.1 形态特征

（1）成虫 体长11 ~ 23mm，宽3.6 ~ 7.0mm，头、体躯和足黑色且被黑色毛。头部方形、密布刻点，中央有2个红色小圆斑。触角较短，11节，末端5节膨大呈棒状。前胸背板前端1/3处向前变窄，后端中央有2个小凹洼，一前一后排列。鞘翅淡黄至棕色具黑斑，表面呈皱纹状，每鞘翅中部各有1条黑色宽横斑，该斑外侧达翅缘，内侧不达鞘翅缝，在鞘缝处断开，距鞘翅基部和端部1/4 ~ 1/5处各有1对黑斑，有的个体后端2斑汇合成一条横斑（图15-13）。

（2）卵 卵椭圆形，乳白色，产于土壤和厩肥中。

（3）幼虫 幼虫共6龄，1、2龄幼虫胸足发达"三爪蚴"，活动迅速，3、4龄多在地下活动和寻食，主要取食蝗卵，5、6龄进入休眠状态。幼虫头部黄褐色，胸、腹部乳白色。

（4）蛹 特征不详。

6.2 寄主范围

成虫寄主范围广，除为害苹果、沙果、大豆、菜豆、马铃薯、番茄和瓜类等作物外，还可为害射干、桔梗、芍药、黄芩等药用植物。

6.3 为害特征

在黄芩生长前期，苹斑芫菁以成虫取食黄芩叶片、新梢，将叶片为害成缺刻状，严重时可将叶片和新梢吃光。黄芩现蕾开花以后，则以取食花蕾和花为主，影响种子产量和品质（图15-14）。

a

b

图 15-13 苹斑芫菁成虫

6.4 发生特点

苹斑芫菁在北方1年发生1代，以高龄幼虫在土壤或农家肥中越冬。翌年蜕皮化蛹，多发于5月份。成虫羽化高峰期为6～7月份，一般将卵产于杂草或10cm土层之中。高温时成虫潜伏在埂边杂草和地表土壤中，早晚和雨后大量群集为害，食量较大，有假死性，对糖醋液具有一定的趋性。幼虫共6龄，1、2龄活动迅速，3、4龄多在地下活动，主要取食蝗虫卵，5、6龄进入休眠状态。

图 15-14 苹斑芫菁成虫为害状

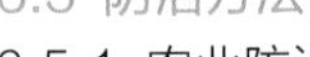

6.5 防治方法

6.5.1 农业防治

（1）秋冬收获后耕翻土地，可消灭部分越冬幼虫。

（2）及时清除田边枯枝、杂草，减少其隐蔽场所。

（3）施用充分腐熟的农家肥。

6.5.2 物理防治

（1）成虫发生时，用黑光灯诱杀成虫。

（2）在田间每隔10m悬挂或放置1个糖醋液瓶诱杀成虫，糖醋液配比为红糖1份、醋4份、水15份。

（3）在成虫取食、交尾盛期，利用其群集为害的习性，可采取网捕法，以杀死成虫。

6.5.3 生物防治

保护并利用天敌，如赤眼蜂、寄生蜂等。

7 蚜虫

蚜虫属同翅目蚜科，为害黄芩的蚜虫种类有待于鉴定。

7.1 形态特征（蚜科特征）

（1）无翅蚜　体长约2mm，绿色或黑色。触角6节，触角末节端部常长于基部。跗节2节，第一节甚小。腹部大于头部与胸部之和。腹管通常管状，长大于宽，基部粗，向端部渐细。具尾片。

（2）有翅蚜　触角通常6节，第3或3及4或3～5节有次生感觉圈。有翅型具翅2对，前翅中脉通常分为3支，少数分为2支，前翅4-5条斜脉。后翅通常有肘脉2支。

蚜虫如图15-15所示。

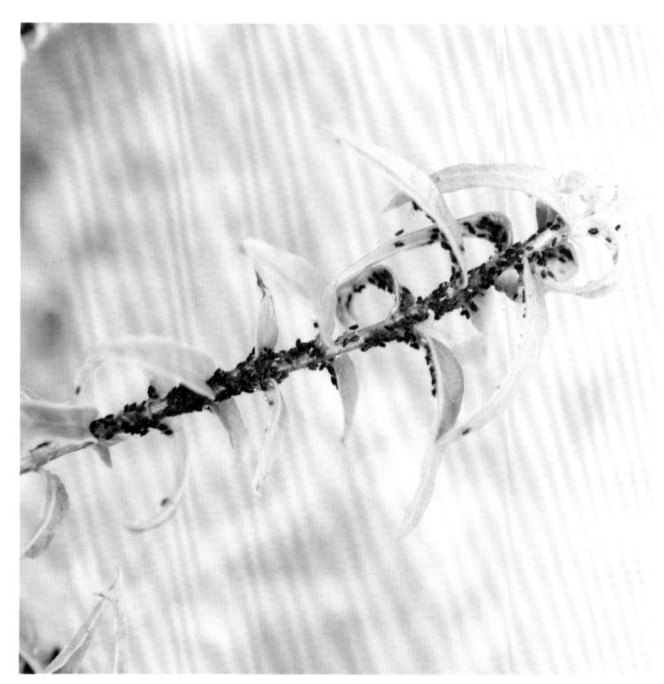

图 15-15 蚜虫

7.2 寄主范围

除为害黄芩外，其他寄主不详。

7.3 为害特征

以成、若蚜刺吸黄芩叶片及嫩茎，严重时茎、叶布满蚜虫，造成黄芩植株生长不良或枯萎死亡（图15-16、图15-17）。

图 15-16 蚜虫为害茎部

7.4 发生特点

不详。

7.5 防治方法

参见第六章北柴胡病虫害和第七章北沙参病虫害的蚜虫部分。

图 15-17 蚜虫为害花

第十六章 桔梗病虫害

桔梗 （图16-1、图16-2）

Platycodon grandiflorum (jacq.) A.DC.

桔梗为桔梗科多年生草本药用植物，以根入药，具有补肺泻火、散寒邪、开滞气、止嗽化痰等功效。我国南北各地均有栽培，主产于河北、东北地区。桔梗常见病害有黑斑病、根腐病、炭疽病、菟丝子等，虫害主要有叶蝉、棉铃虫、蓟马等。

图 16-1 桔梗花期

图 16-2 桔梗苗期

1 桔梗黑斑病

1.1 症状

主要为害叶片。叶上病斑为椭圆形或近圆形，或受叶脉限制呈褐色不规则形至多角形，直径2～5mm，病斑中央色浅。后期病斑灰白色至灰褐色，并密生小黑点（分生孢子器）。发生严重时病斑连片，引起叶片早枯（图16-3）。

1.2 病原

桔梗斑枯病病原为丝孢目（Hyphomycetales），暗色孢科（Dematiaceae），链格孢属（*Alternaria*）的真菌。

1.3 发病特点

病菌以分生孢子器在病残体上越冬，或以菌丝体在根芽、残茎上越冬，翌年春天产生分生孢子引起初侵染，新形成的病斑上产生大量分生孢子又不断引起再侵染，引起病害流行。病害多从下部叶片向上扩展，在植株生长中后期雨水多、田间潮湿时发病重。栽培密度大，偏施氮肥的发病严重。

1.4 防治方法

（1）秋后彻底清除田间病残体，集中烧毁。

（2）加强栽培管理，合理密植，配方施肥。

（3）适时中耕除草，雨后及时排水。发病早期选用高效低毒无污染无残留的药剂进行防治。

图 16-3 桔梗黑斑病

2 桔梗炭疽病

2.1 症状

主要为害桔梗茎秆基部与叶片。叶片病斑呈椭圆形或不规则形，茎部受害病斑长条形，稍凹陷。病害初期叶正面斑点颜色为黄褐色，背面为浅褐色。随后病斑逐渐扩大，叶正面病斑中央呈红褐色，向外颜色加深为暗褐色，病斑周围有淡黄色晕圈，病健交界明显。后期病部产生大量小黑点，为病菌的分生孢子盘，且背面多于正面。整个叶片逐渐枯黄，导致叶片早落，桔梗成片倒伏、死亡（图16−4）。

2.2 病原

桔梗炭疽病病原为黑盘孢目（Melanoconiales），黑盘孢科（Melanoconiaceae），炭疽菌属（*Colletotrichum*），胶孢炭疽菌（*Colletotrichum gloeosporioides* Penz.）。

2.3 发病特点

此病发生后，在温度适宜，雨水多，气候潮湿的条件下蔓延迅速，25℃最利于病菌菌丝的生长，15～35℃范围内均能产孢，30℃为病菌的产孢最适温度，病菌适宜在偏中性环境中生长。病菌分生孢子在植物病残体枝叶上能够越冬，在桔梗叶表面以一端或两端长出芽管的方式萌发，形成菌丝，菌丝直接侵入表皮、从细胞间隙或气孔入侵的方式侵染寄主。高温、高湿有利于病菌的侵入。

2.4 防治方法

（1）发病期禁止大水漫灌，雨后排除积水。浇水应在上午，控制田间湿度，减少夜间叶面结露。

图 16−4 桔梗炭疽病

（2）及时除去病叶、病果，清除植株和地面上病叶病果，集中深埋或烧毁，减少初侵染源。

（3）发病期及时防治蚜虫、螨类，避免害虫携带孢子传病和造成伤口。

3 桔梗根腐病

3.1 症状

被害植株地下部侧根或须根首先发病，再蔓延至主根；有时主根根尖感病再延至主根受害。被害根部呈黑褐色，随后根系维管束自下而上呈褐色病变，向上蔓延可达茎及叶柄。以后，根的髓部发生湿腐，黑褐色，最后整个主根部分变成黑褐色的表皮壳，皮壳内呈乱麻状的木质化纤维。根部发病后，地上部分枝叶发生萎蔫，逐渐由下向上枯死（图16-5～图16-7）。

图 16-5 桔梗根腐病

图 16-6 桔梗根腐病田间症状

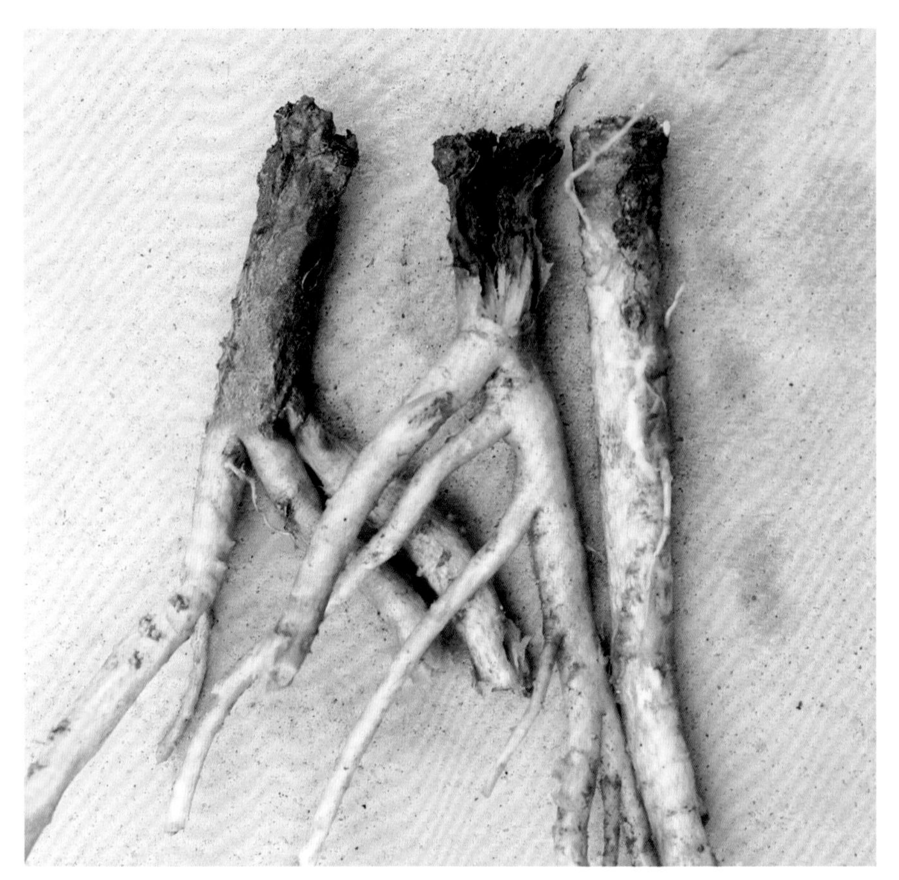

图 16-7 桔梗根腐病病根

3.2 病原

桔梗根腐病病原为瘤座孢目（Tuberculariales），瘤座孢科（Tuberculariaceae），镰刀菌属（*Fusarium*）真菌。

3.3 发病特点

土壤带菌为主要侵染来源。5月中下旬开始发生，6～7月为盛期。田间湿度大和气温高是病害发生的主要因素。耕作不完善及地下害虫为害，造成根系伤口，易使病菌感染，引起发病。

3.4 防治方法

（1）建立无病留种田，繁育无病种苗。选育抗病品种。

（2）选择地势高、排水良好、透气性好的地块，采用高畦深沟栽培，防止积水，避免大水漫灌。

（3）遇到连阴雨和土壤湿度较大时，及时中耕松土，增加土壤透气性。

（4）与禾本科作物实行5年以上轮作，或水旱轮作，特别是与葱蒜类蔬菜轮作效果更好。

（5）及时防治地下害虫。

4 桔梗菟丝子病

参见第九章丹参菟丝子部分（图16-8、图16-9）。

图 16-8 桔梗菟丝子

图 16-9 桔梗菟丝子田间为害状

5 棉铃虫 *Helicoverpa armigera* (Hübner)

形态特征、发生特点、防治方法等参见第三章板蓝根棉铃虫部分。

为害特征：以幼虫为害嫩叶、花蕾，将嫩叶吃成缺刻，钻蛀花蕾内部，取食花器，影响种子产量（图16-10、图16-11）。

图 16-10 棉铃虫为害花苞

图 16-11 棉铃虫幼虫为害花蕊

6 蓟马

蓟马为昆虫纲，缨翅目昆虫的统称，其种类有待鉴定。

6.1 形态特征（缨翅目特征）

（1）成虫　体微小，体长0.5～2mm，黑色、褐色或黄色。口器锉吸式，能锉破植物表皮而吮吸其汁液。触角6～9节，线状，略呈念珠状。翅狭长，边缘有长而整齐的缨状缘毛，缨翅目由此而得名。翅脉最多有2条纵脉。足的末端有泡状的中垫，爪退化。雌性腹部末端圆锥形，腹面有锯齿状产卵器，或呈圆柱形，无产卵器（图16-12）。

（2）幼虫　呈白色、黄色或橘色。

6.2 为害特征

以成、若虫刺吸植物顶芽、嫩叶的汁液，被害的嫩叶、嫩梢变硬、卷曲或枯萎，植株生长缓慢。蓟马不仅直接为害植物，有些还可以传播病毒病，造成的经济损失远远大于其直接造成的损失（图16-13）。

6.3 寄主范围

寄主范围不详。

图 16-12 蓟马

图 16-13 蓟马为害状

6.4 发生特点

在桔梗上不详。

6.5 防治方法

6.5.1 农业防治

（1）早春清除田间杂草和枯枝残叶，集中烧毁或深埋，减少越冬虫源。

（2）加强肥水管理，促使植株生长健壮，减轻为害。

6.5.2 物理防治

利用蓟马趋蓝色的习性，在田间设置蓝色粘板，诱杀成虫粘板高度与作物持平。

6.5.3 生物防治

对天敌加以保护利用，瓢虫类、草蛉类和花蝽类是蓟马的主要天敌昆虫，如东亚小花蝽的成虫和若虫对蓟马均有很好的控制作用。

 7 朱砂叶螨 *Tetranychus cinnabarinus* (Boisduval)

参见第七章北沙参朱砂叶螨部分。

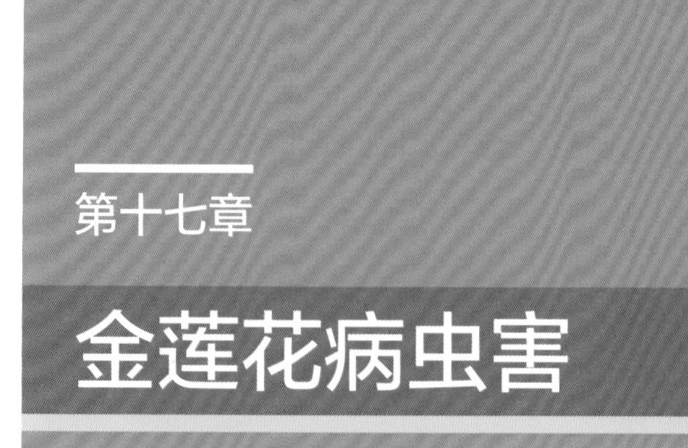

第十七章 金莲花病虫害

金莲花（图17-1、图17-2）

Trollius chinensis Bunge

别名旱荷、旱莲花寒荷、陆地莲、旱地莲、金梅草、金疙瘩，为毛茛科金莲花属的植物。一年生或多年生草本。具药用功能，可清热解毒，主治急、慢性扁桃体炎，急性中耳炎，急性鼓膜炎，急性结膜炎，急性淋巴管炎。分布于山西、河南北部、河北、内蒙古东部、辽宁和吉林的西部。金莲花常见病害有叶斑病，虫害主要有棉铃虫、蚜虫类、蛴螬类等。

图 17-1 金莲花苗期

图 17-2 金莲花花期

1 金莲花叶斑病

1.1 症状

以为害叶片为主，植株下部叶片发病重。叶缘、叶尖最先发病，病斑形状不规则，红褐色至灰褐色。叶面病斑褐色、圆形。病斑可连片成大枯斑，中央呈灰褐色，边缘颜色加深，与健康组织界限明显，后期叶片焦枯，严重时植株死亡（图17-3）。

叶片正面

叶片背面

图 17-3 金莲花叶斑病

1.2 病原

植物病原真菌，具体种类不详。

1.3 发病特点

病菌在病叶上越冬，分生孢子借风、雨传播侵染。一般6月下旬开始，至10月中旬均可发病。高温多湿、通风不良均有利于该病害的发生。

1.4 防治方法

（1）因地制宜地选用抗（耐）病品种。

（2）栽植密度适当，保持通风透光。

（3）使用充分腐熟有机肥，增施磷、钾肥。

（4）实行3年以上轮作。

（5）清理田园。秋季采收后彻底清理田园，将病株残体运出田外，集中深埋或烧掉。

2 棉铃虫 *Helicoverpa armigera* (Hübner)

形态特征、寄主范围、发生特点及防治方法参见第三章板蓝根棉铃虫部分。

为害特征：以幼虫为害嫩叶，造成叶片缺刻，严重时将整片叶片吃光。蛀食花蕾、柱头，啃食幼果，使果实发育不良，影响种子产量和质量（图17-4～图17-6）。

图 17-4 棉铃虫为害花

图 17-5 棉铃虫为害种子

a

b

c

图 17-6 棉铃虫为害状

3 银纹夜蛾 *Argyrogramma agnata* (Staudinger)

参见第八章薄荷银纹夜蛾部分。

4 蚜虫

为害金莲花的蚜虫种类不详，有待鉴定。

4.1 寄主范围

寄主范围不详。

4.2 为害特征

以成、若蚜刺吸为害金莲花的嫩叶、新芽，幼叶受害后，向反面横卷或不规则卷缩。蚜虫排泄的蜜露，常可引发污煤病，使叶片光合作用功能降低，产量和质量下降，药性降低；另外还可传播多种病毒病（图17-7）。

4.3 发生特点

发生特点不详。

4.4 防治方法

（1）农业防治　清除田间杂草，减少越冬虫口密度。

（2）物理防治　利用蚜虫对黄色的趋性，田间设置黄板诱杀蚜虫。

图 17-7 蚜虫

第十八章

金银花病虫害

金银花 （图18-1、图18-2）

Lonicera japonica Thunb.

金银花为忍冬科缠绕性小灌木，又叫忍冬。以花蕾及茎、叶、枝入药，具有清热解毒之功效。我国大部分地区都有栽培，山东、河北、河南为主产区。金银花常见病害有白粉病、褐斑病、根腐病，虫害主要有蚜虫类、棉铃虫、蛴螬类等。

图 18-1 金银花苗

图 18-2 金银花花期

1 金银花白粉病

1.1 症状

主要为害叶片，有时也为害茎和花。叶部病斑初为白色小点，后扩展为白色粉状斑，后期整片叶布满白粉层，严重时叶片发黄变形甚至落叶；茎上病斑褐色，不规则形，上生有白粉；花部受害扭曲，严重时脱落（图18-3）。

1.2 病原

金银花白粉病病原为白粉菌目（Erysiphales），白粉菌科（Erysiphaceae），叉丝壳属（*Microsphaera*），忍冬叉丝壳［*Microsphaera lonicerae* DC. Wint. in Rabenh.］。

a

b

图 18-3 金银花白粉病

1.3 发病特点

病菌以闭囊壳在病残体上越冬，翌年闭囊壳释放子囊孢子进行初侵染，发病后又产生分生孢子进行再侵染。温暖干燥或株间荫蔽易发病。施用氮肥过多，干湿交替发病重。

1.4 防治方法

（1）因地制宜选用抗病品种。

（2）加强栽培管理。合理密植，注意通风透气。

（3）科学施肥，增施磷、钾肥，提高植株抗病力。

（4）适时灌溉，雨后及时排水，防止湿气滞留。

2 金银花褐斑病

2.1 病状

主要为害叶片，发病初期叶片上出现黄褐色小斑，后期数个小斑融合，圆形或受叶脉所限呈多角形病斑，黄褐色，直径5～20mm。潮湿时，叶背生有灰色霉状物，为病原菌分生孢子梗及分生孢子。干燥时，病斑中间部分容易破裂。病害严重时，叶片早期枯黄脱落（图18−4）。

图 18−4 金银花褐斑病

2.2 病原

金银花褐斑病病原为丝孢目（Hyphomycetales），尾孢属（*Cercospora*），鼠李尾孢（*Cercospora rhamni* Fuck.）。

2.3 发病特点

病菌以菌丝体和分生孢子在病叶上越冬，翌年初夏产生分生孢子，分生孢子借风雨传播，侵染叶片，具有多次再侵染。高温、高湿有利于发病，在多雨年份发病较重。一般8～9月为发病盛期，被害严重植株，易在秋季早期大量落叶。

2.4 防治方法

（1）发病初期及时摘除病叶，或冬季结合修剪整枝，将病枝落叶集中烧毁或深埋土中。

（2）加强田间栽培管理，雨后及时排出田间积水。

（3）清除植株基部周围杂草，保证通风透光。

（4）增施腐熟的有机肥，提高植株自身的抗病能力。

3 金银花根腐病

3.1 病状

病菌为害根部造成根腐，根中下部出现黄褐色病斑，之后逐渐干枯腐烂，致使植株枯死。5年以下树龄的地块，发病率一般在10%～15%，5～10年树龄的地块发病率约在15%～25%，10年以上树龄的地块发病率常在30%以上，甚至达50%以上，南方地区更加严重（图18-5）。

3.2 病原

金银花根腐病病原为瘤座孢目（Tuberculariales），瘤座孢科（Tuberculariaceae），镰刀菌属（*Fusarium*）的真菌。

a

b

图 18-5 金银花根腐病病根

3.3 发病特点

多发生在高温多雨季节的低洼积水地块，特别是南方地区更易发病。病菌在土壤中或在病残体中越冬，翌年条件适宜时，随时萌发侵入根部或根茎部引起发病，一般4 ~ 6月中下旬开始发生，7 ~ 8月病害蔓延。地势低洼积水、土壤黏重、耕作粗放的易发病。多雨年份、光照不足、种植过密、修剪不当发病重。

3.4 防治方法

（1）降低园区地下水位，特别是南方地区，雨水较充足，如果排水不畅更容易造成金银花根腐病的发生。畅通田间排水沟，促进雨水快速流走；加深加宽边沟，降低地下水位。

（2）加强园区土壤改良　种植基地最好选择向阳山坡地。同时对种植穴土进行堆制高温腐熟，减少病原菌数量。对老金银花园，有条件的进行水旱轮作。

（3）培育无菌壮苗　有条件的进行无菌苗繁育，培育壮苗移栽。加强检疫，杜绝病区引进苗木，防止种苗带菌造成园区感染。

（4）减少苗木创伤　苗木运输、栽培、修剪等园艺措施容易造成苗木创伤，造成病原菌感染。特别是南方雨水繁多，尽可能不在3 ~ 9月修剪。

（5）清除病株　田间如果发现少量感染病株，及时拔除并烧毁。并对病株土壤施药剂处理。

（6）如果出现叶片失水、萎缩等症状，表明防治已晚，重要的是要保持土壤干爽，防止根腐病病菌随水流传。

4 棉铃虫 *Helicoverpa armigera* (Hübner)

棉铃虫以幼虫为害金银花叶片、嫩梢和花，将被害叶片吃成缺刻，花蕾被害，不能开花，影响产量。形态特征、为害特点、防治方法等参见第三章板蓝根棉铃虫部分（图18-6）。

5 蚜虫类

据文献报道，为害金银花的蚜虫主要有3种：中华忍冬圆尾蚜*Amphicercidus sinilonicericola* Zhang 、胡萝微管蚜 *Semiaphis heraclei*（Takahashi）和桃蚜 *Myzus persicae* (Sulzer)，属同翅目，蚜科，3种蚜虫常混合发生。

a

b

c

图 18-6 棉铃虫幼虫为害花部

5.1 形态特征

5.1.1 胡萝卜微管蚜

参见第六章北柴胡胡萝卜微管蚜（图18-7）。

5.1.2 桃蚜

参见第三章板蓝根桃蚜。

5.1.3 中华忍冬圆尾蚜（图18-8）

（1）无翅孤雌蚜　体卵圆形，长3.0mm，宽1.7mm。头、前胸骨化黑色，中、后胸有黑色缘斑，腹部淡色，无斑纹。各附肢均骨化黑色。头、胸及体缘显有褶曲纹。胸、腹部节间斑明显黑褐色，前胸及腹部第3～6节有馒头形缘瘤。触角有瓦纹，触角毛长尖。足粗大，光滑，腿节外侧面有曲纹。腹管长筒形，光滑，稍有皱条纹，从基部向端部渐细。尾片馒头形，有圆刺突。

（2）有翅孤雌蚜　体长卵形，长2.6mm，宽1.0mm。头、胸骨化黑色，腹部淡色，有灰黑色斑纹。触角黑色，与体长均等或稍短。喙、腹管、尾片、尾板骨化黑色。足骨化，股节端部1/2、胫节端部1/2及跗节黑色。翅脉正常。腹管长圆筒形。其他特征与无翅形相似。

5.2 寄主范围

胡萝卜微管蚜寄主范围参见第六章北柴胡胡萝卜微管蚜。

桃蚜寄主范围参见第三章板蓝根桃蚜。

中华忍冬圆尾蚜属寡食性害虫，寄主为金银花。

5.3 为害特征

3种蚜虫均以成、若蚜刺吸为害金银花嫩叶、幼蕾，受害叶片卷缩发黄，花蕾期被害会导致花蕾畸形，严重时花蕾枯焦、叶片脱落，植株不能正常开花，甚至枯死。为害过程中还分泌蜜露，导致煤污病发生，影响叶片的光合作用，严重时会导致绝收，对金银花的产量和品质影响极大，一般减产20%～40%（图18-9）。

图 18-7 胡萝卜微管蚜

图 18-8 中华忍冬园尾蚜

图 18-9 蚜虫为害状

5.4 发生特点

（1）胡萝卜微管蚜　1年发生20余代，以卵在忍冬属植物金银花等枝条上越冬。早春越冬卵孵化，4、5月份新枝抽生和现蕾期为害最重，5～7月间严重为害北沙参等伞形科药用植物，10月间产生有翅性雌和雄蚜，迁飞到越冬寄主上，10～11月雌、雄交配，产卵，越冬。

（2）中华忍冬圆尾蚜　1年发生20余代，以卵在杂草内越冬。翌年春天气温10℃时孵化，若虫为害幼嫩叶，以后逐渐扩散。夏天进行孤雌生殖，温度越高，繁殖越快。天气干旱发生严重。

（3）桃蚜　发生特点参见第三章板蓝根桃蚜。

5.5 防治方法

5.5.1 农业防治

（1）加强水肥管理，提高金银花植株的抗病虫能力。

（2）在保证金银花的通风透光性的情况下合理密植。

（3）入冬前彻底清除金银花植株的病枝残枝及残叶，减少虫卵基数。

（4）在早春金银花发芽前剥掉枝干上的老皮，修剪、除去金银花老叶、病枝及病芽，及时清扫落叶并集中烧毁或深埋来清除越冬卵。

5.5.2 物理防治

利用有翅蚜对黄色的趋性，在胡萝卜微管蚜有翅蚜迁入为害初期，挂放黄色粘虫板（20cm×30cm），平均300～450块/hm^2，粘虫板的悬挂高度为黄板下端距植株顶部20cm左右，对有翅成蚜有较好的诱杀效果。

5.5.3 生物防治

释放寄生蜂、草蛉和瓢虫等天敌防治金银花蚜虫。

6 蛴螬类

金银花为多年生藤本植物，由于生长期间无法翻耕根系周围的土壤，因此土壤条件稳定，另外其根系发达，有大量的须根，为地下害虫提供了充足的食物及栖息生境。2013～2014年河北省中药材产业技术体系“中药材病虫草害综合防控及无公害生产技术团队”与冀南黑龙港流域药材综合试验推广站，在河北省金银花主产区巨鹿县对金银花地下害虫发生情况进行了详细的调查，明确了其地下害虫主要为蛴螬类（图18-10），其优势种为铜绿丽金龟 *Anomala corpulenta* Motschulsky、暗黑鳃金龟 *Holotrichia parallela* Motschulsky、黑绒鳃金龟 *Maladera orientalis* Motschulsky、黄褐丽金龟 *Anomala exoleta* Faldermann、灰胸突鳃金龟 *Hoplosternus incanus* Motschulsky等。

金龟甲主要以幼虫（蛴螬）为害金银花的根部，取食幼嫩根系或老熟根茎的表皮，破坏植株对水分和养料的吸收，衰弱树势，严重时可以导致植株成片死亡，幼虫啃咬造成的伤口易引起病原菌的侵染，导致根部病害的发生；成虫出土后取食金银花叶片，影响光合作用，致使金银花产量和品质下降（图18-11）。

金龟甲形态特征、寄主范围、发生特点、防治方法参见附录一中药材常见地下害虫部分。

图 18-10　蛴螬

图 18-11　蛴螬为害状

第十九章

荆芥病虫害

荆芥 （图19-1、图19-2）

Schizonepeta tenuifolia Briq.

又名香荆荠、线荠、四棱杆蒿、假苏，唇形科、荆芥属多年生植物。入药用其干燥茎叶和花穗。鲜嫩芽小儿镇静最佳，味平，性温，无毒，清香气浓。荆芥为发汗、解热药，能镇痰、祛风、凉血。治流行感冒，头疼寒热发汗，呕吐。在我国自然分布与人工栽培广泛，以河北为主。荆芥常见病害有茎枯病等，虫害主要有棉铃虫等。

图 19-1 荆芥苗期

图 19-2 荆芥花期

1 荆芥茎枯病

1.1 症状

以为害荆芥茎部为主，一般茎秆或茎基先发病，逐渐扩展成枯斑，表皮黑褐色干瘪、环周坏死。发病初期植株不萎蔫，中后期发病部位以上植株萎蔫，甚至枯萎、死亡。花穗也可受害，发病后呈黄色，不能开花（图19-3）。

1.2 病原

荆芥茎枯病病原为霜霉目（Peronosporales），霜霉科（Peronosporaceae），疫霉属（*Phytophthora*），烟草疫霉（*Phytophthora nicotianae* Breda.）（图19-4）。

1.3 发病特点

病菌可随病残体在土壤中越冬，连作地块发病严重。高温、高湿有利于发病，7～9月发病重，病害扩展迅速，从发病到死亡仅需3～5天。病害发生程度与降雨、种植密度、通风不良、排水不良、氮肥过量等条件有关（图19-5）。

1.4 防治方法

（1）实行3年以上轮作。

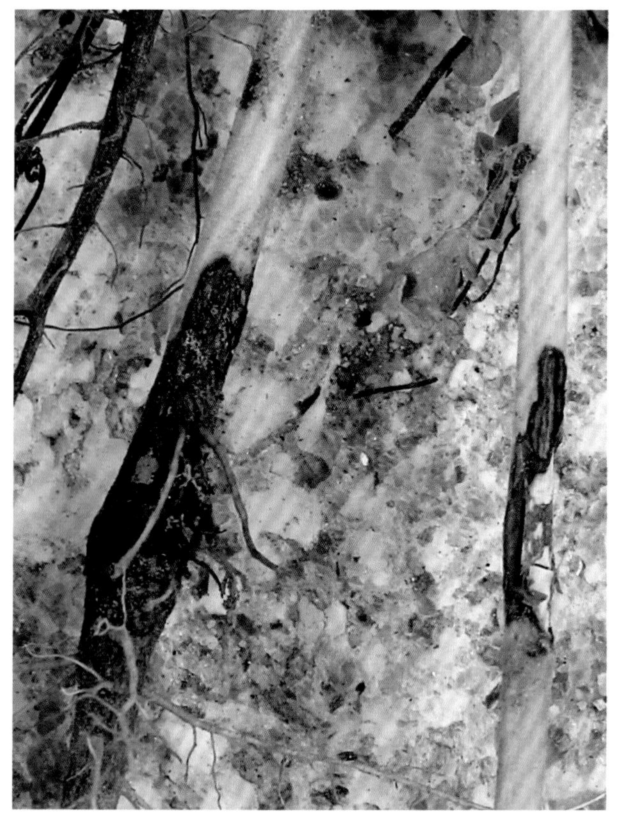

图 19-3 荆芥茎枯病

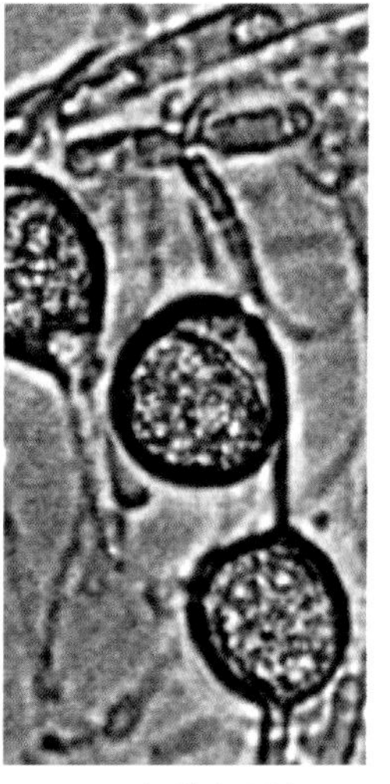

图 19-4 烟草疫霉菌

图 19-5 荆芥茎枯病田间为害状

（2）采用高畦、分畦栽培，高畦栽培可减少与病菌接触；分畦栽培可随时阻断病菌通过雨水或灌溉水的传播，即在下雨或浇水时，不要让发病畦内的水流到未发病的畦内。

（3）施入腐熟好的粪肥或生物有机肥、菌肥，增施磷、钾肥，适当控制氮肥。

（4）及时拔除病株，深埋或烧毁。

2 棉铃虫 *Helicoverpa armigera* (Hübner)

形态特征、为害特点、防治方法等参见第三章板蓝根棉铃虫部分。

3 蛴螬类

蛴螬类（金龟甲幼虫）为害荆芥的根部，取食幼嫩根系或老熟根茎的表皮，破坏植株对水分和养料的吸收，严重时可以导致植株成片死亡（图19-6）。

金龟甲形态特征、寄主范围、发生特点、防治方法参见附录一中药材常见地下害虫部分。

图 19-6 蛴螬及其为害状

第二十章

菊花病虫害

菊 （图20-1、图20-2）

Chrysanthemum morifolium Ramat.

菊为菊科多年生草本植物。以花入药，具有醒脑明目、 清热解毒之功效。河北安国市所产菊花因质量优良被冠以“八大祁药”。菊花常见病害有黑斑病、根腐病、病毒病、枯萎病等，虫害主要有菊花瘿蚊、蚜虫、棉铃虫等。

图 20-1 菊花苗期

图 20-2 菊花开花期

1 菊花黑斑病

1.1 症状

主要为害叶片，受害叶片多从叶尖、叶缘处产生近圆形或不规则形的褐色或灰色斑，外围具有浅黄色晕圈，病斑上无明显轮纹，其上生有黑色霉层为分生孢子梗和分生孢子，环境条件适宜时，病斑迅速扩展，导致全叶枯死；一般发病易从植株下部叶片开始，逐渐向上蔓延，严重时导致全株叶片变黑枯死，病叶不脱落（图20-3）。

1.2 病原

菊花黑斑病病原为丝孢目（Hyphomycetales），暗色孢科（Dematiaceae），链格孢属（*Alternaria*）的真菌。

1.3 发病特点

在6～10月均可发生，7～8月进入发病高峰，9月以后病情发展比较缓慢。主要影响因素是温度和降雨，因为分生孢子形成、传播、萌发、侵入除需要一定的温度外，还需要一定的雨量。7～8月降雨量和降雨次数多，有利于黑斑病的传播和蔓延，所以形成发病高峰。

图20-3 菊花黑斑病

1.4 防治方法

（1）清除病残体，减少越冬菌源。

（2）在收获菊花时，将田间的病残叶进行清理烧毁，减少越冬菌源，以减少来年的初侵染来源。

（3）实行3年以上的轮作倒茬，杜绝重茬。

（4）选用健壮无病的母株新芽繁殖，以培育壮苗。

（5）实行配方施肥，避免偏施氮肥，促进植株生长健壮，提高抗病力。

（6）发病初期可摘除病叶，减少菌源。

2 菊花枯萎病

2.1 症状

被害植株地上部叶片色泽变淡，失去光泽，稍呈波纹状，萎蔫下垂。同一植株中也有黄化枯萎叶片出现于茎的一侧，而另一侧的叶片仍正常。茎基部微肿变褐，表皮粗糙，间有裂缝，潮湿时缝中生有白色霉状物。根部受害，变黑腐烂，根毛脱落。纵、横剖切根茎，髓部与皮层间维管束变褐色，外皮出现黑色坏死条纹。近茎基部维管束变色较深，愈向上颜色逐渐变淡，严重时全株萎蔫死亡（图20−4～图20−6）。

图 20−4 菊花枯萎病

图 20-5 菊花枯萎病与正常株对比

图 20-6 菊花枯萎病地上症状

2.2 病原

菊花枯萎病病原为瘤座孢目（Tuberculariales），瘤座孢科（Tuberculariaceae），镰刀菌属（*Fusarium*）的真菌。

2.3 发病特点

病菌以菌丝体、厚垣孢子和子座随着病残组织遗留在土壤中越冬，初侵染源来自土壤或带菌肥料。病害发生的温度，以27 ~ 32℃最适，21℃趋向缓和，15℃以下不发病。在夏季高温多雨的气候条件，发病较严重。病菌主要通过根部或茎基部伤口侵入，

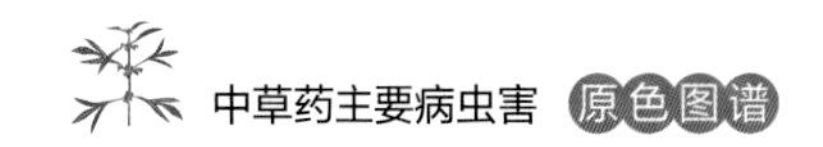

先在寄主薄壁细胞间和细胞内生长，然后进入维管束，堵塞导管，分泌毒素，引起植株萎蔫。

2.4 防治方法

（1）移栽时避免伤根，以防止病菌传播和通过伤口侵入。

（2）发现病株应立即拔除，集中烧毁。

（3）菊花怕雨涝，田间积水有利病菌传播和侵入为害，同时也降低了植株的抗病能力，会加重病害的发生，雨后及时排水，防止积水，搞好田间排水工作，抑制病害的发生和蔓延。

3 菊花根腐病

3.1 症状

根系变黑干腐，皮层腐烂后只剩维管束呈乱麻状，地上叶片枯黄凋萎，多发生在开花前后，严重时植株枯死（图20-7、图20-8）。

3.2 病原

菊花根腐病病原是瘤座孢目（Tuberculariales），瘤座孢科（Tuberculariaceae），镰刀菌属（*Fusarium*）的真菌。

图 20-7 菊花根腐病病根

图 20-8 菊花根腐病田间症状

3.3 发病特点

病菌在带病秧苗、土壤和病残体中越冬，成为翌年的初侵染源。病菌在土壤中可存活6年以上。种植带病秧苗可以直接发病。5～10月均可发病，6～8月为发病盛期，9月以后逐渐减轻。雨量多、土壤湿度大，特别是雨后田间积水，利于病菌繁殖和传播；低洼潮湿、肥力较差、植株较弱的地块，发病较重；连作地病重，地下害虫及根结线虫等造成的伤口更有利病菌侵染，会加剧根腐病的发生。

3.4 防治方法

（1）合理筛选抗（耐）病品种。

（2）与禾本科作物实行6年以上的轮作。

（3）清除病残体，烧毁或深埋。

（4）氮、磷、钾合理配比，增施有机肥和磷、钾肥。

（5）繁殖无病健康秧苗，选无病地作为留种田，施无菌肥料。

4 菊花病毒病

4.1 症状

病毒病的症状一般分为两种类型：①病株叶片叶脉绿色，叶肉产生浓淡相间的斑驳或黄色斑块，植株矮，生长衰弱，重病株叶片产生枯死斑，病株花朵小而少；②叶片暗绿色，叶小而厚，叶缘微下卷，有的叶片畸形，叶正面有灰绿色线状隆起条纹，这种症状为贡菊幼苗上出现，生长后期症状不明显（图20-9）。

图 20-9 菊花病毒病

4.2 病原

菊花病毒病病原为病毒，常见的有黄瓜花叶病毒（CMV）、烟草普通花叶病毒（TMV）、马铃薯X病毒（PVX）、马铃薯Y病毒（PVY）、番茄不孕病毒（TAV）。

4.3 发病特点

发病特点是系统侵染。侵染植株后，在植株体内扩散，病毒在留种母株内越冬，通过菊花采用分根或扦插法繁殖（无性繁殖），把病毒传播到下一代。也能通过蚜虫和摩擦传播，使健株发病，从而造成病害逐年加重。另外，多种病毒复合侵染，造成症状复杂。病毒为害的程度与水肥管理关系很大。施肥少，管理差、蚜虫发生重，植株生长不良，病害严重。施肥充足，尤其是氮肥足，病害轻。菊花栽培一直沿用无性繁殖，也是病毒病为害严重的原因。

4.4 防治方法

（1）选健壮无病植株留种。

（2）加强肥水管理，在增施农家肥的基础上，追施氮肥，做到氮肥充足，磷、钾配合，并施用锌、硼等微量元素。

（3）通过茎尖分生组织培养脱毒苗，对脱毒苗要加强防护，及时防治蚜虫等传毒介体，防止被再次侵染。

5 棉铃虫 *Helicoverpa armigera* (Hübner)

形态特征、为害特点、防治方法等参见第三章板蓝根棉铃虫部分。

以幼虫为害菊花的嫩叶、嫩梢，钻蛀花蕾、花朵，严重时可大量毁坏花蕾，造成不能开花或形成残花（图20-10）。

图 20-10 棉铃虫幼虫

6 菊花瘿蚊 *Diarthronomyia chrysanthemi* Ahlberg

菊花瘿蚊属双翅目，瘿蚊科。为菊花上的一种恶性害虫，严重影响菊花的产量和质量。

6.1 形态特征

（1）成虫 雄虫体长3 ~ 5mm，初羽化时桔红色，渐变为黑褐色。复眼黑色，大而突出。触角念珠状，17 ~ 19节，雄蚊有环毛。口器为刺吸式，不发达。胸部发达，前胸背突起，翅基部窄细，翅面圆阔，有微毛，翅脉简单，有纵脉3条，第3条不达翅尖，后翅退化为平衡棍，黄色。足黑灰色，细长。雄虫腹部可见10节，节间膜及侧板黄色，背板黑色。雌虫体长4 ~ 5 mm，羽化初期体腹为酱红色，产卵后渐变为黑褐。腹节前6节粗胖，后3节细长。雌虫腹部有产卵器，其他特征与雄虫相似（图20-11、图20-12）。

（2）卵 长卵圆形，长0.5mm，初桔红色，后呈紫红色。

背面

侧面观

图 20-11 菊花瘿蚊雌成虫

图 20-12 菊花瘿蚊雄成虫

（3）幼虫　纺锤形，橘黄色，末龄幼虫体长3~4mm，橙黄色，头退化不显著，口针可收缩，端部有一弯曲钩，胸部有时有不太显著的剑骨片（图20-13）。

（4）蛹　裸蛹长3~4mm，橙黄色，其外侧各具短毛一根，头顶有两根触突（图20-14）。

6.2 寄主范围

对目前大面积栽培的祁菊、怀菊、滁菊、亳菊等药用菊花品种及部分观赏菊花品种为害严重。

6.3 为害特征

菊花瘿蚊成虫将卵产在植株幼嫩部位的生长点或腋芽处，以初孵幼虫在植株顶端生长点附近的叶腋、叶片和幼蕾等幼嫩部位形成绿色或紫绿色、上尖下圆的桃形虫瘿。苗期被害后枝条不能正常生长，分枝减少，形成小老苗。花蕾期受害可使花蕾数减少，花朵瘦小，直接造成菊花减产（图20-15~图20-18）。

6.4 发生特点

河北、河南1年发生5代，以老熟幼虫结茧越冬。翌年3月化蛹，4月初成虫羽化，在菊花幼苗上产卵，第1代幼虫于4月上中旬出现，4月下旬和5月上旬出现虫瘿，5月上旬虫瘿随幼苗进入田间。5月中下旬1代成虫羽化，卵散产或聚产在植株的叶腋处和生长点。幼虫孵化后经一天即可蛀入植株组织中，经5天左右形成虫瘿。然后以每代大约35天左右的时间间隔发生。10月以老熟幼虫入土、结茧越冬。

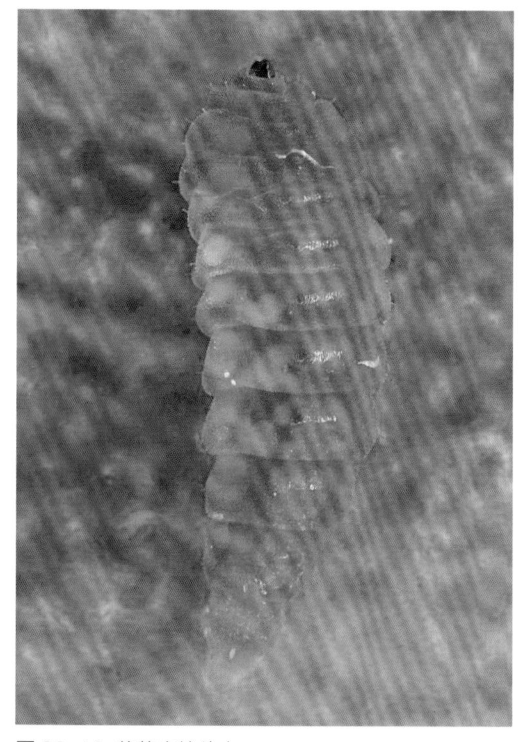

图20-13 菊花瘿蚊幼虫

图20-14 菊花瘿蚊蛹

图 20-15 虫瘿中的幼虫

图 20-16 菊花瘿蚊为害生长点

图 20-17 菊花瘿蚊为害叶片

图 20-18 菊花瘿蚊为害腋芽

6.5 防治方法

6.5.1 农业防治

（1）清除田间菊科植物、杂草，减少虫源。

（2）苗期可结合打顶等农业措施摘除虫瘿；避免从菊花瘿蚊发生严重地区引种菊苗。

6.5.2 生物防治

保护天敌。充分发挥天敌的自然控制力，既可以控制后期为害，又可以压低翌年春季的发生量。

7 蚜虫类

蚜虫除直接刺吸为害菊花各个器官外，其分泌物易导致煤污病，同时是菊花病毒病害的主要传播者之一。为害菊花的蚜虫优势种是菊小长管蚜和棉蚜等。

7.1 菊小长管蚜 *Macrosiphoniella sanborni* (Gillette)

菊小长管蚜属同翅目，蚜科，别名菊姬长管蚜。

7.1.1 形态特征

（1）无翅孤雌蚜　体纺锤形，长1.5mm，赭褐色至黑褐色，具光泽。触角比身体长，除第3节色浅外，其余黑色。腹管圆筒形，基部宽有瓦状纹，端部渐细具网状纹，腹管、尾片全为黑色（图20-19）。

（2）有翅孤雌蚜　体长卵形，长1.7mm。触角是体长的1.1倍，第3节次生感觉圈为小圆形突起，15 ~ 20个。具2对翅。胸、腹部的斑纹比无翅型明显，腹管圆筒形，尾片圆锥形，上生9 ~ 11根毛。

（3）若蚜　体赤褐色，形态与无翅孤雌蚜相似。

图 20-19 菊小长管蚜

7.1.2 寄主范围

菊花、白术、艾、野菊等。

7.1.3 为害特征

从苗期到花期均有发生。春天群集为害菊花新芽、新叶，致新叶难以展开，茎的伸长和发育受到影响，致使植株矮化、卷叶甚至死亡。秋季开花时群集在花梗、花蕾上为害，造成开花不正常。叶片受蚜虫排泄物影响，易产生煤污病。

7.1.4 发生特点

1年发生10~20代，以无翅胎生雌蚜在留种株或菊茬上越冬。每年4~5月、9~10月为繁殖高峰期，从11月中旬起集中向留种株或菊茬上越冬。

7.1.5 防治方法

（1）农业防治

①生长季结合摘顶稍技术，可大大控制蚜虫为害。

②地膜覆盖移栽避蚜防病，地膜反射的太阳光对蚜虫有明显的忌避作用，大大减少了有翅蚜虫群体数量。

（2）生物防治　利用蚜虫天敌食蚜螨、七星瓢虫等，控制种群数量。

7.2 棉蚜 *Aphis gossypii* Glover

棉蚜属同翅目，蚜科。

7.2.1 形态特征

参见第十三章栝楼部分。

7.2.2 寄主范围

主要为菊花、木槿、棉花等百余种植物。

7.2.3 为害特征

成、若蚜均群集刺吸菊花汁液，苗期主要为害嫩茎和嫩叶，影响茎叶正常生长；现蕾开花期则集中为害花梗和花蕾，造成花蕾变小，易脱落，花开不够鲜艳，早凋谢；还会传播菊花病毒病，造成更大损失（图20-20、图20-21）。

7.2.4 发生特点

为害菊花的蚜虫周年以无性孤雌有翅蚜和无翅蚜在多种菊科或非菊科的寄主间转移为害。一般在20~25℃的天气生长繁殖最快，往往不足10天便可发生一个世代，但30℃以上高温炎热天气对其生长发育不利。

7.2.5 防治方法

棉蚜防治方法见菊小长管蚜。

图 20-20 棉蚜为害叶片

图 20-21 棉蚜为害茎部

第二十一章

苦参病虫害

苦参 （图21-1、图21-2）

Sophora flavescens Ait.

别名山槐根，为豆科多年生半木本植物，以干燥根入药，具清热燥湿、利尿、祛风杀虫功效。用于热痢、便血、黄疸尿闭、赤白带下、阴肿阴痒、湿疹、湿疮、皮肤瘙痒、疥癣麻风，外治滴虫性阴道炎。我国各地均有分布，以山西、湖北、河南、河北、新疆、东北产量较多。苦参常见的病害有叶枯病、根腐病等，虫害主要有绿芫菁等。

图 21-1 苦参苗期

图 21-2 苦参成株期

1 苦参叶斑病

1.1 症状

也称叶枯病，以为害叶片为主，植株下部叶片发病重。叶缘、叶尖最先发病，病斑形状不规则，红褐色至灰褐色，叶面病斑褐色、圆形。病斑可连片成大枯斑，中央呈灰褐色，边缘颜色加深，与健康组织界限明显，后期叶片焦枯，严重时植株死亡（图21-3）。

1.2 病原

苦参叶斑病病原为球壳孢目（Sphaeropsidales），球壳孢科（Sphaeropsidaceae），叶点霉属（*Phyllosticta*），槐生叶点霉（*Phyllosticta sophoricola* Hollos.）（图21-4）。

1.3 发病特点

病菌在病叶上越冬，分生孢子借风、雨传播侵染。一般6月下旬开始，至10月中旬均可发病。高温多湿、通风不良均有利于该病害的发生。

图 21-3 苦参叶斑病

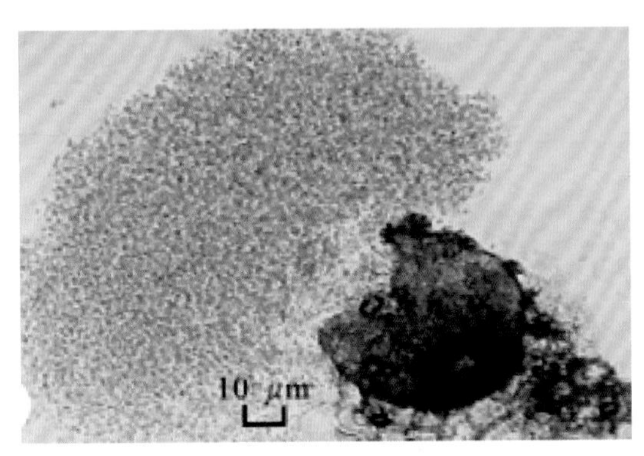

图 21-4 槐生叶点霉

1.4 防治方法

（1）因地制宜地选用抗（耐）病品种。

（2）栽植密度适当，保持通风透光。

（3）使用充分腐熟有机肥，增施磷、钾肥。

（4）实行3年以上轮作。

（5）清理田园。秋季采收后彻底清理田园，将病株残体运出田外，集中深埋或烧掉。

2 苦参根腐病

2.1 症状

被害根部呈黑褐色，根系自下而上呈褐色病变。根髓发生湿腐，黑褐色，整个主根部分变成黑褐色的表皮壳，皮壳内呈乱麻状的木质化纤维。地上部分枝叶萎蔫，逐渐由外向内枯死（图21-5～图21-7）。

图 21-5 苦参根腐病病根

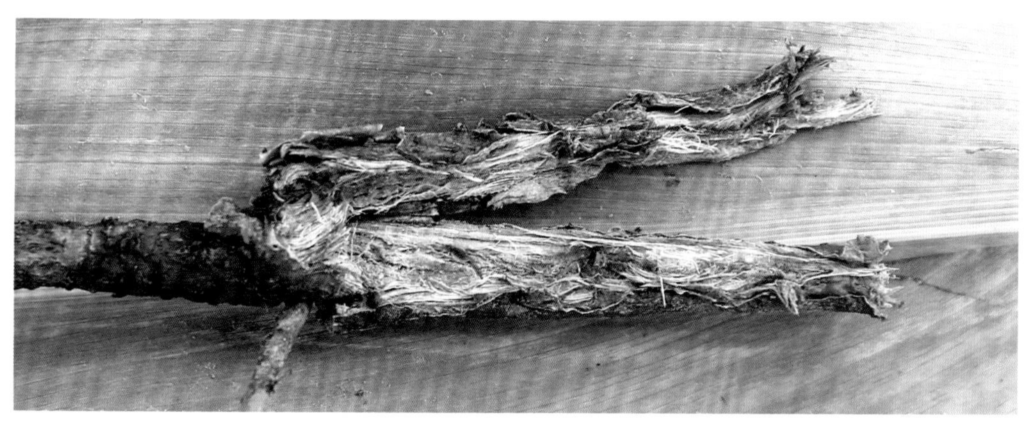

图 21-6 苦参根腐病病根内部症状

图 21-7 苦参根腐病田间为害状

2.2 病原

病原不详。

2.3 发病特点

土壤带菌是重要的侵染来源。5月中下旬开始发生，6 ~ 7月为盛期。土壤湿度大、黏重土壤、排水不良，气温29 ~ 32℃时，容易发病。高坡地发病轻。耕作不善及地下害虫啃食造成根系伤口，易使病菌侵入，引起发病。

2.4 防治方法

（1）因地制宜地选用抗（耐）病品种，且选用健康优质的种子。

（2）选择地势高，排水畅通、土层深厚、相对平坦的砂壤土种植；做好排水工作，排出积水，特别是雨季。

（3）育苗时选择与上年不同的苗床，倒茬种植；实行6年以上的轮作。

（4）合理施肥，施腐熟有机肥，适当增施磷、钾肥，提高植株抗病力。

3 绿芫菁 *Lytta caragane* Pallas

绿芫菁为鞘翅目，芫菁科。

3.1 形态特征

参见第十四章黄芪绿芫菁部分（图21-8）。

图 21-8 绿芫菁成虫

3.2 寄主范围

成虫主要以蚕豆、大豆、苜蓿和苦参等豆科植物的叶、花为食，同时为害沙棘、漆树等园林观赏植物。

3.3 为害特征

成虫喜在作物上部、顶端部位群集取食，大量取食寄主叶片，尤喜嫩尖嫩叶，受害叶片呈缺刻状，严重时可将叶片吃光，此外还取食花器，影响结荚，使种子产量降低。幼虫主要取食蝗虫卵（图21-9、图21-10）。

3.4 发生特点

参见第十四章黄芪绿芫菁部分。

3.5 防治方法

参见第十四章黄芪绿芫菁部分。

图 21-9 绿芫菁为害状

图 21-10 绿芫菁为害苦参花

第二十二章

连翘病虫害

连翘 （图22-1、图22-2）

Forsythia suspensa (Thunb.) Vahl

为木犀科连翘属植物，落叶灌木，其经济价值、观赏价值和药用价值都较高。果、茎、叶、根均可入药，用于清热，解毒，散结，消肿，主治温热、丹毒、斑疹、痈疡肿毒、瘰疬、小便淋闭。在我国具有广泛的分布与栽培，主产于河北、山西、陕西、山东、安徽西部、河南、湖北、四川等省份。连翘常见病害有菟丝子病，虫害主要有钻心虫、蜗牛等。

图 22-1 连翘花期

图 22-2 连翘结果期

1 连翘菟丝子病

1.1 症状

菟丝子蔓茎缠绕连翘枝干上，以吸盘从韧皮部吸取养料和水分，并可造成输导组织的机械性障碍，导致植株生长缓慢，叶片变小，叶色无光泽，植株枯黄，甚至植株枯死（图22-3）。

1.2 病原

连翘菟丝子病病原是菟丝子科（Cuscutaceae），菟丝子属（*Cuscuta*）的一年生双子叶植物。

1.3 发病特点

菟丝子以种子随作物的种子传播、为害与繁殖，也可在土壤中休眠越冬，春季随寄主种子一起萌发，遇寄主后缠绕其上，通过吸盘从寄主吸取养料和水分，造成为害。种子萌发最适土温25℃，最适土壤相对含水量80%以上。夏秋季为生长高峰期，夏末开花，秋季结实。寄主植物受害后一般减产10%～20%。

图 22-3 连翘菟丝子病

1.4 防治方法

（1）加强植物检疫工作，严格进行产地检疫和调运检疫，限制、禁止菟丝子种子传入与传出。

（2）加强栽培管理，菟丝子种子萌发前进行中耕除草，抑制其种子萌发。

（3）搞好田园卫生，发现田间出现菟丝子时，及时清除带有菟丝子的植株，减少菟丝子寄生率与结实量，降低为害。

2 钻心虫

形态特征及寄主范围不详。

2.1 为害特征

幼虫钻入茎枝的髓部，受害部位不能正常生长而枯萎。钻心虫以幼虫钻入连翘茎干木质部髓心为害，造成连翘植株衰弱，严重时不能开花结果（图22-4、图22-5）。

图 22-4 钻心虫幼虫

a

b

图 22-5 钻心虫为害状

2.2 防治方法

2.2.1 农业防治

（1）可将受害枝剪除，带离种植区处理。

（2）冬季清除枯枝落叶和杂草，降低虫源基数。

2.2.2 化学防治

用敌敌畏蘸药棉堵塞蛀孔毒杀。

3 蜗牛类

为害连翘的蜗牛有2种，一种是同型巴蜗牛*Bradybaena similaris*（Ferussac）（图22-6），另一种为灰蜗牛*Fruticicola ravida* Benson（图22-7）。同型巴蜗牛在第十二章已进行描述，本部分主要介绍灰蜗牛。

灰蜗牛*Fruticicola ravida* Benson属陆生软体动物门、腹足纲、柄眼目、蜗牛科。俗名蜒蚰螺、蜒蜒螺。

图 22-6 同型巴蜗牛

图 22-7 灰蜗牛

3.1 形态特征

（1）成体　体长30 ~ 36mm，贝壳高19mm，宽21mm，有5.5 ~ 6个螺层。贝壳前段躯体背部及两侧有4个黑褐色纵带，近背中线的两条宽，两侧面的两条细，且不达头部。前触角长约1.5 ~ 2mm，后触角长约8 ~ 10mm，端部有黑色眼。背壳面多数有不规则、排列较密的灰黑色或灰褐色斑纹，少数个体斑纹稀少。贝壳椭圆形，表面多数有黑色或灰褐色斑纹。

（2）卵　圆球形，直径1.0 ~ 1.5mm，乳白色，有光泽。孵化前色稍变深，通常10 ~ 20粒以上黏集成卵堆，最大的卵堆有卵30 ~ 50粒以上。

（3）幼体　初孵幼体仅长1mm，贝壳淡褐色黑斑不明显，一个月后贝壳右旋增大，黑斑仍不明显，2个月后贝壳右旋延长成2个小螺旋，黑色斑点显现，至6个月后，贝壳增加到4.5 ~ 5旋，食量也显著增大，7、8个月之后逐渐变成成体。

3.2 寄主范围

食性极杂，主要为害棉、麻、苜蓿、大豆、蚕豆、大麦、小麦、玉米、高粱、马铃薯、甘薯、花生及多种蔬菜，也可为害桑树、连翘、板蓝根、薄荷、黄芪、大黄、酸浆等药用植物。

3.3 为害特征

主要为害嫩芽、叶片和嫩茎，初孵幼螺只取食叶肉，留下表皮，稍大个体则用齿舌将叶、茎溉磨成小孔，严重时叶片被吃光，茎被咬断，造成缺苗。亦可为害花及幼果，造成结果率低。蜗牛爬过的叶上，留有白色胶质痕及粪便。

3.4 发生特点

1年发生1~1.5代，以成螺或幼螺在药材根部或草堆、石块、松土下越冬。翌年3~4月开始活动，4月下旬至5月中旬转入药材田为害至7月底。若9月以后潮湿多雨，仍可大量活动为害，10月转入越冬状态。活动为害和产卵主要在春秋两季。上年虫口基数大，当年苗期多雨，土壤湿润，蜗牛可能大发生。

3.5 防治方法

3.5.1 农业防治

（1）秋冬深翻树体周边土壤，暴露越冬成体、幼体，使其被天敌啄食或冻死。

（2）雨后及时进行排水，排水不畅，蜗牛容易生长、为害。

（3）中耕暴晒　灰蜗牛的卵壳很易脆裂，在蜗牛卵期的晴天，结合中耕，将蜗牛卵暴晒于太阳光下，使其自行爆裂。

3.5.2 物理防治

清晨、阴天、雨天或雨后蜗牛在植株上活动时人工捕捉，或在排水沟内堆放青草诱杀。捕捉到的灰蜗牛可用石灰粉搅拌杀死。

3.5.3 化学防治

（1）用四聚乙醛颗粒剂碾碎后拌细土，于土表干燥并且天气温暖的傍晚，均匀撒在植株根部周围。

（2）药物诱杀　用蜗牛敌配制成含2.5%～6%有效成分的豆饼毒饵诱杀，或用8%灭蜗灵诱杀，每$1m^2$ 1.5g。

（3）利用石灰可杀死灰蜗牛的特性，在植株根际撒施石灰粉，可以阻止灰蜗牛爬上树为害。

3.5.4 生物防治

保护灰蜗牛的天敌步行虫、蛙、蜥蜴等。

第二十三章 牛膝病虫害

牛膝 （图23-1、图23-2）

Achyranthes bidentata Blume.

为苋科牛膝属多年生草本植物，有着珍贵的药用价值。以干燥根入药。功效是逐瘀通经，补肝肾，强筋骨，利尿通淋，引血下行。主治闭经、痛经、腰膝酸痛、筋骨无力、淋证、水肿、头痛、眩晕、牙痛、日疮、吐血、衄血。除东北地区外，在我国广泛分布，以河南、河北、内蒙古为主产区。牛膝病害常见的有白锈病、叶斑病、根腐病、菟丝子病等，虫害主要有棉铃虫、朱砂叶螨、叶蝉类等。

图 23-1 牛膝苗期

图 23-2 牛膝成株期

1 牛膝白锈病

图 23-3 牛膝白锈病叶正面初期症状

1.1 症状

白锈病主要为害叶片，初在叶片正面出现浅绿色小斑点，扩展后呈黄色，个别在叶面形成粉状疱斑，疱斑白色或浅黄色粉状。病斑圆形至椭圆形或不规则形，大小0.1 ~ 1.5mm，多散生，个别融合。病斑略有绿色晕圈，叶面对应处呈现红点，引致叶片枯黄。有时也为害穗状花序，产生孢子堆（图23-3 ~ 图23-5）。

图 23-4 牛膝白锈病叶正面后期症状

1.2 病原

牛膝白锈病病原为霜霉目（Peronosporales），白锈菌科（Albuginaceae），白锈菌属（*Albugo*）的真菌（图23-6）。

1.3 发病特点

病菌以卵孢子在病残体内或土壤中越冬，翌年春天卵孢子萌发产生游动孢子，通过雨水传播，早期主要侵染下部叶片，发病后产生孢子囊，可进行再侵染。一年有两个发病高峰期，春、秋低温多雨时发病严重。

1.4 防治方法

（1）搞好田园卫生，尤其在牛膝收获后，及时彻底的清除病残体，集中深埋或烧毁。

图 23-5 牛膝白锈病叶背面症状

（2）加强栽培管理，避免氮肥过多使用，适当增施磷、钾肥，增强抗病能力。

（3）春寒多雨时，加强疏沟排水，避免低洼处积水，合理密植，提高通风透光，降低湿度，减轻病害发生。

（4）轮作处理，选择与禾本科作物进行3年以上轮作，可有效降低病害发生。

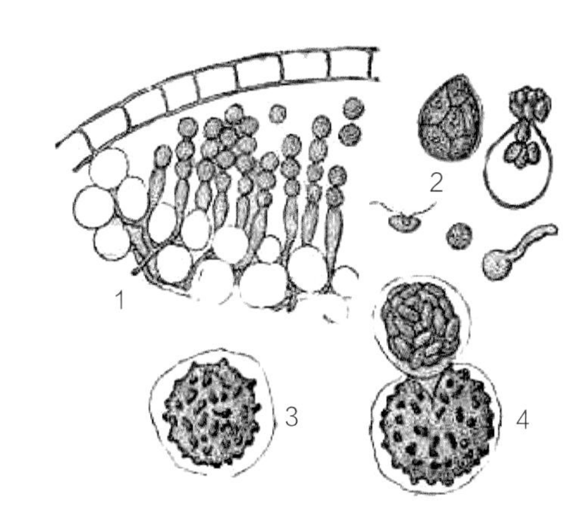

图 23-6 牛膝白锈菌

2 牛膝叶斑病

2.1 症状

以为害牛膝叶片和叶柄为主。叶片发病初期，叶面上出现水渍状暗绿色圆形至多角形小斑点，后逐渐扩大，受叶脉限制，在叶脉间形成多角形斑点，边缘褐色至黑褐色，中央灰褐色，有的叶片还会出现卷缩。叶柄受侵染发病时，初期呈黑色短条斑，后略凹陷，叶柄干枯略卷缩（图23-7）。

2.2 病原

牛膝叶斑病病原为丝孢目（Hyphomycetales），暗色孢科（Dematiaceae），尾孢属（*Cercospora*）的真菌。

2.3 发病特点

病菌以菌丝或分生孢子在病残体或在病叶中越冬，借风雨传播，引起多次再侵染，多雨季节发病严重，一般在7～9月发生，湿度大的地块发病尤为严重。

图 23-7 牛膝叶斑病

2.4 防治方法

（1）发现病株、病叶应及时拔除，带出田间集中进行焚烧、深埋，减少侵染源，降低病害向周围植株扩展速度。

（2）合理密植，保证通风透气良好。

（3）田间应避免积水，保持排水良好，减少病菌经雨水蔓延、繁殖。

（4）牛膝生长期合理追肥，培育健康植株，提高抗病能力。

3 牛膝根腐病

3.1 症状

以为害根部为主，根部受害初期呈水渍状、褐色，后期腐烂，致使由下向上茎叶甚至整株逐渐枯死（图23-8、图23-9）。

3.2 病原

牛膝根腐病病原是瘤座孢目（Tuberculariales），瘤座孢科（Tuberculariaceae），镰刀菌属（*Fusarium*）的真菌，以及无孢目（Agonomycetales），无孢科（Agonomycetaceae），丝核菌属（*Rhizoctonia*），立枯丝核菌（*Rhizoctonia solani* Kuhn）（图23-10）。

3.3 发病特点

根腐病多发生在高温多雨季节，病菌以菌丝、子座在病残体上越冬，翌年产生分生孢子，借土壤、流水传播。该病害一般在7～9月发病重，早秋雨水多、露水重易引起发病。

3.4 防治方法

（1）田间高湿，尤其地势低洼、出现积水是病害易发高发的前提，雨后注意排水，减少大水漫灌，降低田间湿度是防治该病害的关键。

（2）用药剂处理土壤，或病穴土壤用生石灰消毒。

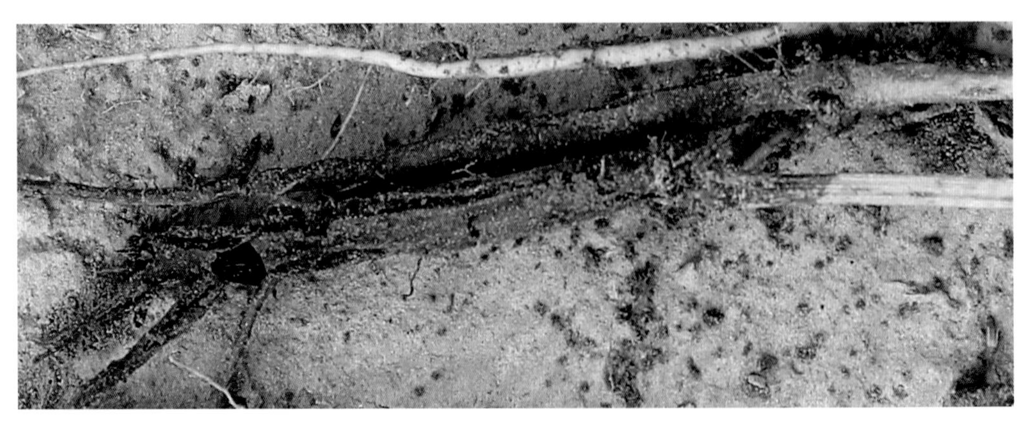

图 23-8 牛膝根腐病

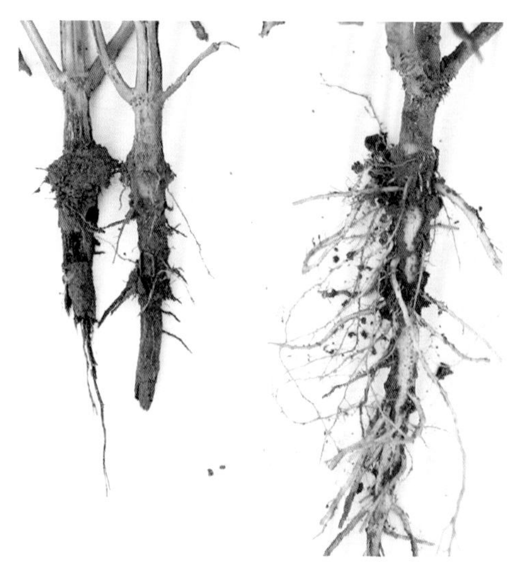

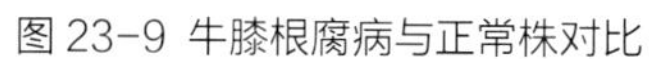

图 23-9 牛膝根腐病与正常株对比

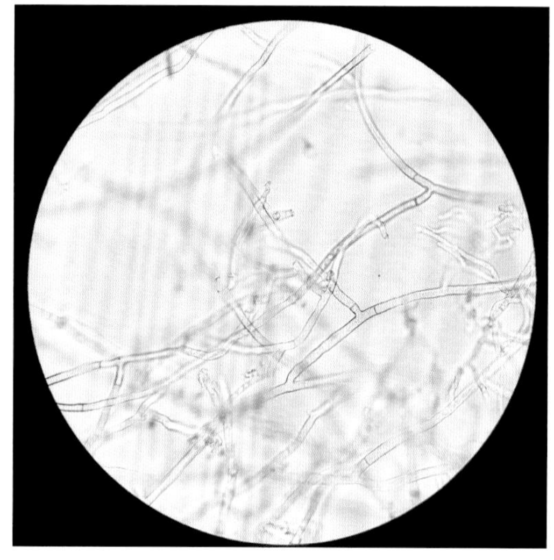

图 23-10 立枯丝核菌

4 牛膝菟丝子病

症状、病原、发病特点、防治方法等参见第九章丹参菟丝子病（图23-11）。

图 23-11 牛膝菟丝子病

5 甜菜夜蛾 *Spodoptera exigua* (Hübner)

形态特征、发生特点、防治方法等参见第十二章枸杞甜菜夜蛾部分（图23-12、图23-13）。

图 23-12 甜菜夜蛾幼虫

图 23-13 甜菜夜蛾幼虫为害状

6 朱砂叶螨 *Tetranychus cinnabarinus* (Boisduval)

朱砂叶螨为蛛形纲蜱螨目叶螨科，形态特征、发生特点、防治方法等参见第七章北沙参朱砂叶螨部分。

7 斜纹夜蛾 *Spodoptera litura* (Fabicius)

斜纹夜蛾为鳞翅目夜蛾科，形态特征、发生特点、防治方法等参见第十章地黄斜纹夜蛾部分（图23-14）。

8 棉铃虫 *Helicoverpa armigera* (Hübner)

形态特征、发生特点、防治方法等参见第三章板蓝根部分（图23-15）。

图 23-14 斜纹夜蛾幼虫

图 23-15 棉铃虫幼虫及为害状

第二十四章

蒲公英病虫害

蒲公英 （图24-1）

Taraxacum mongolicum Hand.-Mazz.

属菊科多年生草本植物，又称黄花郎、奶汁草。以根及全草入药，具清热解毒、消痈散结之功效。我国大部分地区均有分布。蒲公英常见病害有白粉病、斑枯病等。

图 24-1 蒲公英植株

1 蒲公英白粉病

1.1 症状

主要为害叶片。初期在叶面生成稀疏的白粉霉状斑，后粉斑扩展，霉层增大，后期在叶片正面出现小的黑色粒状物，即病原菌的闭囊壳（图24-2）。

图 24-2 蒲公英白粉病

1.2 病原

蒲公英白粉病病原为白粉菌目（Erysiphales），白粉菌科（Erysiphaceae），单丝壳属（*Sphaerotheca*），棕丝单囊壳[*Sphaerotheca fusca*（Fr）Blum.]（图24-3）。

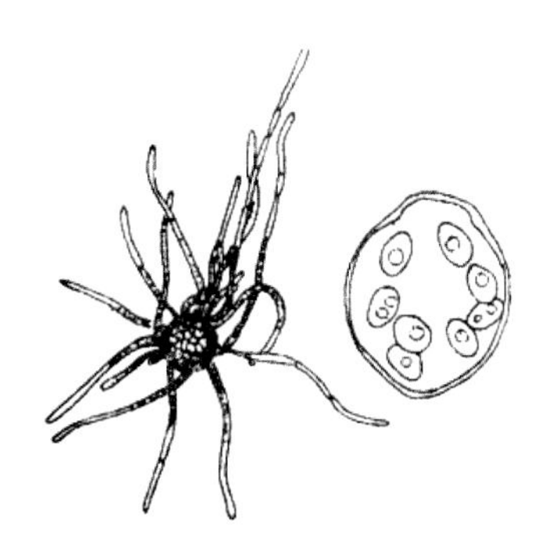

图 24-3 单丝壳属闭囊壳和子囊

1.3 发病特点

病菌以闭囊壳随病残体在土壤中越冬，翌年4～5月释放出子囊孢子，引起初侵染；田间发病后，产生分生孢子，通过气流传播落到健叶上后，孢子萌发，以侵染丝直接侵入蒲公英表皮细胞，并在表皮细胞里形成吸器吸取营养，菌丝匍匐于叶面。只要条件适宜，可引起多次再侵染。晚秋在病部再次形成闭囊壳越冬。

1.4 防治方法

（1）收获后要注意清洁田园，病残体要集中深埋或烧毁。

（2）人工栽培蒲公英时，应合理施肥，避免偏施氮肥，适当增加磷、钾肥，促植株生长健壮，增强抗病能力。

2 蒲公英斑枯病

2.1 症状

为害叶片，病斑近圆形，直径2～5mm，中央淡褐色，边缘浅绿或黑褐色，后期上生许多小黑点，为病原菌的分生孢子器。引起叶片早枯（图24-4）。

2.2 病原

蒲公英斑枯病病原为球壳孢目（Sphaeropsidales），球壳孢科（Sphaeropsidaceae），壳针孢属（*Septoria*），蒲公英生壳针孢（*Septoria taraxacicola* Miura）。

2.3 发病特点

病菌以菌丝体和分生孢子器在病残体上越冬，翌年春天产生分生孢子随风雨传播，引起初侵染，生长季病斑上的分生孢子借风雨传播造成再侵染，严重时病斑汇合，叶片枯死。

2.4 防治方法

（1）因地制宜地选用抗（耐）病品种。

（2）浇水适量，选晴天上午浇水，阴天不浇或少浇；栽植密度适当，保持通风透光。

（3）使用充分腐熟有机肥，增施磷、钾肥。

（4）重病田实行3年以上轮作。

（5）秋后清除田间病株残体并集中烧掉。及时清沟排渍，及时剪除病叶深埋或烧毁。

图 24-4 蒲公英斑枯病

第二十五章

山药病虫害

山药（图25-1、图25-2）

山药为薯蓣科植物薯蓣（*Dioscorea opposita* Thunb.）的干燥根茎，药材名山药，又称怀山药、白山药。山药具有滋养强壮，助消化，敛虚汗，止泻的功效，主治脾虚腹泻、肺虚咳嗽、糖尿病消渴、小便短频、遗精、妇女带下及消化不良的慢性肠炎等。河北、广西、河南等省份是我国主要山药栽培区。山药常见病害有短体线虫病、根结线虫病、茎基腐病、褐斑病、炭疽病、糊头病、病毒病、褐腐病、枯萎病、根腐病等，虫害主要有绿盲蝽、棉铃虫、蓟马、蛴螬等。

图 25-1 山药苗期

图 25-2 山药生长后期

1 山药炭疽病

1.1 症状

为害叶片和藤蔓等，轻则造成叶片提前落叶，重则造成整株枯死。叶片发病，初期自叶面或叶缘处形成暗绿色水渍状下陷的不规则小斑点，后逐渐扩大为褐色至黑色圆形至椭圆形或不规则形大斑；病斑中部为灰褐色或灰白色，不规则同心轮纹上有小黑点，有时轮纹不明显；湿度大时，病斑表面可见粉红色黏状物，即为病菌的分生孢子等。病、健部界限明显，数个病斑常联合为一个大病斑，病部易破裂、穿孔或病叶脱落。叶柄受害，初期为水渍状褐色长形病斑，后期病部黑褐色干缩，叶片脱落。藤蔓受害，初期产生褐色小点，后逐渐扩大形成圆形或棱状不规则形凹陷病斑，中间灰白色，四周黑色，严重时病斑融合在一起，藤蔓干缩，致使全株生长不良或干枯（图25-3和图25-4）。

图 25-3 山药炭疽病叶部为害状

图 25-4 山药炭疽病茎部为害状

1.2 病原

山药炭疽病病原为黑盘孢目（Melanoconiales），黑盘孢科（Melanoconiaceae），盘长孢属（*Gloeosporium*），薯蓣盘长孢菌（*Gloeosporium pestis* Massee）和黑盘孢目（Melanconiales），黑盘孢科（Melanconiaceae），炭疽菌属（*Colletotrichum*），胶孢炭疽菌（*Colletotrichum gloeosporioides* Penz.）两种真菌。有性阶段为子囊菌的小丛壳属（*Glomerella*）。

1.3 发病特点

两种病原菌均以菌丝体和分生孢子盘在病残体、架材上越冬，一般可在田间存活2年以上。以分生孢子进行初侵染和再侵染，借助雨水飞溅、农事操作或昆虫活动传播。病菌为害的适宜温度为25 ~ 30°C，在这个范围内温度越高，潜育期越短，病害蔓延越快。相对湿度在80%以上发病加重。多雨的年份、氮肥施用过多，田间发病重。

1.4 防治方法

（1）实行轮作，加强肥水管理。

（2）更新架材或对旧架材进行药剂处理，防止架材带病菌传播；增加架高，合理密植，改善田间通风透光条件，降低田间湿度，有条件的地块设立排水沟。

（3）山药收获之前，及时清理田间病残株，减少越冬病源。将地上部分藤蔓集中烧毁、深埋或高温堆肥。

2 山药褐斑病

2.1 症状

主要为害叶片，叶面病斑近圆形或椭圆形至不规则形，大小不等，一般2 ~ 21mm；边缘褐色，中部浅灰褐色至灰白色，常有1 ~ 2个黑褐色轮纹圈，有的四周具有黄色至暗褐色水浸状晕圈，湿度大时病斑上生有灰黑色霉层，叶背颜色较浅（图25-5）。

图 25-5 山药褐斑病

2.2 病原

山药褐斑病病原为丝孢目（Hyphomycetales），暗色孢科（Dematiaceae），尾孢属（*Cercospora*），山药大褐斑尾孢霉（*Cercospora dioscoreae* Ellis et Martin）。

2.3 发病特点

病菌以菌丝体和分生孢子在病残体上越冬，翌年春季，温、湿度适宜时，分生孢子借风雨传播，进行初侵染，然后病部产生分生孢子，进行再侵染。病害发生的适宜温度为25～30℃，相对湿度80%，温暖多湿的环境利于发病。山药生长期间阴雨连绵，病害容易流行。一般6月下旬至8月多雾、露水重、雨量多的天气条件发病重；重茬、偏施氮肥、架内封闭、通风透光条件差、空气湿度大的地块发病重。

2.4 防治方法

（1）因地制宜设计畦的走向，适当增加行距，增加架高，避免山药架内郁闭。

（2）降低田间湿度。及时排出田间积水。

（3）山药收获前及时清理田间病残体，集中深埋或烧毁。

3 山药茎基腐病

3.1 症状

发病初期地上部不显示症状，只在土壤表层下1～2cm处的藤蔓基部出现水渍状坏死斑，病斑逐渐扩大，严重绕茎一周，造成藤蔓基部坏死，最终地上部表现枯死；或者发病初期在藤蔓基部形成褐色不规则的斑点，继而斑点扩大形成深褐色的长梭形病斑，病斑中部凹陷，严重时茎蔓的基部干缩，导致藤蔓枯死。病斑的表面常有不明显的淡褐色丝状霉层。块茎发病常在顶芽附近形成褐色不规则形的病斑，若是根系发病，可造成根系死亡（图25-6、图25-7）。

3.2 病原

山药茎基腐病的病原为土传真菌，具体种类不详。

3.3 发病特点

通过土壤、雨水和带病菌肥料传播。6月下旬开始发病，7～8月为盛发期，高温、高湿条件下容易发病，干旱时发病轻，重茬地、多雨季节、田间积水时发病重。

3.4 防治方法

（1）实行轮作，与非寄主作物轮作3年以上。

（2）发现病株立即拔除。收获后及时清理田间枯枝、烂叶等病残体，并带出田外集中销毁。

（3）下雨后及时排涝并进行中耕松土，降低表面土层湿度。

图 25-6　山药茎基腐病病斑

图 25-7　山药茎基腐病

4 山药枯萎病

4.1 症状

俗称死藤病。为害山药藤蔓基部和地下吸收根，影响水分、养分的吸收运输，严重时造成藤蔓枯死。发病初期在藤蔓基部出现梭形湿腐状褐色病斑，随着病斑不断扩展，茎基部整个表皮逐渐腐烂，随后叶片黄化、脱落，藤蔓益缩迅速枯死。发病植株藤基部整个切面变为褐色。发病块茎在皮孔四周产生圆形至不规则的暗褐色病斑，须根和内部组织也变为褐色、干腐（图25-8）。

图 25-8 山药枯萎病地上症状

4.2 病原

山药枯萎病病原是瘤座孢目（Tuberculariales），瘤座孢科（Tuberculariaceae），镰刀菌属（*Fusarium*），尖孢镰刀菌（*Fusarium oxysporum* Schltdl.）。

4.3 发病特点

病菌菌丝体和厚垣孢子可以在土壤中存活多年。土壤中或种薯中的病菌，在条件适宜时可直接侵染刚萌发的幼芽。山药一旦被病菌侵染，很难根治。病原发育的温度范围是13 ~ 35℃，以29 ~ 32℃最为适宜。高温高湿、连作、田间排水不良、土质黏重、氮肥过多和土壤偏酸等都有利于病害的发生。

4.4 防治方法

（1）合理轮作，用酵素菌沤制有机肥。

（2）选择透气性好的砂质壤土进行种植。

（3）种薯处理，选用无病的山药作种薯，入窖前在种薯切口处蘸石灰粉。

5 山药褐腐病

5.1 症状

主要为害山药地下块茎，引起块茎腐烂，一般地上部植株不表现明显症状，或仅在后期显现叶片萎黄生育不良状。地下块茎染病，表现为不规则褐色病斑，呈凹陷，病薯常畸形，病部变软，湿腐。切开块茎可见褐变的部分常较外部病斑大且深，严重时病部周围全部腐烂，发病早的块茎收获时整个薯块成为干腐状（图25-9）。

5.2 病原

山药褐腐病病原是瘤座孢目（Tuberculariales），瘤座孢科（Tuberculariaceae），镰刀菌属（*Fusarium*），腐皮镰刀菌（*Fusarium solani* Sacc.）。

5.3 发病特点

病菌以菌丝体，厚垣孢子或分生孢子在土壤、病残体或种薯、粪肥中越冬。带菌粪肥、种薯和病土是主要初侵染源，病部产生的分生孢子进行再侵染。在田间借雨水、灌溉水、农机具传播，带菌种薯、粪肥可做远距离传播。一般由伤口侵入，在土温20 ~ 24℃，土壤高湿情况下发病重。连作或低洼、排水不良、土质过于黏重，病害加重。

5.4 防治方法

（1）与其他非寄主作物轮作，避免重茬；

（2）收获后将发病株集中烧毁，冬季深翻、晾晒土壤，降低病菌基数。

（3）种薯处理，选用无病种薯，以芦头作种秧时，断面伤口在阴凉处晾晒20 ~ 25天。

（4）地面覆塑料薄膜，利用太阳能消毒土壤。

（5）施用充分腐熟的粪肥。适当灌水，防止土壤过湿、黏重。

（6）收获时彻底收集病残体，及早烧毁或深埋处理。

图 25-9 山药褐腐病

6 山药根腐病

6.1 症状

主要为害山药吸收根和块茎上部须根系，发病初期在吸收根表面形成褐色不规则的斑点，继而扩大成深褐色的长梭形病斑，病斑中部凹陷，最后整条吸收根呈黑色，失去吸收功能，造成根系死亡，地上部叶片发黄（图25-10）。

6.2 病原

山药根腐病病原为无孢目（Agonomycetales），无孢科（Agonomycetaceae），丝核菌属（*Rhizoctonia*），立枯丝核菌（*Rhizoctonia solani* Kuhn）和瘤座孢目（Tuberculariales），瘤座孢科（Tuberculariaceae），镰刀菌属（*Fusarium*）的真菌。

图 25-10 山药根腐病

6.3 发病特点

病原以菌丝体或菌核形式在土壤中或病残体中越冬，可在土壤中存活5～6年，通过土壤、雨水或肥料传播。高温高湿、重茬、地下害虫活动频繁、田间积水时发病重，从山药出苗到9月上中旬均可发病，一般干旱年份发病较轻，田间积水时发病重；新茬地发病轻，重茬地发病重。

6.4 防治方法

（1）种植2～3年山药后，进行6年以上轮作。

（2）使用充分腐熟的有机肥料。

（3）收获后将发病株集中烧毁，降低病菌基数。

（4）防止田间积水，注意挖排水沟，田间积水根系容易感病。

（5）雨后及时中耕松土，中耕要浅，不能伤及山药根系，此时中耕的目的是增加土壤的通透性，有利根系发育。

7 山药病毒病

7.1 症状

引起叶片花叶、褪绿等症状，受病毒侵染的块根活力低，不容易发芽，常年使用带毒种薯可导致山药种质退化。不同种类病毒引起不同症状，造成山药藤蔓生长不良，块茎减产，藤蔓瘦弱，生长缓慢。叶片小，叶缘微波状，有时畸形。叶面显现轻微花叶，叶脉多显示黄带。严重时叶片呈现绿色或淡绿与浓绿相间的斑驳，褪绿、黄化、白化、皱缩、叶面凹凸不平，丛生、侧枝增多，生长中后期，有时会发生一些坏死斑点（图25-11）。

7.2 病原

山药病毒病病原是病毒，目前已报道的山药病毒有很多种，包括日本山药花叶病毒

图 25-11 山药病毒病

（JYMV）、马铃薯Y病毒（PVY）、淮山药X花叶病毒（PYMV）、淮山药温和花叶病毒（YMMV）、马铃薯卷叶病毒（PLRV）等。

7.3 发病特点

病毒可随种薯在贮藏窖内越冬。使用带病的种薯是田间病毒的主要来源。病毒在田间的传播主要是昆虫，如蚜虫、蓟马、灰飞虱等。蚜虫在田间的传毒为非持久性传毒，传毒效率很高。病毒病的远距离传播是通过山药块茎，病害发生轻重与种薯带病率有直接关系，带病率高，种植后田间发病率就高。发病轻重与蚜虫的为害早晚和为害程度有密切的关系。高温干旱有利于病毒病的发生，管理粗放，植株生长不良，发病重。

7.4 防治方法

（1）建立无病繁种田，选留种薯，单收单藏。

（2）适期早栽，使苗期与田间蚜虫盛发期错开，减少蚜虫过早传病。

（3）每隔3～5年用山药豆进行繁种、提纯复壮。

（4）加强肥水管理，促使山药藤蔓生长健壮，提高抗病能力。

（5）彻底铲除田间杂草。及早防治蚜虫等媒介昆虫。

8 山药短体线虫病

8.1 症状

又被称为水疔病。主要为害山药的块茎和根系。初期主要为害山药的种薯和幼根，后期主要为害山药的块茎，造成山药植株的长势弱、块茎小。块茎受害，初期为浅红色小点，后为近圆形或不规则形微凹陷的红褐色病斑，受害薯块易折断，很难整根收获。单个病斑较小，但受害重的块茎病斑密集，互相连接形成大片红褐色斑块，为害严重时块茎腐烂，病斑内部呈褐色海绵状。根系受害，初期表现为水渍状、暗褐色损伤，不久受害处变成褐色缢缩，导致根系的死亡（图25－12～图25－14）。

a

b

图 25－12 山药短体线虫病症状横切面

a

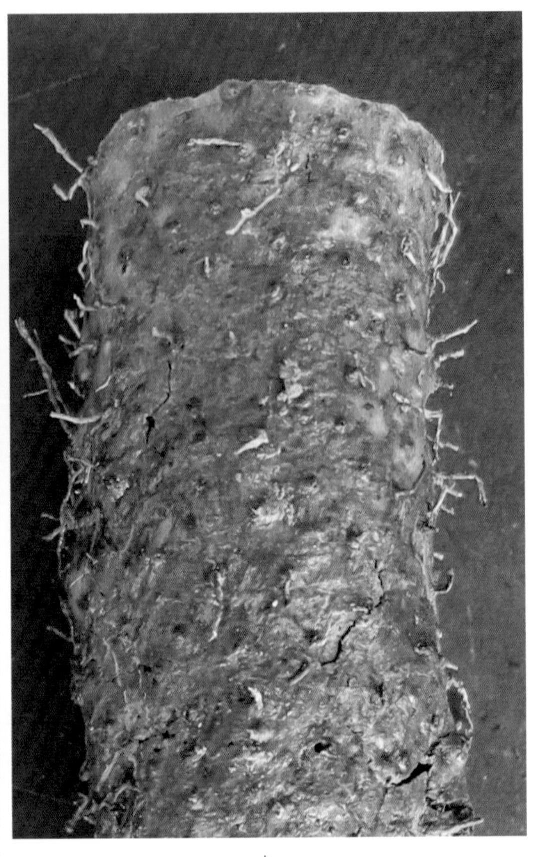

b

图 25-13 山药短体线虫病症状（表皮）

图 25-14 山药短体线虫病患病薯块

8.2 病原

山药短体线虫病病原是垫刃目（Tylenchida），短体科（Pratylenchidae），短体线虫属（*Pratylenchus*），咖啡短体线虫（*Pratylenchus coffeae*）（图25-15～图25-17）。

8.3 发病特点

幼虫和成虫可自由进入寄主组织和土壤，以卵、幼虫在受害山药、吸收根和土壤中越冬。翌年春，随着山药的生长，条件适宜时，越冬线虫开始活动，通过口针穿刺进入块茎和根系组织内进行繁殖。在土壤中的分布，新茬地一般分布在10～20cm的土层内，重茬地主要分布在10～40cm土层内。以病薯、土壤、农事操作等途径传播，远距离的传播主要是带病的种薯。砂土地发生较重，黏土地发生较轻。湿度大，发病重，土壤干旱发病轻。线虫活动的适宜温度为25～28℃，温暖的季节发病重，在8～10℃线虫开始活动，卵15℃以上时开始孵化，最高致死温度为50～55℃（保持此温度10分钟左右可使线虫致死）。连作时病害加重。

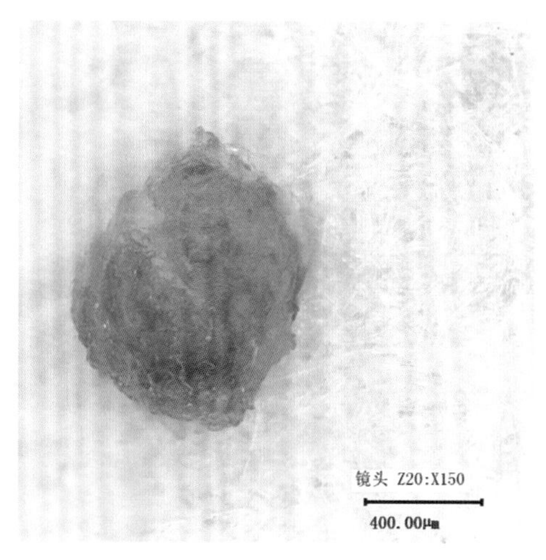

图 25-15 咖啡短体线虫卵

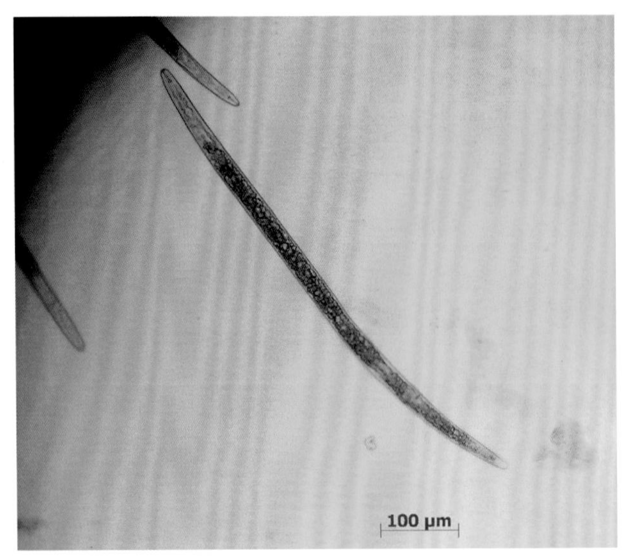

图 25-16 咖啡短体线虫雄虫

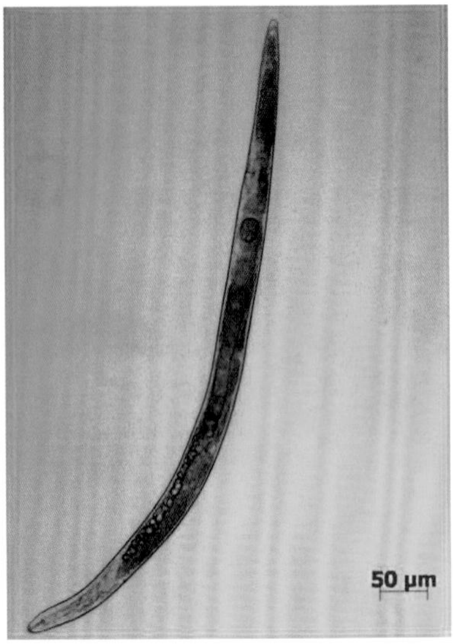

图 25-17 咖啡短体线虫雌虫

8.4 防治方法

（1）选用不带线虫的健康种薯，或者用温汤浸种，即将种薯放置在52～54℃的温水中，浸泡10分钟，并上下搅动2次，使种薯受热均匀，达到杀灭线虫的目的。

（2）增施有机肥，清除田间病残体，提前采收能达到一定的防病效果。

（3）实行合理轮作，将山药与小麦、玉米、花生和棉花等农作物进行5年以上轮作。

9 山药根结线虫病

9.1 症状

主要为害山药的根系和块茎，在块茎的细根上产生米粒大小的根结，解剖镜检病部可见乳白色的成虫和不同龄期的幼虫。发病严重者，地上部表现为植株生长势弱，叶色淡，叶片变小。根结线虫病发病初期，受害块茎表面暗色，无光泽，多数畸形，在块茎表皮线虫侵入点周围肿胀，凸起，形成大小不等直径2～7mm的馒头形瘤状物，小的瘤状物相互愈合、重叠，形成更大的瘤状物。发病轻者，块茎发病部位内部组织的颜色无明显变化，但皮色比正常山药明显偏暗，呈黄褐色，导致品质下降；发病严重者，表皮变成深褐色，内部组织腐烂，呈深褐色，似朽木（图25-18）。

9.2 病原

山药根结线虫病病原有三种，分别是垫刃目（Tylenchida），异皮科（Heteroderidae），根结线虫属（*Meloidogyne*）的花生根结线虫（*Meloidogyne arenaria*）、南方根结线虫[*Meloidogyne incongnita*（KofoldWhite）Chitwood]（图25-19、图25-20）和爪哇根结线

a

b

图 25-18 山药根结线虫病症状

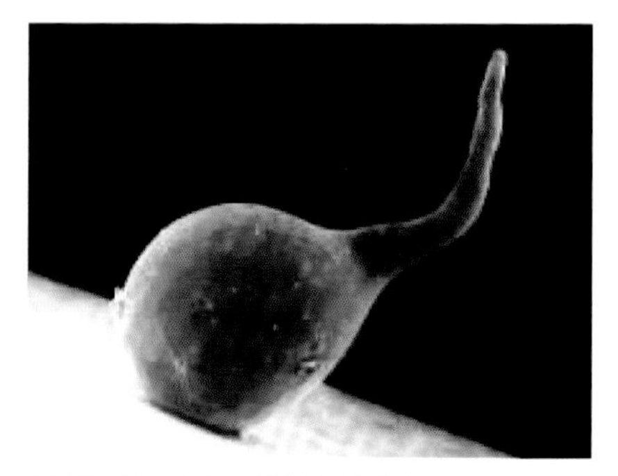

图 25-19 南方根结线虫雌成虫

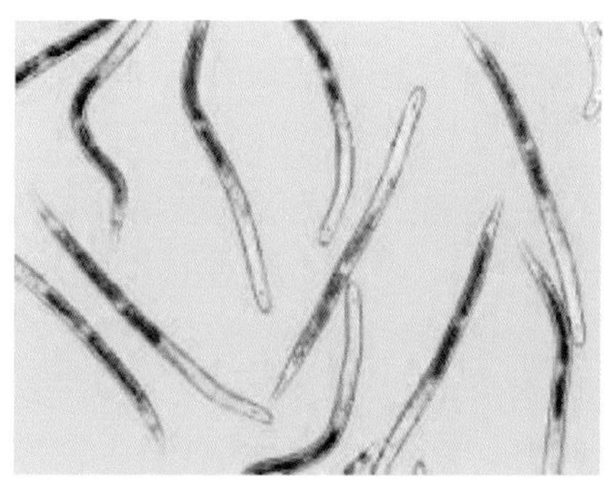

图 25-20 南方根结线虫幼虫

虫（*Meloidogyne javanica*）。

9.3 发病特点

线虫以卵及低龄幼虫在山药留种块茎上及病组织中越冬。翌年春天环境条件适宜时越冬卵开始孵化，主要以二龄幼虫在土壤中蠕动传播扩散，以穿刺的形式进入山药幼嫩的块茎和根尖，进行繁殖。主要分布在5～20cm的土层中。通过病薯、土壤、灌溉和农事操作等途径传播，远距离的传播主要是通过带病山药种薯。发病程度与土壤温度和湿度、土壤质地等有密切关系。北方一般在6月上旬至9月上旬发生为害，土壤含水量在16%～20%，对线虫的发生较为有利，夏季发病较重，砂土、壤土发病较重，黏土发病较轻。

9.4 防治方法

见山药短体线虫病。

10 山药糊头病

10.1 症状

只为害地下块茎生长点，地上部不表现症状，对单株产量影响极大。染病块茎初期生长点表面产生许多褐色小点，扩大后变成褐色不规则形斑，进一步发展使山药表皮细胞木栓化坏死，形成开裂状花纹，并同时形成大小不等的瘤状突起。侵染部位大都是从地下块茎的生长点向上发展，颜色为黑褐色。发病块茎表皮僵硬，生长点大都坏死，块茎不能向纵深生长，但可以不断横向生长加粗，生长缓慢（图25−21、图25−22）。

10.2 病原

病因不详。

10.3 发病特点

山药糊头病仅发生在我国北方的碱性土壤地区。在田间成点片状零星分布。重茬地、常年使用未腐熟鸡粪的地块发病率逐年加重。果树地改种山药时糊头病发生严重，蔬菜大棚改种山药糊头病的发病率明显高于大田作物。碱性大的地块糊头病发病率显著提高。未种植过麻山药河滩地糊头病发生与土壤类型有关，不分层土壤基本不发病，分层并且土壤中夹有白沙的土壤糊头病发生概率很高。目前认为山药糊头病是一种生理性病害，发病原因主要是山药生长点遇到土壤火沙层或遇到碱性较强的未腐熟鸡粪，将生长点烧死，致使山药不能继续伸长或伸长极其缓慢。常年使用未腐熟鸡粪使土壤碱性增强，糊头病发生重（图25−21、图25−22）。

10.4 防治方法

使用完全腐熟牛羊粪或玉米、小麦等粉碎腐熟秸秆，或每亩使用100～150kg碳胺，逐年改良土壤，使糊头病逐年减轻。

a

b

图 25-21 山药糊头病

图 25-22 山药糊头病与正常山药对比

11 棉铃虫 *Helicoverpa armigera* (Hübner)

为害特征：以幼虫为害山药的嫩叶，造成叶片缺刻，严重时将整片叶片吃光（图25-23、图25-24）。

形态特征、发生特点、防治方法等参见第三章板蓝根棉铃虫部分。

图 25-23 棉铃虫幼虫

12 绿盲蝽 *Apolygus lucorum* (Meyer-Dür.)

绿盲蝽属半翅目，盲蝽科。别名花叶虫、小臭虫等。

12.1 形态特征

（1）成虫　体长约5mm，宽2.5mm，体绿色。头部三角形，复眼黑色突出，无单眼。触角4节丝状，约为体长2/3，第2节长等于3、4节之和，基部两节绿色，端部两节褐色。喙4节，端节黑色。前胸背板布满浅色小刻点，前缘与头部相连部分有1条领状脊。小盾片黄绿色，中央具1浅纵纹。前翅革片绿色，膜片半透明。足绿色，胫节具黑色小刺，跗节3节，端部黑色（图25-25）。

（2）卵　长约1.4mm，黄绿色，长口袋形，中部稍弯曲，卵盖黄色。

（3）若虫　共5龄。末龄若虫体长约5mm，绿色，被稀疏褐色短毛。触角4节，淡黄色，端部颜色渐深。足黄绿色，跗节端部及爪黑褐色。腹部10节，臭腺开口于腹部第3节背中央后缘，横缝状，周围黑色（图25-26）。

图 25-24 棉铃虫幼虫及为害状

图 25-25 绿盲蝽成虫

12.2 寄主范围

寄主植物有38科150种，包括果树、蔬菜、大田作物、花卉类等，以及药用植物山药、金银花、牛膝等。

12.3 为害特征

以成、若虫刺吸植物顶芽、嫩叶的汁液，被害叶初期出现细小黑褐色坏死斑点，严重时叶片扭曲皱缩，叶长大后形成无数孔洞、裂痕，俗称“破叶疯”。新梢生长点被害呈黑褐色坏死斑（图25-27）。

12.4 发生特点

绿盲蝽在河北1年发生5代。以卵在杂草、残株及浅层土壤中越冬。翌年3月份平均气温10℃以上、相对湿度70%左右时，越冬卵开始孵化。若虫行动迅速，多隐藏于嫩芽处，受到强烈振动后可掉地并迅速逃匿。成虫喜阴湿，有趋光性，早晨和傍晚比较活跃，飞翔能力较强。成虫多在晚上羽化，卵多产在作物的幼嫩组织中。6～7月雨水多，湿度大，枝叶茂密，为害严重。在干旱年份发生较轻。

图 25-26 绿盲蝽若虫

12.5 防治方法

12.5.1 农业防治

（1）春季及时清洁田园，去除田边、路埂杂草，切断食物来源，减少早春虫口基数。

（2）搞好管理，改善架面通风透光条件；多施磷、钾肥料，控制氮肥用量，防止山药徒长，减轻盲蝽的为害。

a

b

图 25-27 绿盲蝽为害状（初期、后期）

12.5.2 物理防治

（1）色板诱集 绿盲蝽对蓝色、青色、绿色粘虫板具有强烈的趋性，可用诱虫板诱集，30cm ×40cm诱虫板，板与板之间的悬挂间距为5 ~ 7m。

（2）灯光诱杀 绿盲蝽成虫具趋光性，利用频振式杀虫灯或黑光灯进行诱杀。

12.5.3 生物防治

绿盲蝽的天敌主要有草蛉、小花蝽、姬猎蝽、黑卵蜂、龟纹瓢虫、异色瓢虫、T-纹豹蛛、三突花蛛、草间小黑蛛等，对天敌要加以保护利用。

13 蓟马类

蓟马为缨翅目昆虫总称，为害山药的蓟马种类不详，有待鉴定。

13.1 形态特征（缨翅目）

体微小，体长0.5 ~ 2mm，黑色、褐色或黄色；口器锉吸式，能锉破植物表皮而吮吸其汁液；触角6 ~ 9节，线状，略呈念珠状；翅狭长，边缘有长而整齐的缨状缘毛，缨翅目由此而得名。翅脉最多有2条纵脉；足的末端有泡状的中垫，爪退化；雌性腹部末端圆锥形，腹面有锯齿状产卵器，或呈圆柱形，无产卵器（图25-28）。

13.2 寄主范围

寄主范围不详。

13.3 为害特征

以成、若虫刺吸植物顶芽、嫩叶的汁液，被害的嫩叶、嫩梢变硬、卷曲或枯萎，植株生长缓慢。蓟马不仅直接为害植物，有些还可以传播病毒病，造成的经济损失远远大于其直接造成的损失（图25-29、图25-30）。

13.4 发生特点

发生特点不详。

黑色

黄色

图25-28 蓟马

图 25-29 蓟马取食为害

图 25-30 蓟马为害状

13.5 防治方法

13.5.1 农业防治

早春清除田间杂草和枯枝残叶，集中烧毁或深埋，减少越冬虫源。加强肥水管理，促使植株生长健壮，减轻为害。

13.5.2 物理防治

利用蓟马趋蓝色的习性，在田间设置蓝色粘板，诱杀成虫。

13.5.3 生物防治

瓢虫类、草蛉类和花蝽类是蓟马的主要天敌昆虫，如东亚小花蝽的成虫和若虫对蓟马有很好的控制作用，对天敌要加以保护利用。

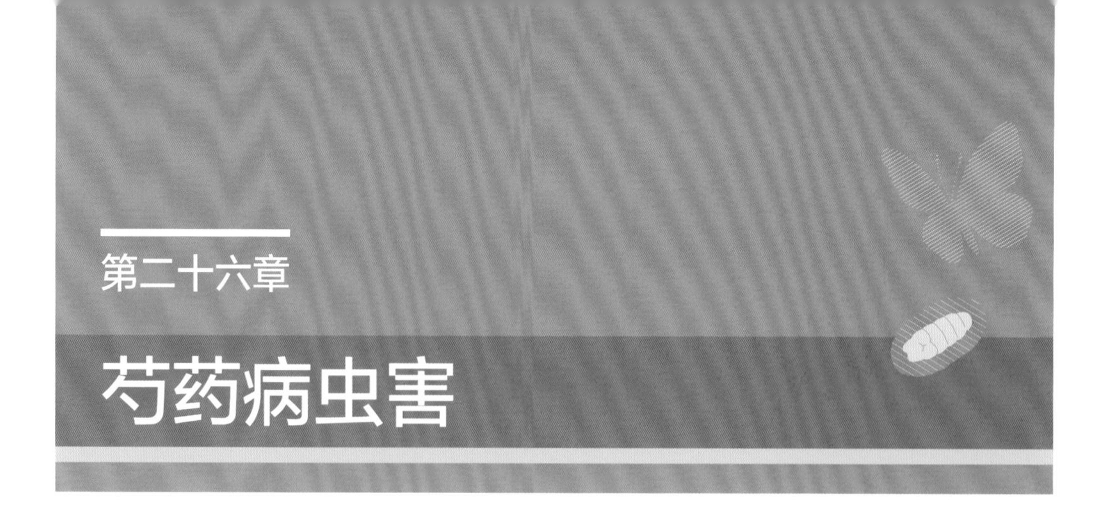

第二十六章 芍药病虫害

芍药（图26-1、图26-2）

Paeonia lactiflora Pall.

别名将离、犁食、离草、婪尾春等，属毛茛科芍药属多年生草本植物。以根入药，芍药的根含有芍药苷和安息香酸，用途因种而异。据加工方式不同，分为白芍和赤芍。它具有镇痉、镇痛、通经作用。对妇女的腹痛、胃痉挛、眩晕、痛风、利尿等病症有效。辽宁、山东、河北、江苏、浙江、安徽、陕西、四川及北京地区为芍药主要产区。芍药常见病害有白粉病、叶斑病、炭疽病等，虫害主要有蚜虫类、叶螨类、蝼蛄类、小地老虎、蛴螬类、金针虫等。

图 26-1 芍药苗期

图 26-2 芍药花期

1 芍药白粉病

1.1 症状

发病初期叶片两面均可产生近圆形的白色小粉斑，后逐渐扩大连成片，形成边缘不明显的白粉斑，至布满整叶。后期叶片两面及叶柄、茎秆、果实上都可受害，产生有污白色霉斑，并散生黑色小粒点，为病原菌有性世代的闭囊壳（图26-3～图26-5）。

1.2 病原

芍药白粉病病原是白粉菌目（Erysiphales），白粉菌科（Erysiphaceae），白粉菌属（*Erysiphe*），芍药白粉菌（*Erysiphe paeoniae* Zheng&Chen）。

1.3 发病特点

病菌主要以菌丝体在田间病株或以闭囊壳在病残体上越冬。初侵染产生的分生孢子通过气流传播，可频繁再侵染。一般在6月初，气温20℃以上为初发期，随着气温的升高，7、8月为盛发期。液态水存在不利于发病，氮肥过多、枝叶生长过密、通风透光不良等，利于发病。

1.4 防治方法

（1）秋末及时将地上部分剪除并清理烧毁，花后及时疏枝，剪除残花，发病较轻时及时摘除病叶并烧毁，保持田园卫生。

（2）选用抗（耐）病品种。

图 26-3 芍药白粉病果实症状

图 26-4 芍药白粉病发病初期

叶背面

叶正面

图 26-5 芍药白粉病发病后期

（3）与非寄主作物轮作2～3年，以减少菌源。

（4）田间不宜栽植过密，注意通风透光。适时灌溉，雨后及时排水，防止湿气滞留。

（5）增施磷、钾肥，提高植株抗病力。

2 芍药炭疽病

2.1 症状

为害叶片为主，叶柄及茎均可受害。叶片病斑初为长圆形，后扩大成黑褐色不规则的大型病斑，表面略下陷。湿度大时病斑表面出现粉红色黏稠孢子堆，严重时病叶下垂。茎部发病与叶片相似，严重时会引起倒伏（图26-6）。

图 26-6 芍药炭疽病

2.2 病原

芍药炭疽病病原是黑盘孢目（Melanoconiales），黑盘孢科（Melanoconiaceae），盘长孢属（*Gloeosporium*）的真菌。有性阶段为子囊菌的小丛壳属（*Glomerella*）。

2.3 发生特点

病菌以菌丝体在病株或病残体上越冬，翌年产生分生孢子随风雨传播，从伤口侵入寄主进行为害，具有多次再侵染。一般在8～9月，高温多雨时发病严重。

2.4 防治方法

（1）病害流行期及时摘除发病组织，秋冬季节彻底清除病残体，减少病菌数量及来源。

（2）选用抗（耐）病品种。

（3）与非寄主作物轮作2～3年，以减少菌源。

（4）田间不宜栽植过密，注意通风透光。适时灌溉，雨后及时排水，防止湿气滞留。

（5）增施磷、钾肥，提高植株抗病力。

3 芍药叶斑病

3.1 症状

受害叶片出现黑褐色小斑点，逐渐扩大呈轮纹状，以致叶片枯萎。病斑叶两面生，叶面病斑暗褐色，边缘近黑褐色，生黑色霉层，周围有黑色晕状。叶背病斑暗褐色，具不明显轮纹，有轻微黑色霉层（图26-7）。

图 26-7 芍药叶斑病

3.2 病原

芍药叶斑病病原是丝孢目（Hyphomycetales），暗色孢科（Dematiaceae），链格孢属（*Alternaria*），链格孢[*Alternaria alternate*（Fr.）Kiessl.]（图26-8）。

3.3 发生特点

病菌在地面病残叶上越冬。翌年产生分生孢子引起初侵染，分生孢子靠风雨淋溅传播，引起再侵染。多发生在6～9月间。

3.4 防治方法

（1）因地制宜地选用抗（耐）病品种。

（2）栽植密度适当，保持通风透光。

（3）使用充分腐熟有机肥，增施磷、钾肥。

（4）重病田实行3年以上轮作。

（5）彻底消除田间病株残体，及时剪除病叶深埋或烧毁。

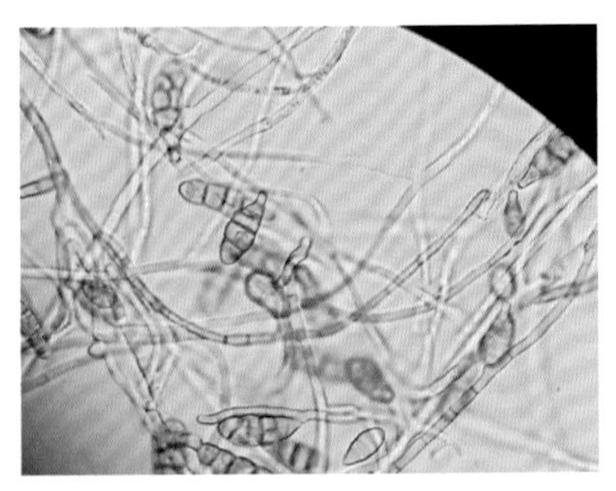

图 26-8 链格孢

4 朱砂叶螨 *Tetranychus cinnabarinus* (Boisduval)

形态特征、发生特点、防治方法等参见第七章北沙参朱砂叶螨部分。

5 蚜虫类

据文献报道为害芍药的蚜虫主要为棉蚜*Aphis gossypii* Glover，属同翅目，蚜科。俗称腻虫，又名瓜蚜（图26-9、图26-10）。

a

b

图 26-9 有翅型蚜

5.1 形态特征

参见第十三章栝楼蚜虫部分。

5.2 寄主范围

寄主植物达74科285余种，除为害棉花、瓜类、花椒、木槿外，还可为害夏至草、紫花地丁、苦荬菜、芍药、益母草等药用植物。

图 26-10 无翅型蚜

5.3 为害特征

以成蚜或若蚜群集在寄主植物嫩叶背面和嫩茎上刺吸汁液，导致叶片卷曲皱缩、变黄、甚至全株枯萎死亡。蚜虫为害的同时排泄蜜露（油腻），使为害部位形成油亮状，并往往滋生霉菌，阻碍光合作。

5.4 发生特点

参见第十三章栝楼蚜虫部分。

5.5 防治方法

参见第十三章栝楼蚜虫部分。

第二十七章 射干病虫害

射干 （图27-1、图27-2）

Belamcanda chinensis (L.) DC.

鸢尾科多年生草本植物，以干燥根茎入药。其味苦，性寒。有清热解毒，消痰，利咽之功效。在我国种植范围广，吉林、辽宁、河北、山西、山东等多地均有分布。射干常见病害有锈病、叶枯病等，虫害主要有叶蜂、棉铃虫、苹斑芫菁、蛴螬类、地老虎等。

图 27-1 射干苗期

图 27-2 射干花期

1 射干锈病

1.1 症状

全生育期病害，以叶片受害为主，花托、茎部也可侵染。苗期叶片上夏孢子堆黄色、多层轮状，成株期叶片上夏孢子堆为鲜黄色、椭圆形，排列成行，叶背夏孢子堆橙黄色，突破表皮，聚集成大斑，后期产生暗褐色冬孢子堆。受害叶片易老化、干枯，严重影响光合作用，造成减产（图27-3）。

1.2 病原

射干锈病病原为锈菌目（Uredinales），柄锈菌科（Pucciniaceae），柄锈菌属（*Puccinia*），鸢尾柄锈菌［*Puccinia iridis* (DC.) Wallr.］（图27-4）。

1.3 发病特点

一般5月中下旬叶片开始发病，早期发生为害较轻，秋季严重。以冬孢子在病叶上越冬。夏孢子以气流传播为主，雨水飞溅也可传播。锈病发生与湿度密切相关，多雨、大雾天气，田间湿度大，易造成锈病发生。

1.4 防治技术

（1）及时清理病残体，搞好田园卫生。

（2）改变耕作制度，轮作倒茬。

图 27-3 射干锈病

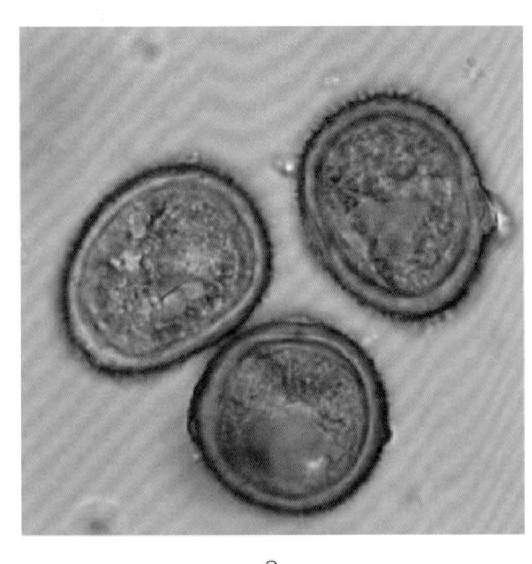
a

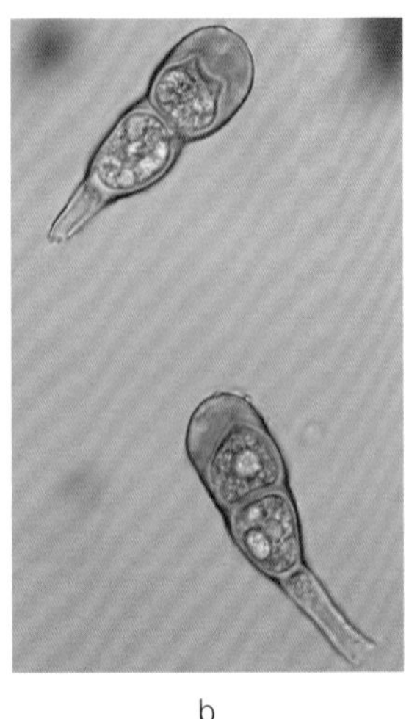
b

图 27-4 鸢尾柄锈菌

（3）合理水肥，严禁高温期大水漫灌、久旱猛灌；起垄栽培，及时排水；有机肥要充分腐熟，适当追肥。

2 射干叶枯病

2.1 症状

主要为害叶片，严重时花和花梗也会受害。初期叶尖形成褪绿病斑，呈扇面状扩展，病斑黄褐色干枯，潮湿条件下出现灰褐色霉斑（图27-5）。

2.2 病原

射干叶枯病病原有报道为丝孢目（Hyphomycetales），暗色孢科（Dematiaceae），链格孢属（*Alternaria*）。也有报道认为该病害为复合侵染，病原包括链格孢（*Alternaria alternata*）、盘多毛孢菌（*Pestalotia ginkgo*）和围小丛壳菌（*Glomerella cingulata*）。

2.3 发病特点

一般6～7月开始发生，8月上旬至9月上旬发病严重，病原菌随病残体在土壤中越冬，通过风、雨及水流传播，可多次再侵染，高温、通风不畅条件下发病严重。

2.4 防治方法

（1）清除病残体，减少越冬菌源。在收获时，将田间的病残叶进行清理烧毁，减少越冬菌源，以减少来年的初侵染源。

（2）实行3年以上的轮作倒茬，坚决杜绝重茬。

（3）培育壮苗和无菌苗。

（4）实行配方施肥，避免偏施氮肥，促进植株生长健壮，提高抗病力。

（5）发病初期可摘除病叶，减少菌源。

图 27-5 射干叶枯病

3 棉铃虫 *Helicoverpa armigera* (Hübner)

棉铃虫属鳞翅目，夜蛾科。形态特征（图24-6）、发生特点、防治方法参见第三章板蓝根棉铃虫部分。

3.1 寄主范围

寄主范围广泛，除棉花外，还为害小麦、玉米、高粱、大豆、豌豆、射干、金莲花、苜蓿、芝麻、番茄、向日葵等20多科200余种寄主，调查发现以禾本科、豆科、菊科、葫芦科、十字花科、锦葵科、百合科、旋花科、藜科种类居多。

3.2 为害特征

以幼虫为害射干种子，造成空壳，影响种子产量（图27-7、图27-8）。

图 27-6 棉铃虫幼虫

图 27-7 棉铃虫蛀果为害

图 27-8 棉铃虫为害状

4 苹斑芫菁 *Mylabris calida* Pallas

苹斑芫菁属鞘翅目，芫菁科。其形态特征、发生特点、防治方法等参见第十五章黄芩苹斑芫菁部分。

为害特征：成虫喜食寄主叶片，尤喜新梢，将叶片为害成缺刻状，严重时可将叶片和新梢吃光。此外还取食花器，影响种子产量和品质（图27-9、图27-10）。

图 27-9 苹斑芫菁为害花蕾

图 27-10 苹斑芫菁为害花

5 叶蜂

属膜翅目叶蜂科，种类不详，尚需鉴定。

5.1 形态特征

幼虫体绿色，腹足8对，单眼1对（图27-11）。

5.2 寄主范围

寄主范围不详。

5.3 为害特征

以幼虫为害射干叶片（图27-12）。

5.4 防治方法

根据幼虫喜群居的习性，在农事操作时，可人工直接捕杀。

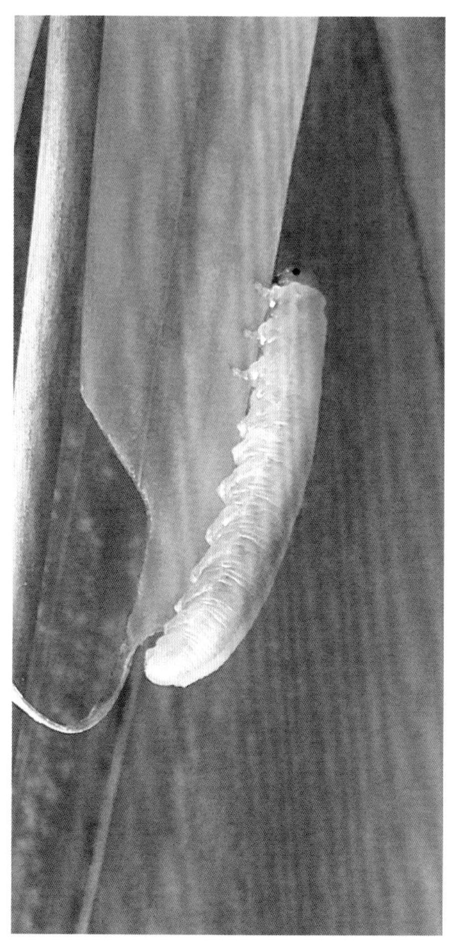

图 27-11 叶蜂幼虫

图 27-12 叶蜂幼虫及为害状

第二十八章

太子参病虫害

太子参（图28-1、图28-2）

太子参为石竹科植物孩儿参*Pseudostellaria heterophylla*（Miq.）Pax ex Pax et Hoffm.的干燥块根。分布于辽宁、内蒙古、河北、陕西、山东、江苏、安徽、浙江、江西、河南、湖北、湖南、四川等地。具有益气健脾，生津润肺之功效。常用于脾虚体倦，食欲不振，病后虚弱，气阴不足，自汗口渴，肺燥干咳。太子参常见病害有病毒病、根腐病、黑斑病。

图 28-1 太子参植株

图 28-2 大田太子参

1 太子参黑斑病

1.1 症状

主要为害叶片，从叶尖或叶边缘开始发病，形成大片的椭圆形枯死斑，病斑周围黄褐色褪绿圈，病斑上黑褐色霉层，上面密生小黑点。严重时病斑布满全叶，叶片枯死。（图28-3、图28-4）。

1.2 病原

太子参黑斑病病原为丝孢目（Hyphomycetales），暗色孢科（Dematiaceae），链格孢属（*Alternaria*）的真菌（图28-5）。

1.3 发病特点

病菌在根茎残桩和地面病残叶上越冬。翌年产生分生孢子引起初侵染，分生孢子靠风雨淋溅传播，引起再侵染。前期植株生长若健壮，黑斑病发病晚、发病轻。因此生产上加强出苗后的前期管理，形成好的苗架，可降低黑斑病的为害。进入 5 月中下旬，太子参生长进入中后期，块根开始膨大，此时植株地上部分的生长势减弱，黑斑病菌等各种病原菌易侵染，病害加重。

图 28-3 太子参黑斑病

图 28-4 太子参黑斑病田间为害状

1.4 防治方法

（1）太子参生产必须加强前期的管理，在块根膨大期前，培育出好的苗架。

（2）与早稻、小麦等禾本科作物轮作是减轻病情的有效手段。

（3）应用良种，建立专门的良种繁育田或繁育基地，同时做好种根消毒工作。

（4）种植地应排水良好，最好选择高畦种植。施肥原则以有机肥为主，化肥为辅，基肥应足，追肥应早，后期注意控制氮肥施用。合理密植，一般亩植2万～2.2万株为宜。

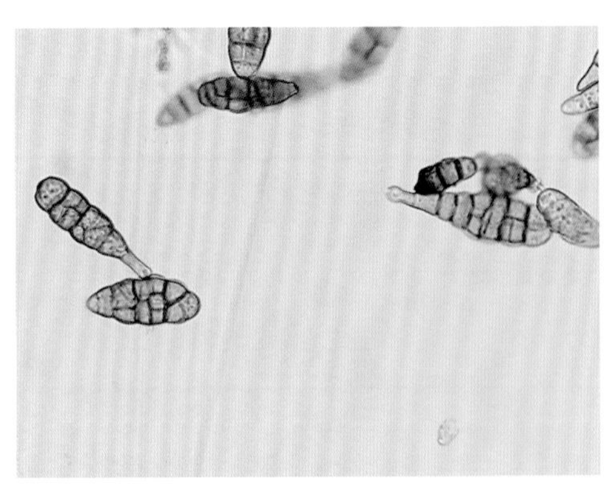

图 28-5 链格孢属

（5）彻底消除田间病株残体。及时剪除病叶深埋或烧毁。

2 太子参根腐病

2.1 症状

植株发病初期叶片发黄，部分枝叶枯死，个别须根变褐、腐烂，外表皮呈黑色，逐渐扩展至整个根部腐烂，腐烂的根上产生白色菌丝及孢子。地上茎叶自下而上枯萎，最终全株枯死（图28-6、图28-7）。

2.2 病原

太子参根腐病病原为瘤座孢目（Tuberculariales），瘤座孢科（Tuberculariaceae），镰刀菌属（*Fusarium*），尖孢镰刀菌（*Fusarium oxysporum* Schltdl.）（图28-8），以及无孢目（Agonomycetales），无孢科（Agonomycetaceae），丝核菌属（*Rhizoctonia*），立枯丝核菌（*Rhizoctonia solani Kuhn*）（图28-9）。

2.3 发病特点

病原菌在土壤中越冬，或通过块根带病菌传播。病菌可从伤口侵入或直接侵入。在

a

b

图 28-6 太子参根腐病病根

图 28-7 太子参根腐病植株与正常植株对比

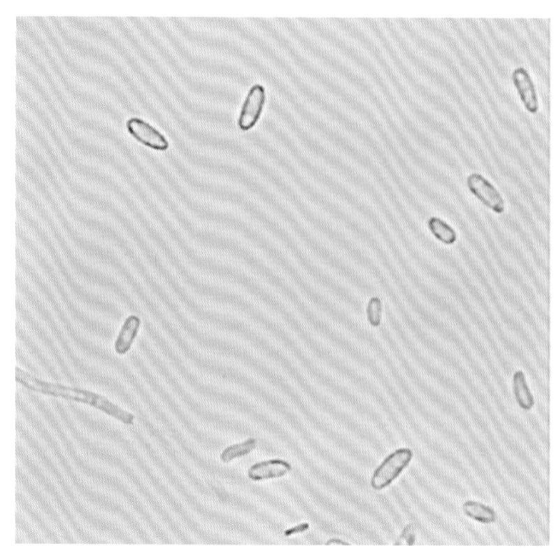
图 28-8 太子参根腐病镰刀菌孢子

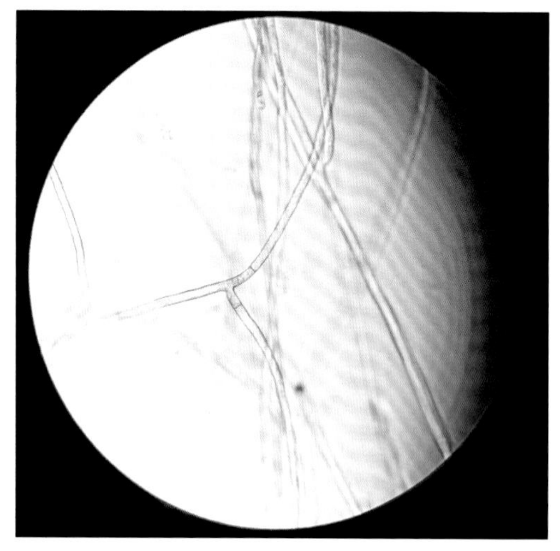
图 28-9 太子参根腐病立枯丝核菌菌丝

太子参块根移栽后夏季发病重，为害大。5 月初开始发病，5 月中旬至 8 月上旬发病重，根腐病的发生与地下害虫（蛴螬、蝼蛄、金针虫、地老虎等）及线虫为害有关。土壤湿度大、雨水过多等情况发病严重。

2.4 防治方法

（1）轮作、整地。太子参忌连作，与玉米、高粱、水稻等禾本科作物实行6年以上轮作，不宜与白术、玄参、党参、桔梗、何首乌、花生、茄科及其他菊科作物等连作。

（2）种前提早深翻土壤。

（3）增施优质农家肥和磷钾复合肥、微生物肥。

（4）移栽前土壤消毒，对于土壤酸性较重的田块，可用生石灰进行改良。种根消毒。

（5）大田期及时中耕除草，有效防治地下害虫，以减轻害虫对太子参块根的为害，减轻病害的发生。及时采收，收获后及时清理田间枯枝、烂叶等病残体，并带出田外集中销毁，减少来年病菌初侵染来源。

3 太子参病毒病

3.1 症状

太子参病毒病又称花叶病，病叶常表现为花叶、斑驳、皱缩、扭曲、畸形、叶缘卷曲、叶质脆硬，病株矮小、块根小且根数明显减少，严重者整株死亡（图28-10）。

3.2 病原

太子参病毒病可由多种病毒引起，已报道的有烟草花叶病毒（TMV）、芜菁花叶病毒（TuMV）、黄瓜花叶病毒（CMV）、马铃薯Y病毒（PVY）等，均能引起太子参病毒病。

a

b

图 28-10 太子参病毒病

3.3 发病特点

以病毒粒体在病株块根中越冬。带毒的种苗和土壤是翌年发病的初侵染源。病毒能靠汁液摩擦传毒和蚜虫等虫媒传毒，3月开始发病，逐渐扩展蔓延，到5月上旬发病达到高峰。病株率30%～40%，重病田块达60%～90%，平均产量损失可达20%，严重者甚至绝收。

3.4 防治方法

（1）留种地选择新开垦或前一年未种植太子参的地块，并要求排水良好、土壤疏松。选择无毒种子种植，或选择品种纯度高、植株健壮、长势整齐、无毒植株作为种参。

（2）实行轮作　推行太子参与禾本科作物（如水稻）轮作，有条件的地方，应选择新开垦地进行种植。选择排灌方便、地势较高、土质疏松肥沃、富含腐殖质的砂土或壤土地种植。

（3）选用充分腐熟的有机肥，或草木灰，或钙、镁、磷及优质的氮、磷、钾复合肥作基肥。

（4）合理密植。通风透光，增强植株抗病能力，提高产量。通过防虫网、粘虫板等措施，治虫防病，进行蚜虫的早期防治。

4 太子参菟丝子病

症状、病原、防治方法等参见第九章丹参菟丝子（图28-11）。

图28-11 太子参菟丝子

第二十九章 王不留行病虫害

王不留行 （图29-1、图29-2）

王不留行为石竹科植物麦蓝菜*Vaccaria segetalis* (Neck.) Garcke的干燥种子，具有活血通经，消肿止痛，催生下乳的功能。主治月经不调，乳汁缺乏，难产，痈肿疔毒等症，是临床常用下乳药。广泛分布于我国的东北、华北、华东、西北及西南各地，主产于河北、山东、辽宁、黑龙江等地，以河北省产量最大。在陕西省低山、麦田内或农田附近生长，为常见的杂草。王不留行常见病害有黑斑病等，虫害主要有棉小造桥虫、大青叶蝉等。

图 29-1 王不留行苗期

图 29-2 王不留行花期

1 王不留行黑斑病

1.1 症状

从叶尖或叶缘先发病，使叶尖或叶缘褪绿，呈黄褐色，并逐渐向叶基部扩散，后期病斑为灰褐色或白灰色。湿度大时，病斑上产生黑色霉状物（图29-3～图29-5）。

1.2 病原

王不留行黑斑病病原为丝孢目（Hyphomycetales），暗色孢科（Dematiaceae)，链格孢属（*Alternaria*），瞿麦链格孢（*Alternaria dianthi*）（图29-6）。

1.3 发生特点

王不留行喜光，耐旱，耐寒，对土壤要求不严，一般在4月上旬开始发病，4月中下旬湿度大时发病严重。

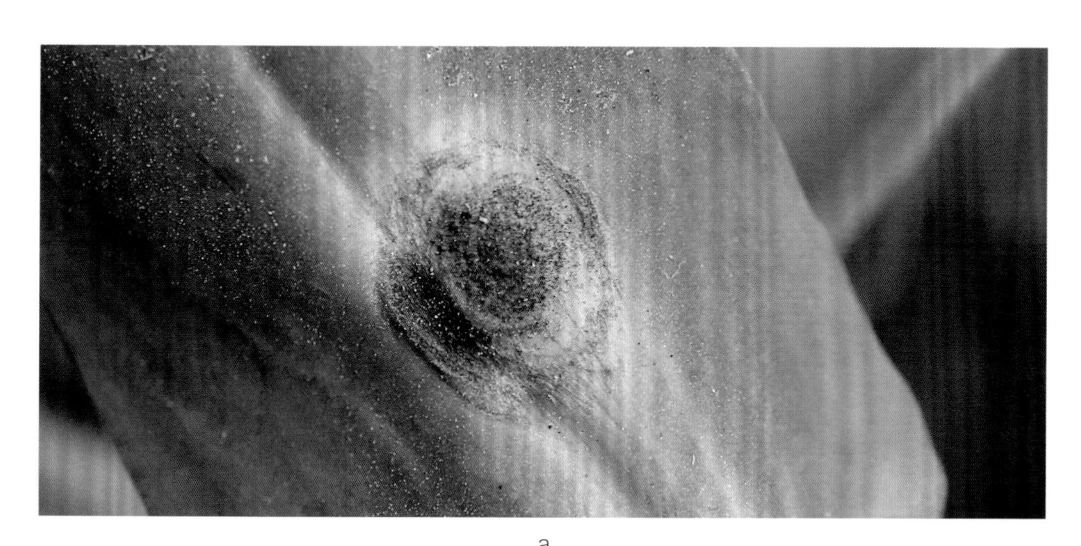

a

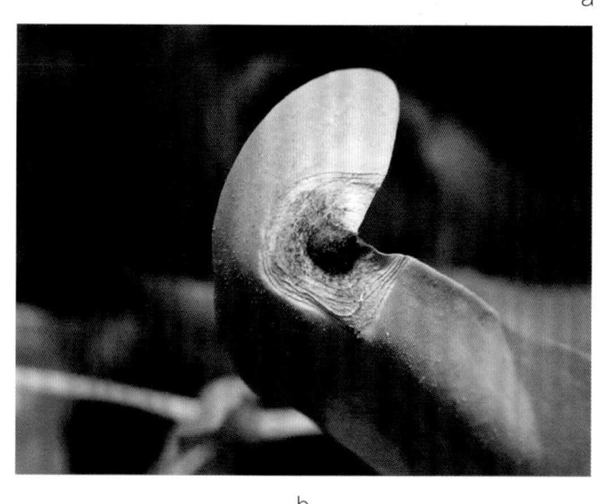

b

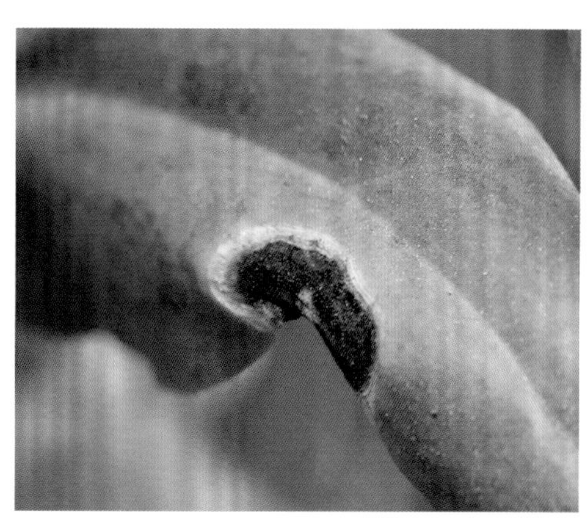

c

图 29-3 王不留行黑斑病叶部症状

图 29-4 王不留行黑斑病茎部症状

图 29-5 王不留行黑斑病花部症状

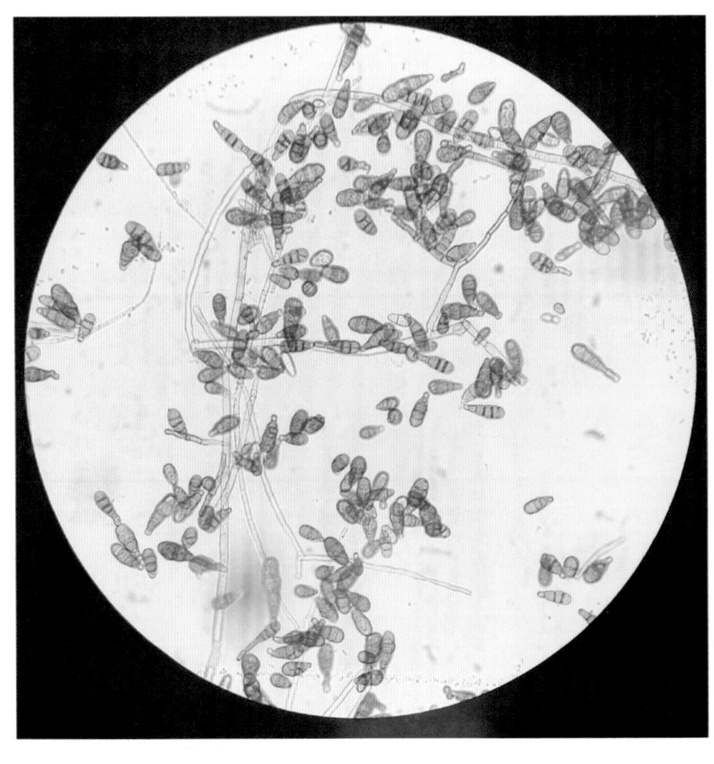

图 29-6 链格孢

1.4 防治方法

（1）培育、选择抗病品种。

（2）按配方施肥要求，充分施足基肥，适时追肥。

（3）及时中耕除草，禁止大水漫灌。

2 大青叶蝉 *Tettigella viridis* (L.)

大青叶蝉属同翅目，叶蝉科。又名大绿浮尘子、青叶跳蝉、青头虫等。形态特征（图29-7、图29-8）、寄主范围、发生特点、防治方法参见第二章白术大青叶蝉部分。

图 29-7 大青叶蝉成虫

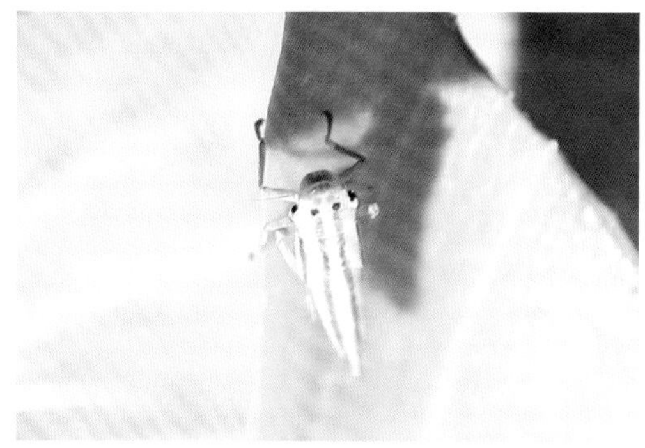

图 29-8 大青叶蝉若虫

为害特点：成虫和若虫为害叶片，刺吸汁液，造成褪色、卷缩，甚至全叶枯死。此外，还可传播病毒病。

3 棉小造桥虫 *Anomis flava* (Fabricius)

棉小造桥虫属鳞翅目，夜蛾科，又名棉夜蛾、小造桥虫。

3.1 形态特征

（1）成虫　体长10～13mm，翅展26～32mm，黄褐色。前翅雌虫淡黄褐色，雄虫黄褐色。触角雄虫栉齿状，雌虫丝状。前翅外缘中部向外突出呈角状；翅基半部淡黄色，密布红褐色小点，端半部暗黄色，有4条棕色波状横纹，环状纹白色，边缘褐边，肾状纹褐色（图29-9）。

（2）卵　扁圆形，直径0.60～0.65mm，青绿色，顶部隆起，底部较平，卵壳顶部花冠明显。

图 29-9 棉小造桥虫成虫

（3）幼虫　体长33～37mm，头部淡黄色，体黄绿色。背线、亚背线、气门上线灰褐色，中间有不连续的白斑，以气门上线较明显。第1对腹足退化，第2对较短小，第3、4对腹足发达，爬行时虫体中部拱起，似尺蠖（图29-10）。

（4）蛹　体长约17mm，红褐色，头中部有一乳头状突起。臀刺3对，两侧的臀刺末端呈钩状（图29-11）。

3.2 寄主范围

除为害棉花外，还为害牛膝、王不留行、木槿、黄麻、冬葵、木耳菜、蜀葵、苘麻、烟草等。

3.3 为害特点

以幼虫取食王不留行的叶片，造成缺刻或孔洞，严重时常将叶片吃光，仅留叶脉。

图 29-10 棉小造桥虫幼虫及其为害状

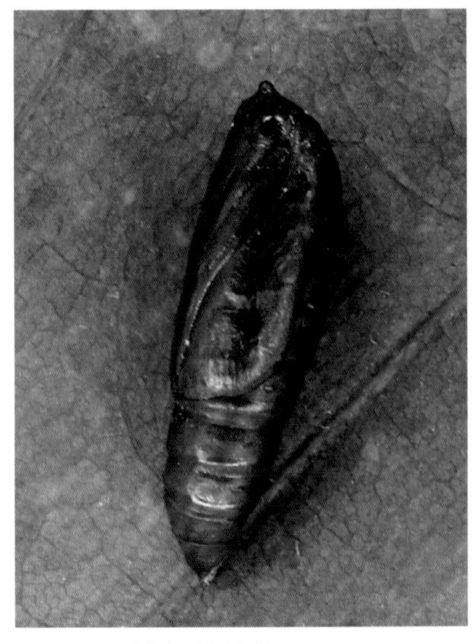

图 29-11 棉小造桥虫蛹

3.4 发生特点

在北方1年发生3～4代，以蛹越冬。成虫昼伏夜出，白天隐藏在植物叶片背面或杂草间，晚间7～11时活动最盛，有趋光性。卵散产于叶片背面，少数产于叶片正面或茎上。初孵幼虫取食嫩叶叶肉，残留下表皮，之后则取食叶片成孔洞或缺刻。低龄幼虫受惊吐丝下垂，老龄幼虫在叶缘作茧化蛹。

3.5 防治方法

3.5.1 农业防治

清洁田园，清除越冬蛹。

3.5.2 物理防治

（1）在成虫高峰期，用黑光灯或频振式诱虫灯诱杀成虫。

（2）杨树枝把诱杀成虫　每公顷用75～150束杨树枝把。

（3）糖醋液诱集成虫　用糖0.75斤、酒0.25斤、醋1斤，水0.5斤调和均匀，盆距地面1～1.5m。

3.5.3 生物防治

天敌有绒茧蜂、赤眼蜂、草蛉、胡蜂、小花蝽、瓢虫等，要加以保护、利用。

第三十章 薏苡病虫害

薏苡 （图30-1、图30-2）

Coix lacryma-jobi L. var. *mayuen* (Roman.) Stapf

薏苡为禾本科植物，其干燥成熟种仁为我国常见中药材薏苡仁，别名米仁、六谷子、薏米、药玉米等。薏苡仁具有抗肿瘤、增强体液免疫、降血糖、抑制骨骼肌收缩、镇痛、解热、抗炎、诱发排卵等作用。主产于贵州、辽宁、河北、广西、福建等省。常见病害有薏苡黑穗病、叶枯病等，虫害主要有亚洲玉米螟、黏虫、棉铃虫等。

图 30-1 薏苡苗期

图 30-2 薏苡成株期

1 薏苡叶枯病

1.1 症状

主要为害叶片。病斑初期为半透明水渍状小斑点，后扩大为边缘深褐色、中央浅褐色的椭圆形或梭形病斑。病斑较大，一般长5 ~ 20mm，宽2 ~ 5mm。薏苡生长中、后期，病斑扩大相互合并，导致大面积叶枯，后期病斑灰白色边缘褐色，病部产生黑色霉层，为病原菌的分生孢子梗和分生孢子。发病轻时，病斑呈黄褐色斑点，周围具黄色晕圈，病斑不扩大，病斑霉层不明显。通常植株下部老叶先发病，后逐步向上部叶片蔓延（图30-3、图30-4）。

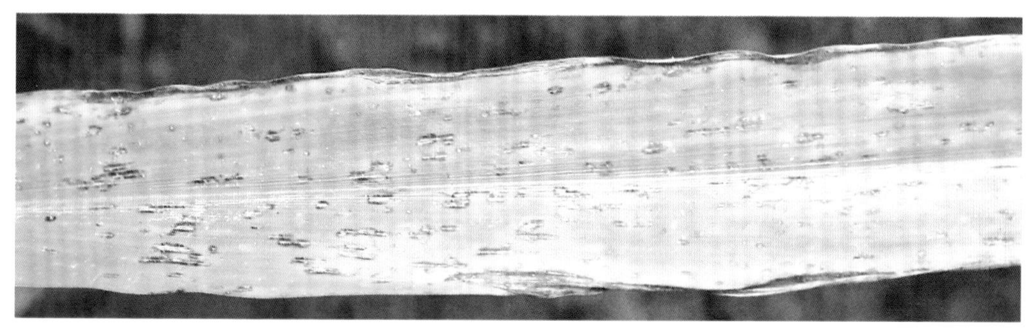

图 30-3 薏苡叶枯病

图 30-4 薏苡叶枯病后期症状

1.2 病原

薏苡叶枯病病原为丝孢目（Hyphomycetales），平脐蠕孢属（*Bipolaris*），薏苡平脐蠕孢（*Bipolaris coicis*）（图30-5）。

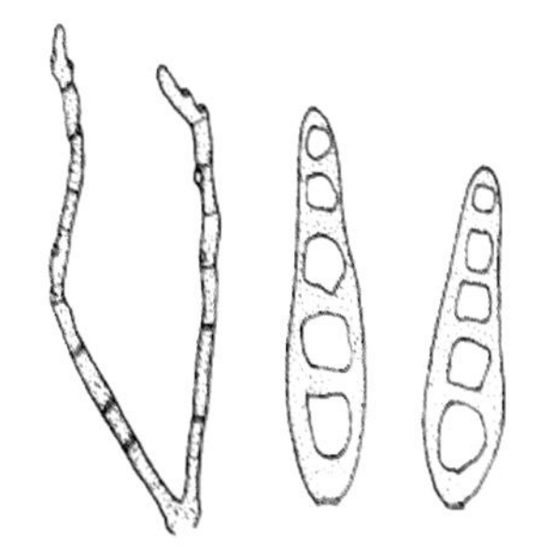

图 30-5 平脐蠕孢分生孢子梗和分生孢子

1.3 发病特点

病菌以菌丝体或分生孢子随病残组织在土壤、病叶及秸秆上越冬。翌年春天分生孢子借气流、雨水传播，直接或经气孔侵入寄主，产生大量分生孢子进行再侵染。

1.4 防治方法

（1）筛选抗病品系。轮作倒茬。

（2）重施基肥，薄施分蘖肥，重施穗肥，巧施保粒肥，控制使用氮肥，增施磷钾肥，提高植株抗病力。

（3）合理密植，改善通风透光条件。拔节停止后，摘除第1分枝以下的叶片和无效分蘖，以利于通风透光，降低田间湿度，减少田间侵染菌源。

（4）收获后及时清除和销毁田间残留的病株、病叶，减少田间越冬的初侵染源。

2 薏苡黑穗病

2.1 症状

主要为害穗、茎、叶，有时也为害幼苗。果穗感染黑穗病后，常膨大成球形或扁球形，种粒内部充满黑褐色粉末，即为病原菌的厚垣孢子；茎感染黑穗病后，受害部分弯曲粗肿，容易折断；叶感染黑穗病后，叶片受害部隆起呈紫褐色不规则的瘤状体。苗期一般不显症，当植株长到9～10片叶时，穗部进入分化期后，叶片开始显症，多表现在上部2～3片嫩叶上，在叶片或叶鞘上形成单一或成串紫红色瘤状突起，内生黑粉状物。受害子房膨大为卵圆形或近圆形，内部充满黑粉状孢子。病株主茎及分蘖茎的每个生长点都变成一个个黑粉病疱，不能结实而形成菌瘿（图30－6、图30－7）。

2.2 病原

薏苡黑穗病病原为黑粉菌目（Ustilaginales），黑粉菌科（Ustilaginaceae），黑粉菌属（*Ustilago*），薏苡黑粉菌（*Ustilago coicis* Bref.）（图30－8）。

2.3 发病特点

病菌以冬孢子附着在种子上或土壤里越冬。翌年春天地温升到10～18℃时，土壤湿度适当，冬孢子萌发侵入薏苡的幼芽，后随植株生长点的生长上升到穗部，菌丝潜入致组织破坏而变成黑穗，当黑穗上的小黑疱裂开时，又散出黑褐色粉末，借风雨传播到健康种子上或落

图 30-6 薏苡黑穗病

图 30-7 薏苡黑穗病田间为害状

入土中，引起翌年发病。连年种植或不进行深翻的田块易发病。

图 30-8 薏苡黑粉菌冬孢子

2.4 防治方法

（1）建立无病留种田。实行轮作倒茬。

（2）农家肥要充分腐熟；发病地减少氮肥用量；合理增施磷、钾肥。

（3）幼苗期侵染，尽量缩短出苗时间，如催芽播种或适期浅播等。

（4）合理密植，保证田间空气通畅，降低田间湿度。

（5）及时彻底清园，薏苡收获后，收集病株残体和枯萎茎叶集中烧毁。

（6）播种前先晒种1～3天，然后去杂、除秕，留下饱满无病虫种子。用布袋或编织袋盛装种子，放入1∶1∶100波尔多液浸种24小时或用3%石灰水浸种48小时，浸后用清水洗净，晾干播种。也可用60℃温水浸种30分钟，晾干后播种。

3 亚洲玉米螟 *Ostrinia furnacalis* (Guenée)

亚洲玉米螟属鳞翅目，螟蛾科，俗称玉米钻心虫。

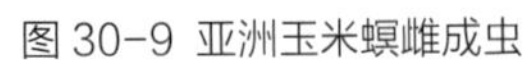

图 30-9 亚洲玉米螟雌成虫

图 30-10 亚洲玉米螟雄成虫

3.1 形态特征

（1）成虫　雄蛾体长10～14mm，翅展20～26mm，黄褐色。下唇须前伸，超出头部。触角丝状。复眼黑色。前翅浅黄色，内横线、外横线暗褐色，分别为波状纹和锯齿状纹，内横线内侧黄褐色，外横线外侧黄色，两线间淡褐色，近外缘有黄褐色宽带，中室中央及端部各有一褐色斑纹。后翅浅黄色，在中区有暗褐色亚缘带和后中带，其间有1个大黄斑。雌蛾体长13～15mm，翅展26～30mm。体色较雄虫淡，横线明显或不明显（图30-9、图30-10）。

（2）卵　椭圆形，长约1mm，略有光泽。块产，呈鱼鳞状排列。初产卵块乳白色，渐变为黄色，半透明（图30-11）。

（3）幼虫　共5龄。老熟幼虫体长20～30mm，头、前胸背板深褐色，体黄白或淡红褐色。体背有3条褐色纵带。中后胸背面各有4个圆形毛片，排成1横列，其上各生2根刚毛。第1～8腹节背面各有2列横排的毛片，前列4个毛片较大，后列2个毛片较小，其上各生1根刚毛。第9腹节有3个毛片。腹足趾钩为3序缺环（图30-12）。

（4）蛹　长15～18mm，纺锤形，黄褐色至红褐色。尾部有5～8根褐色的钩刺（图30-13）。

3.2 寄主范围

食性杂，在我国已明确的寄主有69种，除为害玉米外，还可取食薏苡、小麦、水

图 30-11 亚洲玉米螟卵

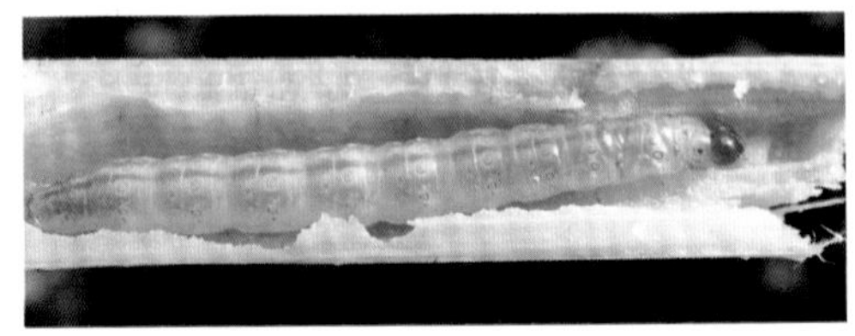

图 30-12 亚洲玉米螟幼虫

稻、生姜、啤酒花、大麻、向日葵、蚕豆、苍耳、酸模叶蓼、艾蒿、黄花蒿、金盏银盘、狼把草、苋菜等。

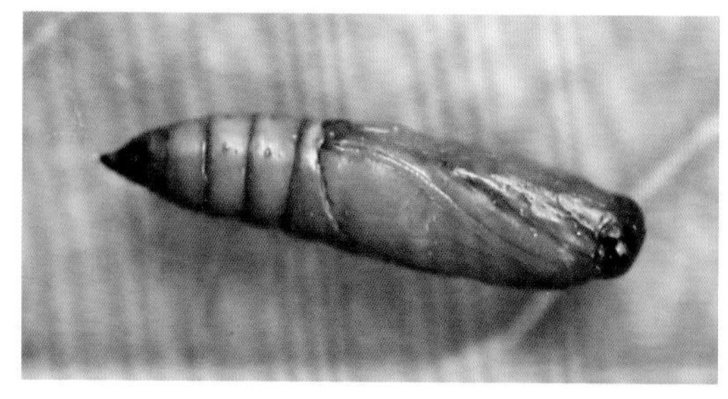

图 30-13 亚洲玉米螟蛹

3.3 为害特点

幼虫蛀食为害，在苗期，幼虫取食叶肉或蛀食未展开的心叶，造成“花叶”。抽穗期，幼虫钻入茎秆为害，蛀成枯心或成白穗，蛀孔处易折断下垂致死。穗期蛀食雌穗、嫩粒，造成籽粒缺损霉烂，品质下降（图30-14）。

3.4 发生特点

河北1年发生2 ~ 3代，以老熟幼虫在玉米茎秆、穗轴内或薏苡、高粱、向日葵的秸秆中越冬。翌年4 ~ 5月化蛹，蛹经过10天左右羽化为成虫。成虫夜间活动，飞翔力强，有趋光性，喜欢在叶背面中脉两侧产卵，块产。幼虫孵出后，先聚集在一起，然后在植株幼嫩部分爬行，开始为害。初孵幼虫，能吐丝下垂，借风力转株为害。幼虫多为5龄，

a　b　c　d

图 30-14 亚洲玉米螟为害状

蛀食为害。玉米螟适合在高温、高湿条件下发育。冬季气温较高，天敌寄生量少，有利于玉米螟的发生。

3.5 防治方法

3.5.1 农业防治

薏苡收获后，将植株、枯枝、落叶晒干后及时烧毁或运出田外处理，减少在植株茎秆、穗轴越冬的玉米螟。

3.5.2 物理防治

玉米螟成虫具有明显的趋光性，在成虫发生期，用黑光灯、频振式杀虫灯诱杀。

3.5.3 生物防治

包括自然天敌的保护利用和人工繁殖天敌的释放。玉米螟的自然天敌主要包括赤眼蜂、黑卵蜂、腰带长体茧蜂、玉米螟厉寄蝇、草蛉、瓢虫、蜘蛛等，要加以保护、利用。在玉米螟产卵期，释放赤眼蜂15.0万～22.5万头/hm^2，能取得明显的防治效果。

利用玉米螟性信息素进行诱捕雄虫，每公顷安置10个诱捕器为宜。

4 黏虫 *Mythimna separata* (Walker)

黏虫属鳞翅目，夜蛾科。又名东方黏虫、粟夜盗虫、剃枝虫、行军虫、五色虫、麦蚕等。

4.1 形态特征

（1）成虫　体长15～20mm，翅展36～40mm，体灰褐色或淡黄褐色。前翅中央近前缘有2个淡黄色圆斑，外侧圆斑较大，其下方有1小白点，白点两侧各有1个小黑点。自翅顶角向后缘伸出1条暗色斜线，达到翅中部即成点线，翅外缘有7个小黑点。后翅暗褐色，向基部色渐淡（图30－15）。

a

b

图30－15 黏虫成虫

图 30-16 黏虫卵

图 30-17 黏虫幼虫

（2）卵 长约0.5mm，半球形，初产白色渐变黄色，有光泽。卵粒单层排列成行（图30-16）。

（3）幼虫 共6龄。老熟幼虫体长38mm左右。体色多变，由淡绿至浓黑，有各种色彩，发生量少时体色较浅，大发生时体呈浓黑色。头红褐色，中央沿蜕裂线两侧有一"八"字形黑褐色纹，其两侧有褐色网纹。体背有5条白色纵线，分别为1条背线、2条亚背线和2条气门上线，爬行时不拱腰。其中背中线边缘有细黑线，气门上线与亚背线之间呈比较鲜艳的橙色或深黄色，气门线和气门上线之间区域深黑色。腹足趾钩单序半环形（图30-17）。

图 30-18 黏虫蛹

（4）蛹 体长19～23mm，红褐色，腹部5～7节背面前缘各有较大的刻点连成横线，刻点呈马蹄形。臀棘上有4根刺，中央2根粗大，两侧的细短略弯（图30-18）。

4.2 寄主范围

食性杂，寄主达16科100余种植物，主要为害麦、谷子、玉米、薏苡等禾谷类粮食作物及棉花、豆类、蔬菜。

4.3 为害特征

以幼虫为害，初龄幼虫仅啃食叶肉，使叶片呈现白色斑点，3龄后可蚕食叶片成缺刻，也为害嫩茎和嫩穗。3龄以后幼虫食量大，严重时叶片被吃光，造成大幅度减产。

4.4 发生特点

黏虫是一种迁飞性、群聚性、多食性和暴发性的世界性害虫。在我国从北到南一年发生2～8代，在北纬33℃以北地区不能越冬，长江以南以幼虫和蛹在稻桩、杂草、麦田表土下等处越冬。翌年春天羽化，迁飞至北方为害，成虫昼伏夜出，傍晚开始活动，有趋光性和趋化性，常产卵于叶尖或嫩叶、心叶皱缝间。初孵幼虫有群集性，3龄后食量大增，5至6

龄进入暴食阶段，其食量占整个幼虫期90.0%左右。3龄后的幼虫有假死性，受惊动迅速卷缩坠地，白天潜伏在心叶或土缝中，傍晚或阴天爬到植株上为害。老熟幼虫入土化蛹。

4.5 防治方法

由于黏虫是迁飞性害虫，另外繁殖速度快，可在短期内暴发成灾，幼虫3龄后食量暴增，因此，应采取控制成虫发生、减少产卵量，抓住幼虫3龄暴食为害前关键时期进行防治。

4.5.1 农业防治

（1）清除田间杂草，减少黏虫的落卵量。

（2）在黏虫幼虫迁移为害时，可在其转移的道路上挖深沟，对掉入沟内的黏虫集中处理，阻止其继续迁移。

4.5.2 物理防治

（1）糖醋液诱杀成虫　在成虫发生期，将糖3份、醋4份、白酒1份、水2份拌匀，做成糖醋液诱集捕杀成虫。

（2）灯光诱杀成虫　在成虫发生期，利用黑光灯、频振式诱虫灯诱杀成虫。

（3）利用成虫多在禾谷类作物叶上产卵习性，在田间插谷草把或稻草把，每公顷（hm^2）900～1500个，引诱成虫产卵，每5天更换新草把，把换下的草把集中烧毁。

4.5.3 生物防治

利用黏虫性诱捕器诱杀成虫。保护和利用自然天敌：如鸟类、蛙类、蜘蛛、寄生蜂等。

5 棉铃虫 *Helicoverpa armigera* (Hübner)

形态特征、发生特点、防治方法等参见第三章板蓝根部分。

主要以幼虫为害薏苡的嫩叶，造成叶片缺刻，也可取食雌穗、嫩粒，造成籽粒缺损霉烂，品质下降（图30-19）。

图30-19 棉铃虫为害状

6 蓟马 *Haplothrips aculeatus* (Fabricius)

薏苡蓟马属缨翅目，皮蓟马科，又名稻管蓟马。

6.1 形态特征

（1）成虫　体长1.2～2mm，黑褐色；触角8节，第3、4节黄色。前翅无色透明，纵脉消失，后缘近端部有间插的缨毛5～7根；腹部可见十节，末节呈管状，管末端有鬃6根（图30-20）。

（2）卵　长椭圆形，初产时白色，略透明，后期橙红色。

（3）若虫　体淡黄色，老熟时带桃红色，3、4龄若虫腹末管状。

6.2 寄主范围

主要为害水稻、小麦、玉米、高粱、薏苡及多种禾本科植物。

6.3 为害特征

主要以成虫、若虫群集于嫩叶取食为害，锉吸汁液，造成叶片白色斑点。为害心叶时，被害叶片在未展开前呈水渍状黄斑，展开后呈黄色或淡黄色斑块，严重的叶片不能全部展开，干枯扭曲，影响抽穗。为害花和籽粒，造成薏苡籽粒干疵，影响产量和药用价值。

图 30-20 薏苡蓟马

6.4 发生特点

薏苡蓟马在山西一年约发生7~9代，世代重叠严重。薏苡出苗后2~3片叶时，成虫开始迁入田中为害嫩叶。植株长到4~6片叶时，成虫产卵于心叶内侧组织。蓟马在心叶内的分布具有一定的规律性，中部数量最多，基部最少，叶尖居中。7月中旬到8月上旬因为气温高，成虫寿命缩短，产卵减少，为害明显减轻。8月中下旬气温降低，虫口数量又增加，侵入薏苡穗部产卵繁殖，为害花和籽粒，造成损失。10月上旬，薏苡收获时，蓟马迁移到别的寄主上为害，之后以成虫越冬，

一般5、6月和8、9月是蓟马发生的主要时期，所以必须在这些时期抓紧防治。蓟马为害与田间管理关系密切，管理粗放、生长差的地块，蓟马为害重，反之，生长旺盛，心叶伸展快，不利于蓟马生存和取食，为害相对较轻。

6.5 防治方法

（1）薏苡收获后，清除田间、沟边枯枝残叶，秋季及时翻耕土地，减少越冬虫口基数。

（2）加强田间管理，促进植株本身生长势、改善田间生态条件，减轻为害。

7 蚜虫

薏苡蚜虫属同翅目，蚜虫科，种类有待于鉴定。

7.1 形态特征

无翅蚜：体黄绿色，具薄粉。头部灰黑色，复眼红褐色，触角6节。足灰黑色，跗节2节。腹管、尾片灰黑色（图30-21）。

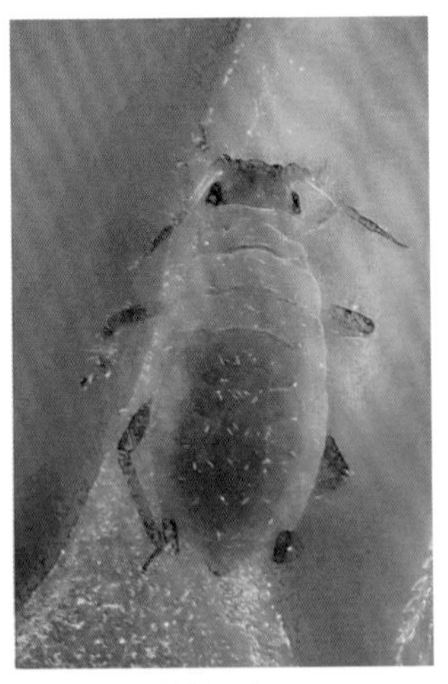

图 30-21 薏苡蚜虫

7.2 寄主范围

除为害薏苡外，其他寄主不详。

7.3 为害特征

以成、若蚜群集在心叶中为害，抽穗后为害穗部，吸收汁液，阻碍生长，还能传播多种病毒病（图30-22）。

7.4 发生特点

不详。

7.5 防治方法

参见第三章板蓝根蚜虫部分。

图 30-22 薏苡蚜虫为害状

第三十一章

远志病虫害

远志 （图31-1）

Polygala tenuifolia Willd.

又名葽绕、蕀蒬等，远志科远志属的植物，我国常用的药材。以干燥根或根皮入药。具有安神益智、祛痰、消肿的功能，用于心肾不交引起的失眠多梦、健忘惊悸、神志恍惚、咳痰不爽、疮疡肿毒、乳房肿痛。主要分布于河北、河南、山西、内蒙古、陕西等地。远志常见病害有叶枯病、根腐病等。

图 31-1 远志

1 远志叶枯病

1.1 症状

发病初期，叶面产生褐色圆形小斑，随后病斑不断扩大，中心部呈灰褐色，最后整个叶片焦枯，导致植株死亡（图31-2）。

1.2 病原

远志叶枯病病原是丝孢目（Hyphomycetales），暗色孢科（Dematiaceae），链格孢属（*Alternaria*）的真菌（图31-3）。

1.3 发病特点

主要为害叶片，多从植株下部叶片开始发病，逐渐向上蔓延，下部叶片发病重。病菌在病叶上越冬，翌年在温湿度适宜时，病菌的孢子借风、雨传播到寄主植物上发生侵染。高温多湿、通风不良均有利于病害的发生。植株生长势弱的发病较严重。

1.4 防治方法

（1）繁育健康的种苗，建立无病留种田。

（2）平衡水肥，适时保墒保肥增效，隔离病害感染，使植株健康成长。

（3）秋季彻底清除病落叶，集中烧毁，减少翌年的侵染来源。

图 31-3 链格孢

图 31-2 远志叶枯病

2 远志根腐病

2.1 症状

发病初期，根和根茎局部变褐色，呈不规则褐色条纹状，叶柄基部发生褐色棱形或椭圆形烂斑，最后叶片枯死、根茎腐烂（图31-4、图31-5）。

2.2 病原

远志根腐病病原为真菌类，具体种类不详。

2.3 发病特点

土壤带菌为主要侵染源。远志根腐病多发于多雨季节和易积水低洼地块。耕作不完善及地下害虫为害，造成根系伤口，促使病菌感染，引起发病。

2.4 防治方法

（1）选择地势高、排水良好、透气性好的地块，采用高畦深沟栽培，防止积水，避免大水漫灌。

（2）发现病株及时拔除烧毁，病穴用10%石灰水消毒，或用1%的硫酸亚铁消毒。

（3）根腐病多发于多雨季节和易积水低洼地块，遇到连阴雨和土壤湿度较大时，及时中耕松土，增加土壤透气性。

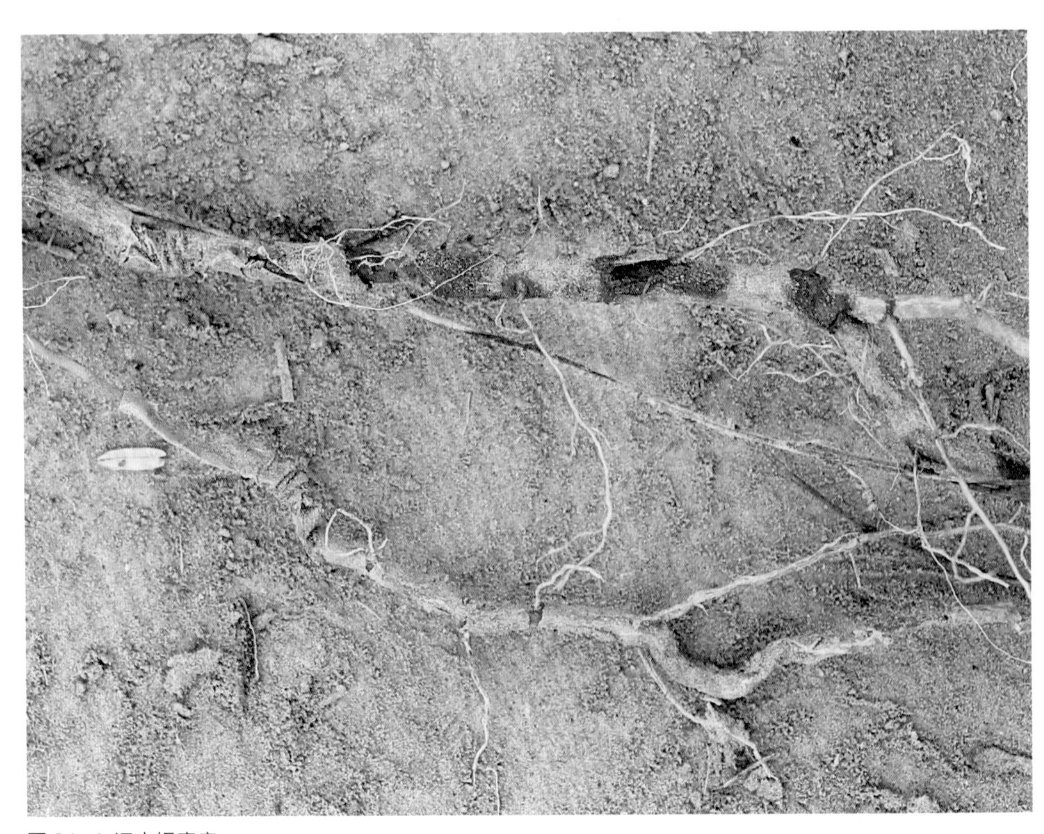

图 31-4 远志根腐病

图 31-5 远志根腐病植株与正常植株对比

第三十二章

掌叶半夏病虫害

掌叶半夏 （图32-1、图32-2）

Pinellia pedatisecta

生于林下、山谷、河岸或荒地草丛中。以块茎入药，燥湿化痰、祛风定惊、消肿散结。治疗中风痰壅，口眼歪斜，半身不遂，癫痫，惊风，破伤风，风痰眩晕，喉痹，瘰疬，痈肿，跌扑折伤，蛇虫咬伤。主产河北、河南、山东、安徽等地区。掌叶半夏常见病害有疫病、茎基腐病、软腐病、病毒病、炭疽病等，虫害主要有红天蛾、蛴螬等。

图 32-1 掌叶半夏苗期

图 32-2 掌叶半夏成株期

1 掌叶半夏疫病

1.1 症状

为害茎部和叶部，苗期发病严重。幼苗染病，茎部或茎基部出现褐色病斑，引起幼苗猝倒，叶片萎蔫，出现水渍状黑斑或褐斑，湿度大时叶片病部长满白色菌丝，幼苗成片死亡。成株期茎秆染病，茎部初呈水渍状黑斑，逐渐缢缩，最后植株萎蔫死亡；叶片染病，稍有皱缩，初为水渍状暗绿色小斑，后形成褐色坏死病斑，潮湿条件表面有白色菌丝（图32-3～图32-7）。

1.2 病原

掌叶半夏疫病病原是霜霉目（Peronosporales），霜霉科（Peronosporaceae），疫霉属（*Phytophthora*），寄生疫霉（*Phytophthora parasitica* Dastur）（图32-8）。

1.3 发病特点

是典型的土传病害。带菌病土是初侵染源，孢子囊和游动孢子是田间传播的重要形式。疫霉卵孢子在土壤可存活1年以上，罹病种子在病原菌传播尤其是远距离传播中起到重要作用，在成熟的种子里，病菌呈休眠状态。幼苗和成株期均可染病，尤以幼苗期发病严重。一旦发病，传播迅速，阴雨潮湿天气极易发病，重茬地块易发病，常造成作物绝收。

图 32-3 掌叶半夏疫病苗期症状

图 32-4 掌叶半夏疫病茎部症状

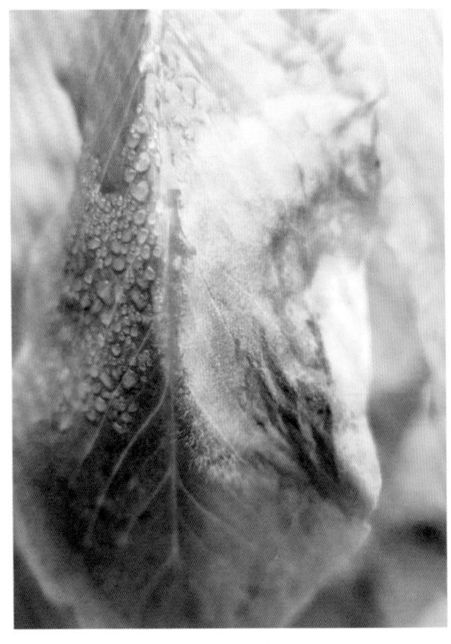

图 32-5 掌叶半夏疫病叶部症状

图 32-6 掌叶半夏疫病茎基部症状

图 32-7 掌叶半夏疫病田间症状

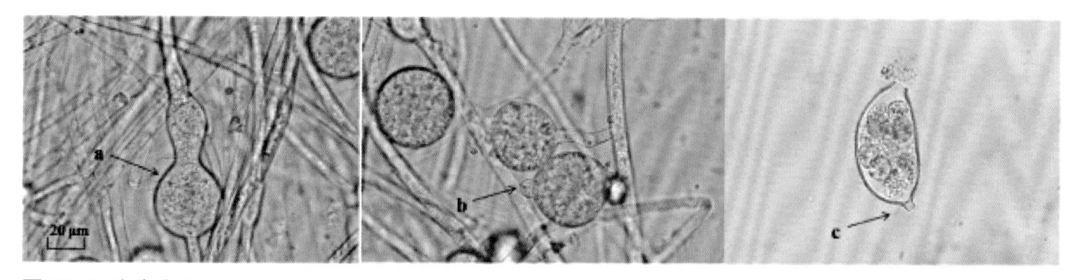

图 32-8 寄生疫霉
a. 菌丝膨大体；b. 具有 1 个明显乳突且不对称的孢子囊；c. 脱落孢子囊的孢囊柄

1.4 防治方法

（1）选用抗（耐）病品种。

（2）前茬选用豆类、玉米地，不宜用种过番茄、黄瓜、茄子、白菜等多年菜地种植。发病严重地块，与禾本科作物轮作6年以上。

（3）不宜在低洼积水地种植，雨期及时做好排水处理。

（4）不施用未腐熟的肥料。

（5）及时深耕及中耕培土。雨后及时排除积水防止湿气滞留。

2 掌叶半夏炭疽病

2.1 症状

主要为害叶片、叶柄、茎及果实。叶片染病叶斑圆形或近圆形，2 ~ 5mm，中心部分灰白色至浅褐色，边缘绿色至褐色，病部轮生或聚生黑色小点，即病原菌分生孢子盘。茎、叶柄染病产生浅褐色梭形凹陷斑，密生黑色小粒点，湿度大时分生孢子盘上聚集大量橙红色分生孢子团。果实染病也产生红褐色凹陷斑（图32-9、图32-10）。

2.2 病原

掌叶半夏炭疽病病原为黑盘孢目（Melanoconiales），黑盘孢科（Melanoconiaceae），炭疽菌属（*Colletotrichum*）的真菌。有性阶段为子囊菌的小丛壳属（*Glomerella*）。

图 32-9 掌叶半夏炭疽病叶正面症状

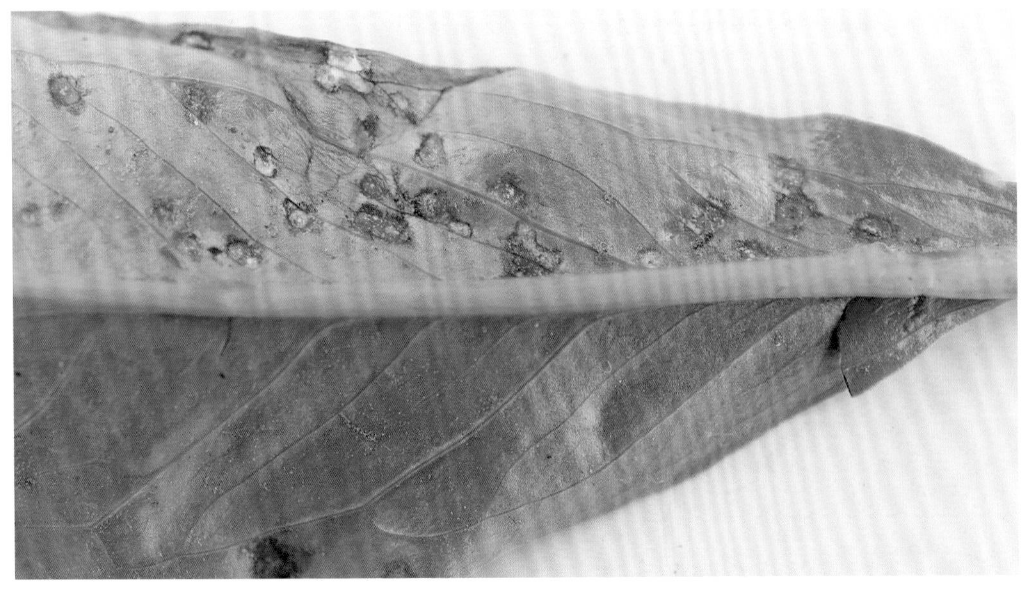

图 32-10 掌叶半夏炭疽病叶背面症状

2.3 发病特点

病菌以菌丝体及分生孢子盘在病落叶或植株病叶上越冬。翌年春末形成孢子借风雨传播引起初侵染，生长季病斑上产生的大量分生孢子不断引起再侵染。主要为害成株，6月开始发生，7～8月为害严重。高湿闷热，天气忽晴忽雨，通风不良，积水，株丛过密，摩擦损伤等均会加重病情的发生蔓延。

2.4 防治方法

（1）合理密植，注意通风透气。

（2）科学配方施肥，增施磷钾肥，提高植株抗病力。

（3）适时灌溉，严禁大水漫灌，雨后及时排水，防止湿度过大。

（4）及时清除感病植株。

3 掌叶半夏茎基腐病

3.1 症状

主要为害植株茎基部，造成芽腐、茎基部腐烂、幼苗猝倒。地上部叶片皱缩，病斑水渍状，病势发展迅速，有时症状尚未明显表现即突然死亡，湿度大时，靠近地面的茎基部出现白色棉絮状的菌丝体（图32-11、图32-12）。

a

b

图 32-11　掌叶半夏茎基腐

图 32-12 掌叶半夏茎基腐田间症状

3.2 病原

掌叶半夏茎基腐病病原是腐霉目（Pythiales），腐霉科（Pythiaceae），腐霉属（*Pythium*），瓜果腐霉（*Pythium aphanidermatum*）（图32-13）。

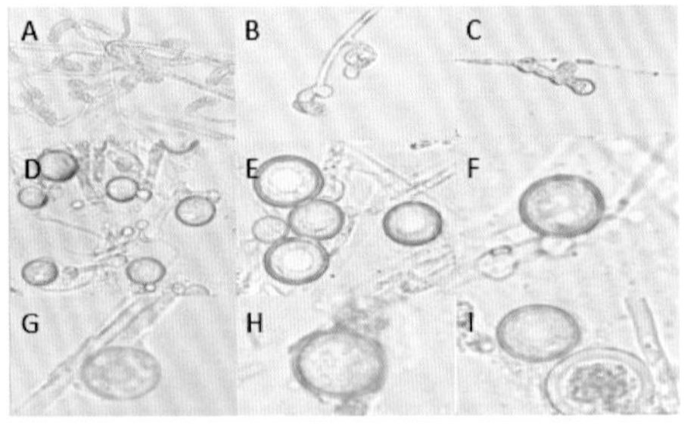

图 32-13 瓜果腐霉
A、B、C：孢子囊；D、E、F、G、H、I：藏卵器、雄器和卵孢子

3.3 发病特点

腐霉可在土壤和枯草层中长期存活。土壤和病残体中的卵孢子是重要的初侵染源。菌丝体也可以在病株内越冬。在整个生长季节都可以发生侵染。病菌借助病株碎片随风、水、机械进行传播。残留的上一季病死株，以及当季早期病株，都是重要传病中心，使发病区域逐年扩大。一般在晚春、初夏发生最严重。夏季干旱时，发病受到明显抑制，高温高湿有利于发病。

3.4 防治方法

（1）选择砂壤土种植，设置地下和地面排水设施，防止雨后积水。

（2）保证通风透光良好。采用喷灌、滴灌，避免大水漫灌；湿热季节减少灌水次数，降低根层含水量和小气候湿度。

（3）平衡施肥，避免用过量氮素追肥；避免植株密度过大；保证土壤通气透水。

4 掌叶半夏软腐病

4.1 症状

在生长期，植株近地表的地方出现软腐脱离，并向上引起叶边缘变软、湿腐枯萎、花色变褐、花梗软腐脱落；向下引起块茎黏滑性软腐、根的腐烂，伴有明显的臭味，最终植株萎蔫而死亡（图32-14、图32-15）。

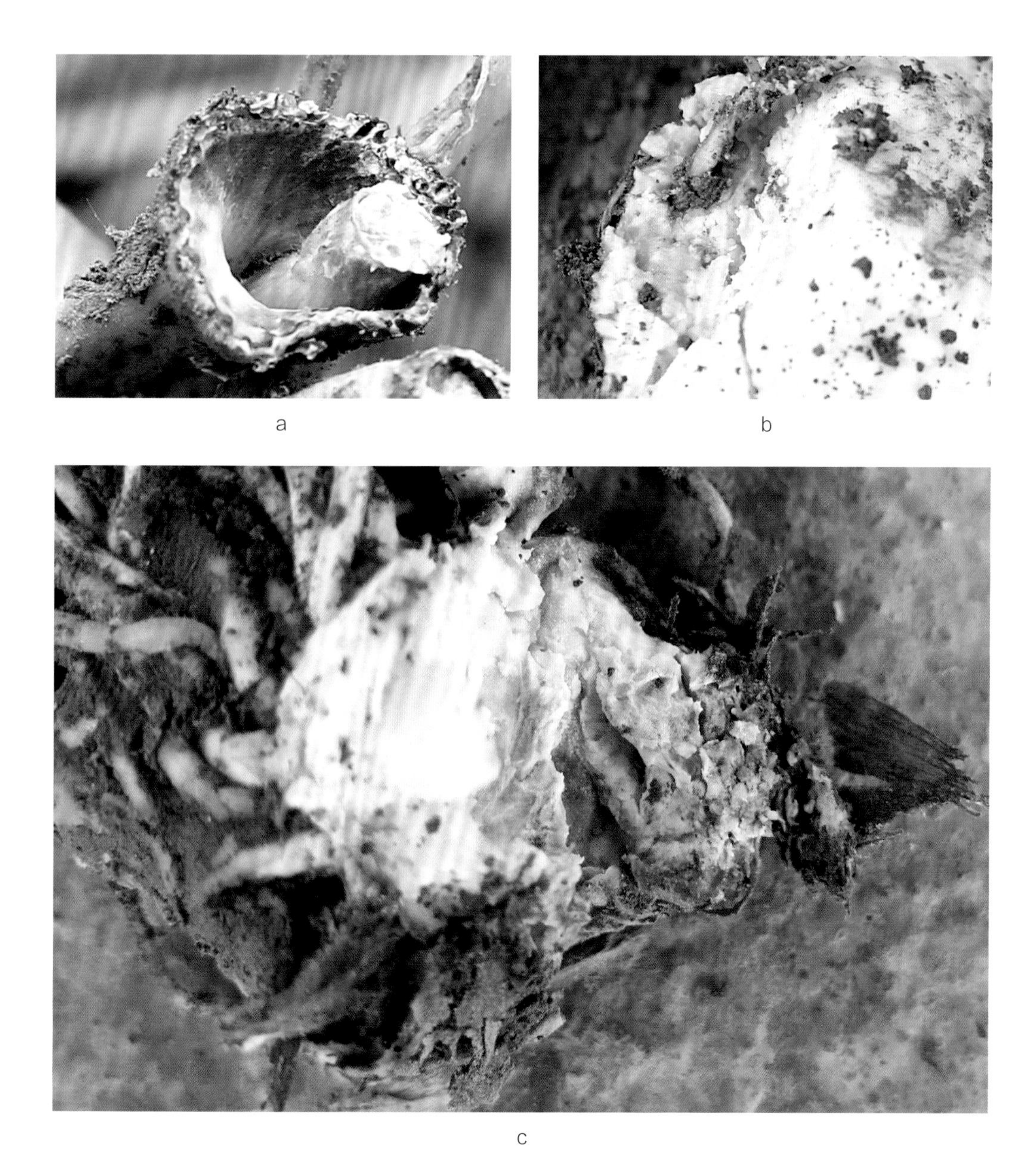

a　b　c

图 32-14 掌叶半夏软腐病

图 32-15 掌叶半夏软腐病田间症状

4.2 病原

掌叶半夏软腐病病原为肠杆菌目（Enterobacteriales），肠杆菌科（Enterobacteriaceae），果胶杆菌属（*Pectobacterium*），胡萝卜果胶软腐杆菌胡萝卜亚种（*Pectobacterium carotovorum* subsp. *carotovorum*）。

4.3 发病特点

软腐病为细菌性病害，病菌主要通过雨水、灌溉水等传播，病害多发生在高温、多湿季节和越夏种块贮藏期间。病菌主要通过伤口侵入，高温、高湿的条件有利于病害的发生发展。

4.4 防治方法

（1）因地制宜地选用抗（耐）病品种，且选用健康优质的种子。

（2）选择地势高，排水畅通、土层深厚、相对平坦的砂壤土种植；做好排水工作，排出积水，特别是雨季。

（3）育苗时选择与上一年不同的苗床，倒茬种植；实行6年以上的轮作。

（4）合理施肥，施腐熟有机肥，适当增施磷钾肥，提高植株抗病力。

5 掌叶半夏病毒病

5.1 症状

发病时叶片上产生黄色不规则的斑驳，使叶片变为花叶症状，同时发生叶片变形、皱缩、卷曲，成畸形症状，直至枯死。植株生长不良、矮小，后期叶片枯死，地下块根畸形瘦小，严重影响产量和质量（图32-16、图32-17）。

图 32-16 掌叶半夏病毒病

图 32-17 掌叶半夏感毒叶片与正常叶片对比
A. 正常叶片；B. 感染 DsMV；C. 感染 DsMV、CMV

5.2 病原

掌叶半夏病毒病可由多种病毒引起，具体种类不详。

5.3 发病特点

病毒在带病种子、留种块茎上越冬。通常在夏季发生，为全株性病害。夏季气温高后出现隐症。蚜虫是主要传毒昆虫。土壤干旱、植株长势弱，光照较强时有利于病害发生和发展，症状表现时轻时重。

5.4 防治方法

（1）选择抗病品种栽种，如选择无病单株留种。

（2）实行3年以上轮作。

（3）施足有机肥料，增施磷钾肥，增强植株抗病能力。

（4）发现病株立即拔除，集中烧毁深埋，病穴用5% 石灰乳浇灌，以防蔓延。

（5）播种前进行土壤消毒。及时防治蚜虫等传毒昆虫介体。

6 朱砂叶螨 *Tetranychus cinnabarinus* (Boisduval)

形态特征、发生特点、防治方法等参见第七章北沙参朱砂叶螨部分。

7 红天蛾 *Pergesa elpenor* Lewisi (Butler)

形态特征、发生特点、防治方法等参见第四章半夏红天蛾部分（图32-18）。

图 32-18 红天蛾成虫

8 甜菜夜蛾 *Spodoptera exigua* (Hübner)

形态特征、发生特点、防治方法等参见第十二章枸杞甜菜夜蛾部分。

以幼虫为害，初孵幼虫群集心叶或叶片正面，吐丝结网，在网内取食叶肉，留下表皮，形成透明“小天窗”。3龄后分散为害，将叶片吃成孔洞或缺刻。严重时，将叶片食成网状，仅留叶脉和叶柄（图32-19）。

a

b

图 32-19 甜菜夜蛾为害状

第三十三章

知母病虫害

知母 （图33-1）

Anemarrhena asphodeloides Bunge

为百合科知母属的植物。是多年生草本植物，根状茎，抗旱抗寒能力强，干旱少雨的荒山、荒漠、荒地中都能生长。以干燥根茎入药，清热泻火，滋阴润燥。用于治疗热病烦渴、肺热燥咳、骨蒸潮热、内热消渴、肠燥便秘。我国主产区在河北、山西、内蒙古、东北等地区。知母常见病害有叶斑病、根腐病等，虫害有叶蝉、蛴螬类等。

图 33-1 知母

1 知母叶斑病

1.1 症状

主要为害叶和茎。叶片受害后出现圆形病斑，微下陷，随着分生孢子的大量出现，病斑变为深褐色或黑色，严重时叶片枯死。茎部出现病斑后，茎秆变细，严重时茎腐倒苗而死（图33-2）。

1.2 病原

知母叶斑病病原为植物病原真菌，具体种类不详。

1.3 发病特点

主要为害知母的植株茎叶，高温高湿发病严重。叶斑病菌在病残体或地表层越冬，翌年随风、雨传播侵染。

1.4 防治方法

（1）选择无病种子、种苗。

（2）清除病株，并集中烧毁，减少侵染来源。

（3）及时疏沟排水，降低田间湿度，保持通风透光，增强植株抗病力。

（4）重病田实行3年以上轮作。

a

b

图 33-2 知母叶斑病

2 知母根腐病

2.1 症状

主要为害知母的根茎。被害根茎初呈褐色水渍状斑块，其后变黑，病部逐渐软化而腐烂，患处有灰色脓状黏液产生，有臭味。由于根部腐烂，吸收水分和养分的功能逐渐减弱，最后导致知母全株死亡（图33-3～图33-5）。

2.2 病原

病原不详。

2.3 发病特点

病菌在土壤中或病残体上越冬，成为翌年主要初侵染源，病菌从根茎部或根部伤口侵入，通过雨水或灌溉水进行传播和蔓延。地势低洼、排水不良、田间积水、连作，植株根部受伤的田块发病严重。高温高湿和通气不良易发病。

2.4 防治方法

（1）选择健壮无病的种苗种植或浸种消毒。

（2）精耕细整土地，悉心培育壮苗，在移植时尽量不伤根，精心整理。

（3）确保不积水沤根，施足基肥。

图 33-3 知母根腐病

图 33-4 知母根腐病根部剖面

图 33-5 知母根腐病地上症状

3 大青叶蝉 *Tettigella viridis* (L.)

形态特征、为害特点、防治方法等参见第二章白术大青叶蝉部分（图33-6）。

图 33-6 大青叶蝉

第三十四章

紫苏病虫害

紫苏 （图34-1、图34-2）

Perilla frutescens (L.) Britt.

别名桂荏、白苏、赤苏等，唇形科紫苏属的植物。以叶和种子入药。紫苏叶能散表寒，发汗力较强，用于风寒表症，见恶寒、发热、无汗等症，常配生姜同用；如表症兼有气滞，可与香附、陈皮等同用，或用于脾胃气滞、胸闷、呕恶。我国华北、华中、华南、西南及台湾省均有野生种和栽培种。紫苏常见病害有褐斑病、病毒病等，虫害主要有紫苏野螟、银纹夜蛾、叶螨类等。

图 34-1 紫苏苗期

图 34-2 紫苏花期

1 紫苏褐斑病

1.1 症状

主要为害叶片、叶柄及茎。发病初期叶片上产生失绿小斑，初期为水浸状，后成为褐色，边缘有褪色晕圈的坏死干斑，叶背面颜色较浅，通常病斑不穿孔，扩展受叶脉所限呈多角形至不规则形，直径2~3mm，正反两面病斑上可产生少许黑点，即病菌分生孢子器。病害严重时叶片上病斑密集，短期内病叶即枯死。茎部染病后多形成长椭圆形坏死斑，并向上下扩散，红褐至紫褐色，边缘颜色略浅，后期可产生分生孢子器，严重时病部以上枝叶枯死（图34-3）。

1.2 病原

紫苏褐斑病病病原为丝孢目（Hyphomycetales），暗色孢科（Dematiaceae），尾孢属（*Cercospora*）真菌。

1.3 发病特点

以子座组织在田内病残体上越冬。条件适宜时侵染发病，发病后，在病部产生病菌孢子借雨水和气流传播，进行重复侵染。多雨、温度偏高（25~27℃），昼夜温差大，夜间长时间结露或生长期多雾发病重。植株生长衰弱，连作田病害发生较重。

1.4 防治方法

（1）加强田间栽培管理，雨后及时排出田间积水。

（2）增施腐熟的有机肥及磷、钾肥，提高植株抗病能力。

（3）发病初期及时摘除病叶，秋后或早春清除病残体，集中深埋或烧毁。

图34-3 紫苏褐斑病

2 紫苏病毒病

2.1 症状

主要为害叶部，叶片出现花叶，叶面略有皱缩，产生褪绿斑，心叶稍有变色（图34-4）。

2.2 病原

紫苏病毒病病原为紫苏斑驳病毒（Perilla mottle virus）。

2.3 发病特点

可由桃蚜[*Myzus persicae*（Sulzer）]进行非持久性传毒，发病率一般为20%～30%。此外，可通过汁液摩擦及农事操作传毒。田间蚜虫多，农事操作频繁，病害易传播，发病重。

2.4 防治方法

（1）选用抗（耐）病品种。

（2）加强田间管理，提高紫苏对病毒病抵抗力。

（3）通过防虫网、粘虫板等措施，治虫防病，进行蚜虫的早期防治。

图 34-4 紫苏病毒病

3 紫苏野螟 *Pyrausta phoenicealis* Hübner

紫苏野螟属鳞翅目，螟蛾科。又名紫苏红粉野螟、紫苏卷叶虫等。

3.1 形态特征

（1）成虫　体长6~7mm，翅展13~15mm。头部桔黄色，两侧有白色条纹。触角黄褐色。下唇须向前平伸，背面黄褐色，腹面白色。胸腹部背面黄褐色，腹面及足白色。前、后翅橙黄色，前翅有两条朱红色带。后翅顶角深红褐色，从前缘至臀角上侧有1条斜线（图34-6）。

（2）卵　长圆形、扁平，初产时灰白色，后变为淡黄色。

（3）幼虫　4龄，老熟幼虫体长16~18mm，体有紫红和青绿两种色型。沿背中线和气门下线两侧有断续的白色带。头部浅褐色，有深褐色点状花纹，中央有一“八”字纹。前胸背板两侧和后缘黑色。从中胸至腹部第8节背面各有黑色毛片3对。腹足5对，趾钩为双序缺环（图34-5）。

（4）蛹　长8~9mm，黄褐色，臀棘黑褐色，端部有8根白色刚毛。

3.2 寄主范围

其寄主植物有紫苏、糙苏、泽兰、大麻叶泽兰、丹参、留蓝香、薄荷等，尤以紫苏、泽兰受害较重。

3.3 为害特征

幼虫吐丝卷叶成筒状，并隐藏其中取食叶片。老龄幼虫常出巢活动，并能咬折嫩枝及叶柄，使其垂挂于植株上，渐渐干枯脱落（图34-7）。

图 34-5 紫苏野螟幼虫

图 34-6 紫苏野螟成虫

a

b

图 34-7 紫苏野螟为害状

3.4 发生特点

紫苏野螟在北京一年发生2～3代，以老熟幼虫在残叶或土缝内结茧越冬。翌年春4～5月化蛹、羽化，越冬代成虫于5月上旬开始出现，在紫苏上繁殖进行为害。成虫喜在叶背阴暗处栖息。卵散产在叶背小叶脉旁，大多单产。幼虫极活跃，一触即前后快速爬行，有吐丝下垂现象。幼虫老熟后在被害叶中或其它适合场所如土缝中结薄丝茧化蛹。

3.5 防治方法

（1）紫苏收获后，清洁田园，处理残株落叶，减少越冬虫数。

（2）冬季耕翻土地，消灭部分在土缝中越冬的幼虫。

（3）忌与唇形科作物连茬或间作、套作。

4 银纹夜蛾 *Argyrogramma agnata* (Staudinger)

银纹夜蛾属鳞翅目，夜蛾科。又名黑点银纹夜蛾、豆银纹夜蛾、菜步曲等。形态特征、寄主范围、发生特点、防治方法参见第八章薄荷部分。

为害特点：初孵幼虫在叶背取食叶肉，残留上表皮，大龄幼虫则取食叶片，将叶片吃成孔洞或缺刻，并排泄粪便污染植株（图34-8、图34-9）。

a

b

图 34-8 银纹夜蛾幼虫

a

b

图 34-9 银纹夜蛾幼虫及为害状

5 甜菜夜蛾 *Spodoptera exigua* (Hübner)

形态特征、发生特点、防治方法等参见第十二章枸杞甜菜夜蛾部分（图34-10）。

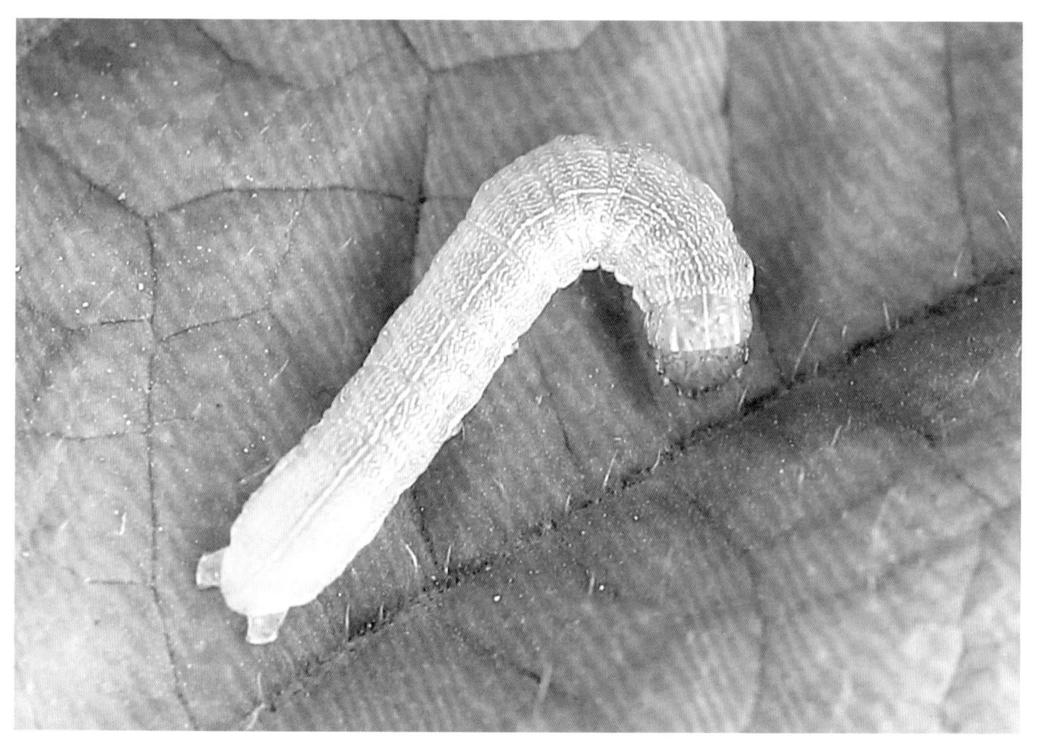

图 34-10 甜菜夜蛾幼虫及为害状

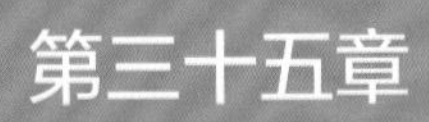

第三十五章

紫菀病虫害

紫菀 （图35-1、图35-2）

Aster tataricus L. f.

为菊科紫菀属的植物。多年生草本，根状茎斜生。以根茎入药，治风寒咳嗽气喘，虚劳咳吐脓血之功效。我国主要分布于河北、安徽等地区，在朝鲜、日本等地亦有分布。紫菀常见病害有根腐病、白粉病、斑枯病等，虫害主要有潜叶蝇、地老虎等。

图 35-1 紫菀花期

图 35-2 紫菀花期

1 紫菀斑枯病

1.1 症状

主要为害叶片。叶枯病多从叶缘、叶尖侵染发生，病斑由小到大不规则状，中央灰白色，边缘色较深。发病初期叶片出现紫黑色斑点，后扩大为近圆形暗褐色大斑，上生小黑点，为病菌的分生孢子器，病斑连片成大枯斑，干枯面积达叶片的1/3～1/2，病斑边缘有一较病斑深的带，病健界限明显。发生严重时叶片早枯脱落（图35-3、图35-4）。

图 35-3 紫菀斑枯病

图 35-4 紫菀斑枯病田间症状

1.2 病原

紫菀叶枯病病原为球壳孢目（Sphaeropsidales），球壳孢科（Sphaeropsidaceae），壳针孢属（*Septoria*），紫菀壳针孢（*Septoria tatarica* Syd.）。

1.3 发病特点

病菌以菌丝体与分生孢子在病残体越冬。翌年在温度适宜时，病菌的孢子借风、雨传播到寄主植物上发生侵染。夏季多发，尤以高温、多湿季节发病严重。

1.4 防治方法

（1）繁育健康的种根，建立无病留种田，繁育无病种根。

（2）秋季彻底清除病落叶，并集中烧毁，减少翌年的侵染来源。

（3）实行轮作，避免连作。

2 紫菀白粉病

2.1 症状

紫菀叶片上形成灰白色粉层，一般在紫菀生长后期发生。首先在植株下部的叶片上发生，叶片上出现很薄的灰白色粉层。受侵害的叶片病部不断扩展，病叶逐渐干枯。秋季，受害部位呈现褐色斑点，然后形成许多小黑点，即病菌的闭囊壳（图35-5）。

2.2 病原

紫菀白粉病病原是白粉菌目（Erysiphales），白粉菌科（Erysiphaceae），白粉菌属（*Erysiphe*），二孢白粉菌（*Erysiphe cichoracearum* DC.）。

2.3 发病特点

病菌以菌丝体与分生孢子在病残体上越冬。翌年在温度适宜时，病菌的孢子借风、雨传播到寄主植物上发生侵染。夏季多发，尤以高温、多湿季节发病严重。

2.4 防治方法

（1）选用抗（耐）病品种。

（2）与非寄主作物轮作3年，以减少病源。

（3）合理密植，注意通风透气。

（4）适时灌溉，雨后及时排水，防止湿气滞留。

（5）增施磷钾肥，提高植株抗病力。

（6）秋末清扫病落叶及病残体，集中烧毁，减少病源。

a

b

图 35-5 紫菀白粉病

3 紫菀根腐病

3.1 症状

主要为害植株茎基部与芦头部分。发病初期，根及根茎部分变褐腐烂，叶柄基部产生褐色梭形病斑，逐渐叶片枯死、根茎腐烂（图35-6～图35-8）。

a

b

图 35-6 紫菀根腐病

图 35-7 紫菀根腐病与正常株对比

图 35-8 紫菀根腐病地上症状

3.2 病原

紫菀根腐病病原为瘤座孢目（Tuberculariales），瘤座孢科（Tuberculariaceae），镰刀菌属（*Fusarium*）的真菌（图35-9）。

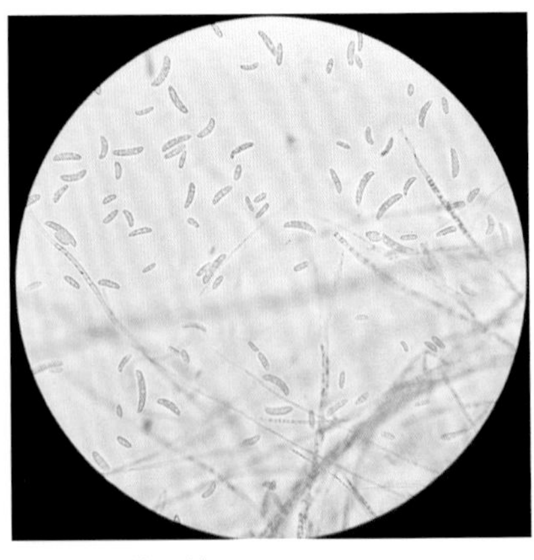
图 35-9 镰刀菌

3.3 发病特点

病菌在土壤中或病残体上越冬，成为翌年主要初侵染源，病菌从根茎部或根部伤口侵入，通过雨水或灌溉水进行传播和蔓延。地势低洼、排水不良、田间积水、连作的田块发病严重。多雨年份发病严重。

3.4 防治方法

（1）因地制宜地选用抗（耐）病品种，选用健康优质的种根。

（2）选择地势高，排水畅通、土层深厚、相对平坦的砂壤土种植。

（3）做好排水工作，排出积水，特别是雨季。

（4）育苗时选择与上年不同的苗床，倒茬种植。

（5）实行3年以上的轮作。

（6）合理施肥，施腐熟有机肥，适当增施磷钾肥，提高植株抗病力。

4 潜叶蝇类

形态特征、发生特点、防治方法等参见第三章板蓝根部分（图35-10）。

图 35-10 潜叶蝇为害状

附录

附录1

中药材常见地下害虫

地下害虫，指的是一生或一生中某个阶段生活在土壤中的害虫，其为害植物地下部分（种子、根、块根、茎、块茎）或近土表的嫩茎、芦头等。地下害虫可为害粮食作物、经济作物、蔬菜、花卉、药用植物、牧草等。

我国地下害虫主要有蝼蛄、蛴螬、金针虫、地老虎、根蛆、根蝽、根蚜、拟地甲、蟋蟀、根蚧、根叶甲、根天牛、根象甲和白蚁等10多类，约320余种，分属8目36科。分布非常广泛，在全国各省区均有发生。但发生种类因地而异，一般以旱作地区普遍发生，尤以蝼蛄、蛴螬、金针虫、地老虎和根蛆最为重要。

许多药用植物是以根、块根或根茎入药，这些部分极易受到地下害虫的为害。苗期受害，造成缺苗断垄，以致毁种；生长期受害，破坏根系，造成植株矮小或死亡，受害后的药材产量和品质下降。另外药用植物根部被害后造成的伤口导致病原菌、病毒或线虫的感染，加剧地下部病害的发生和蔓延，可以引起根腐病等多种病害，严重影响了中药材的产量和质量。

地下害虫对中药材的危害特点：①危害时间长：从苗期到成熟期均可受到地下害虫为害；②危害隐蔽：地下害虫一般生活在土壤0～30cm土层中隐蔽为害，不易被发现；③食性杂：几乎所有的以地下部分入药的药用植物均可受到地下害虫的为害；④多年生药用植物，易造成地下害虫虫源连年积累、种群混合发生，受害严重；⑤以根、块根、鳞茎为无性繁殖材料，可携带一些地下害虫的虫卵或幼虫（若虫），造成地下害虫的广泛传播为害。

由于地下害虫种类多、食性杂、分布广、为害隐蔽，且为害期往往较长，增加了防治的难度。因此防治地下害虫要采取地上与地下防治相结合、幼虫和成虫防治相结合、播种期与生长期防治相结合的策略，因地制宜地综合运用农业防治、化学防治和其他必要的防治措施，以达到保产和保质的目的。

蛴螬类

蛴螬为鞘翅目金龟甲总科幼虫的总称（图附-1）。其特征为：体躯肥大，弯曲呈“C”字型，多为白色，少数为黄白色，体壁较柔软多皱，体表疏生细毛。头部褐色至红褐色。胸足3对，一般后足较长。腹部10节。

图附 -1 蛴螬（金龟甲幼虫）

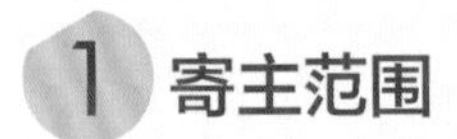

1 寄主范围

蛴螬类在各地常混合发生，但发生种类因地而异。其食性杂，除为害各种果树、蔬菜、大田作物外，还能取食多种药用植物。据不完全统计，蛴螬可为害50余种药用植物，如白术、白芍、白芷、百合、柴胡、当归、甘草、丹参、党参、桔梗、黄芪、半夏、金银花、菊花、薄荷、紫苏、黄精、地黄、天南星、紫菀、太子参、板蓝根、人参、贝母、麦冬、牡丹、黄连、山药、杜仲、红花、吴茱萸、绞股蓝等。

2 为害特征

成虫取食植物嫩芽、嫩叶、花蕾和花瓣等，造成不规则的缺刻或孔洞，严重时整株叶片全被食光，仅留叶脉；幼虫为害植物根、块根、块茎、鳞茎、芦头等，造成缺苗断垄、植株矮小或死亡，导致药材产量和品质下降。另外其造成的伤口常导致病原菌、病毒或线虫的感染，加剧根腐病、线虫病等病害的发生和蔓延，严重影响中药材的产量和质量（图附-2 ~ 图附-10）。

图附 -2 蛴螬为害白芷

图附 -3 蛴螬为害白术

图附 -4 蛴螬为害金莲花

图附 -5 蛴螬为害金银花

图附 -6 蛴螬为害荆芥

a

b

图附 -7 蛴螬为害山药

a

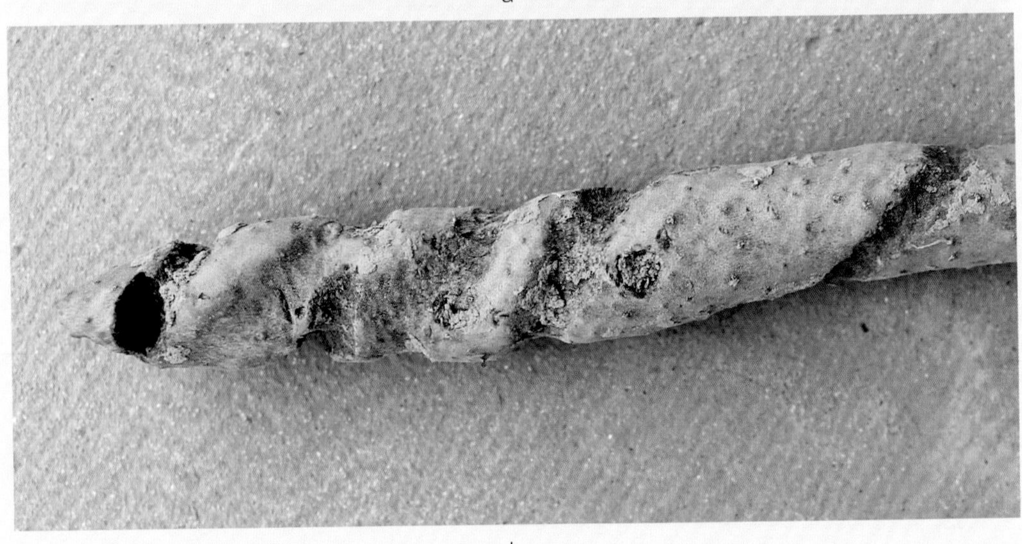

b

图附 -8 蛴螬为害山药症状

图附 -9 蛴螬为害知母

图附 -10 蛴螬为害紫菀

3 常见种类及发生特点

为害药用植物的蛴螬种类较多，常见的有大黑鳃金龟、暗黑鳃金龟、黑绒鳃金龟（东方绢金龟）、毛黄鳃金龟、铜绿丽金龟、黄褐丽金龟、苹毛丽金龟等。

3.1 华北大黑鳃金龟*Holotrichia oblita* (Faldermann)

华北大黑鳃金龟属鞘翅目鳃金龟科。

3.1.1 形态特征

（1）成虫　长椭圆形，体长16 ~ 21mm、宽8 ~ 11mm，黑色或黑褐色，有光泽。触角10节。前胸背板两侧缘呈弧状，最宽处在中间。鞘翅长度为前胸背板宽度的2倍，每侧有4条明显的纵肋（图附-11）。前足胫节外侧3齿，内方距1个（图附-12）。中后足胫节末端2距。臀板外露，向腹面包卷，与肛腹板相汇合于腹面（图附-13）。雄虫前臀节腹板中间具明显的三角形凹陷；雌虫前臀节腹板中间无凹陷，具一横向的枣红色棱形隆起骨片。

（2）卵　初产时长椭圆形，白色略带绿色光泽，长约2.5mm，宽1.5mm。发育后期近圆形，长约2.7mm，宽2.2mm，白色。

图附 -11 华北大黑鳃金龟成虫

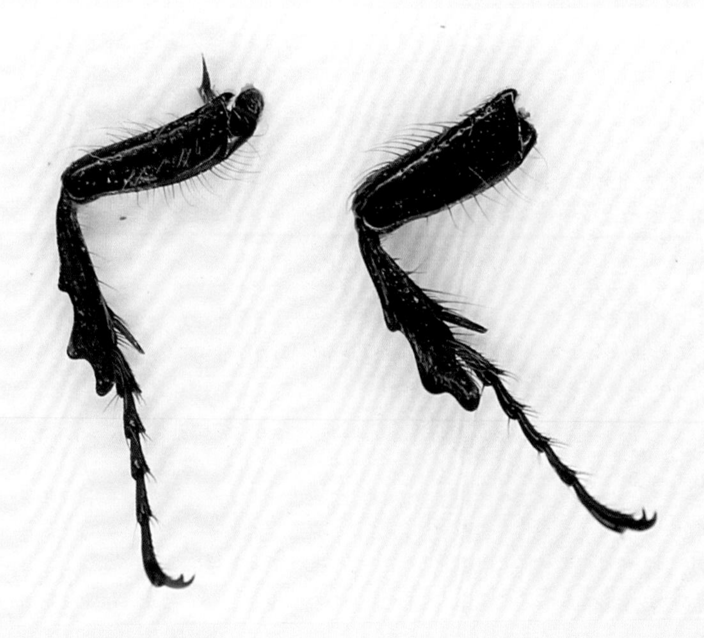

图附 -12 大黑、暗黑鳃金龟成虫前足比较

图附 -13 大黑、暗黑鳃金龟成虫臀板比较

（3）幼虫　共3龄。老熟幼虫体长35～45mm。头部前顶毛每侧3根，其中冠缝旁2根，额缝上方1根。肛门孔3射裂缝状。肛腹板后复毛区中间无刺毛列，只有钩状毛散乱排列，多为70～80根。

（4）蛹　体长21～23mm、宽11～12mm。化蛹初期白色，之后变为黄褐色至红褐色。尾节具尾角1对。

3.1.2 发生特点

华北大黑鳃金龟在河北两年发生1代，以成虫或幼虫在土中越冬。越冬成虫约4月中旬开始出土，出土高峰在5月上旬至6月上旬。成虫白天潜伏土中，黄昏活动，20：00～21：00为出土、取食、交尾高峰，有假死性，雄虫趋光性强；成虫喜在背风向阳、疏松潮湿的4cm左右深的土中产卵，但以砂壤土、杂草丛生的滩地、水渠、沟旁为主。 6～7月为产卵盛期。6月中旬幼虫陆续孵化、为害作物根部。各龄幼虫均有相互残杀习性。秋末地温降至10℃以下时，以第3龄幼虫及部分2龄幼虫在30～40cm土壤中作一长椭圆形土室越冬；翌年春季当10cm土层地温达14℃时，越冬幼虫开始上移、为害。5～6月幼虫老熟后开始准备化蛹，之后羽化为成虫后即在土中潜伏、相继越冬，直至第3年春天才出土活动。

成虫越冬多的年份，夏秋作物受害严重，春季受害轻。幼虫越冬多的年份，春季受害较重，夏秋季则轻。

对华北大黑鳃金龟的出土影响最大的是相对湿度，其次是日均温度和降雨量。灌水和降雨可影响幼虫在土壤中的分布，如遇降雨或灌水则暂停为害下移至土壤深处，若遭水浸则在土壤内作一穴室，如浸渍3天以上则常窒息而死，故可灌水减轻幼虫的为害。

3.2 暗黑鳃金龟*Holotrichia parallela* Motschulsky

暗黑鳃金龟属鞘翅目鳃金龟科。

3.2.1 形态特征

暗黑鳃金龟与大黑鳃金龟形态近似。

（1）成虫　体长17～22mm，体宽9～11.5mm，黑色或黑褐色，无光泽。前胸背板前缘有成列的褐色长毛，且背板最宽处位于两侧缘中点以后。鞘翅两侧缘几乎平行，每侧4条纵肋不明显。前足胫节外侧3齿，中齿明显靠近顶齿。臀节背板不向腹面包卷，与肛腹板相汇合于腹末（图附-12～图附-14）。

（2）卵　初产时长椭圆形，长约2.5mm，宽1.5mm。发育后期近圆形，长约2.7mm，宽2.2mm，白色。

（3）幼虫　共3龄。老熟幼虫体长35～45mm。头部前顶毛每侧1根，位于冠缝旁。肛门孔3射裂缝状。肛腹板后复毛区中间无刺毛列，只有钩状毛散乱排列，多为70～80根。

（4）蛹　体长20～25mm、宽10～12mm。臀节三角形，具尾角1对。

3.2.2 发生特点

暗黑鳃金龟在各地均为一年发生1代，主要以幼虫越冬，少量以成虫越冬。越冬幼虫翌年不再上移为害，直接在越冬处化蛹、羽化。在河北巨鹿成虫出土盛期为6月下旬至7月中旬，有隔日出土习性。成虫昼伏夜出，趋光性强，飞翔速度快，有假死习性，喜群集在灌木、农作物的叶上交配，之后群集于高大乔木上彻夜取食，黎明前入土潜

图附－14 暗黑鳃金龟成虫

伏。产卵盛期在6月中至7月上旬，喜产卵于6～10cm潮土中，卵散产，卵期8～10天。幼虫卵孵化后为害作物的根部，秋末下移到30～40cm土中越冬。

成虫出土与气象因素关系密切，若出土前降中到大雨，当晚少出土或不出土。幼虫活动主要受土壤温湿度制约，在卵和低龄幼虫阶段，若土壤中水分含量较大则会淹死卵和幼虫。幼虫活动也受温度制约，幼虫常以上下移动寻求适合地温。

3.3 黑绒鳃金龟 *Maladera orientalis* Motschulsky

黑绒金龟子属鞘翅目鳃（绢）金龟科，异名*Serica oirentalis* Motschulsky，又称东方绢金龟、东方金龟子、天鹅绒金龟子等。

3.3.1 形态特征

（1）成虫　成虫体长6～9mm，卵圆形，前窄后宽。具有黑色和红褐色2种色型，黑色个体多于红褐色个体，二者均带有天鹅绒光泽。触角多为9节，鳃叶部3节。鳃叶部雄虫细长，侧视呈线形，雌虫短粗，中部膨大，侧视为椭圆形。前胸背板短阔，前后缘几平行，密布粗深刻点，前缘、侧缘有长毛，前侧角呈锐角状，后侧角钝角形。鞘翅密布刻点，有9条浅纵沟，侧缘列生刺毛（图附-15）。

（2）卵　椭圆形，长1.1～1.2mm，乳白色，光滑，孵化前色泽逐渐变暗。

（3）幼虫　共3龄，老熟幼虫体长14～16mm，乳白色。头部前顶毛每侧1根，额中每侧1根。臀节腹面钩毛区前缘呈双峰状，刺毛列由20～26根锥状刺组成弧形横带，位于腹毛区近后缘处，横带中央有明显中断。肛门开口于末端，其裂口呈倒“Y’形，在裂口的四周密布刚刺（图附-16）。

图附 -15 黑绒鳃金龟成虫

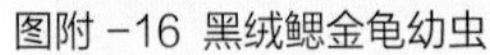
图附 -16 黑绒鳃金龟幼虫

图附 -17 黑绒鳃金龟蛹

（4）蛹　体长为6 ~ 9 mm，黄褐至黑褐色，腹部末端有臀刺1对（图附-17）。

3.3.2 发生特点

黑绒金龟子一年发生1代，以成虫在土中越冬。翌年4月上中旬成虫开始出土活动，初期多集中在蒲公英、田旋花等发芽早的阔叶杂草上取食，4月下旬到6月上旬为成虫在苹果、金银花等植物上的为害盛期。成虫每日出土时间为16：00 ~ 17：00开始，18：00 ~ 20：00为盛期，20：00以后陆续潜入到表土层中隐藏。成虫有趋光性和假死性，卵单个产于植物根际附近的表土层中，孵化的幼虫在地下食害植物的根系，8月下旬幼虫老熟后潜入土中20 ~ 30cm处化蛹，蛹期约10天，羽化，成虫不出土原地越冬。2016年卢曦等报道黑绒金龟子在河北巨鹿金银花田间的越冬虫态以幼虫为主，幼虫和成虫占比分别为89.3%和9.7%，与已有报道存在差异。

3.4 毛黄鳃金龟*Holotrichia trichophora* (Fairmaire)

毛黄鳃金龟属鞘翅目鳃金龟科。

3.4.1 形态特征

（1）成虫　体长14 ~ 17mm，黄褐色，全身除小盾片光滑无毛外，布满明显的细小点和细长毛，尤其是前胸背板、鞘翅前半部和胸部腹面的毛多而长。复眼黑色，两复眼间有一条明显突出的横脊线。触角9节，红褐色。鞘翅黄褐色，肩瘤明显，无隆起带，质地薄。前足胫节外侧有3个锐齿，内侧有一细长刺；中足胫节外侧有2个刺状突；后足胫节末端明显呈喇叭状，外侧有2排刺状突，每排4个；足跗节5节，端部生一对爪，且爪中部向内垂直着生1齿（图附-18）。

图附 -18 毛黄鳃金龟成虫

（2）卵　近球形，直径约2mm，乳白色。

（3）幼虫　共3龄，老熟幼虫体长40 ~ 45mm。头为黄褐色，前顶毛每侧6根，后顶毛3根。上唇隆起明显，中间具2条平行横脊。臀节腹面锥状毛较多，尖端向内，中央有一近椭圆形的裸区，肛门孔三射裂状。

（4）蛹　体长23 ~ 25mm。从头部至腹部背板中央具1纵凹线。尾节瘦长，三角形。

3.4.2 发生特点

毛黄鳃金龟在河北、山东、山西一年发生1代，以成虫在土中越冬，在山东也可以幼虫或蛹越冬。早春当日平均气温10℃以上时，成虫逐渐出土活动，遇低温即潜伏表土。5月上旬达到活动高峰，发生期短且集中。4月初交尾产卵，5月上旬为产卵盛期。5月下旬幼虫陆续孵化，2 ~ 3龄幼虫为害各种作物根部。9月下旬幼虫老熟，10月成虫羽化越冬。

成虫寿命短，活动力差。成虫出土后不取食，即进行交配。一般雄虫先出土，在地面低空短飞寻找雌虫，雌虫不飞翔。一头雌虫同时吸引几十头甚至上百头雄虫滚团在一起竞争交配。

3.5 铜绿丽金龟 *Anomala corpulenta* Motschulsky

铜绿丽金龟属鞘翅目丽金龟甲科，又名铜绿金龟子、青金龟子、淡绿金龟子。

3.5.1 形态特征

（1）成虫　长卵圆形，体长19 ~ 21mm。触角9节，鳃叶状，黄褐色。前胸背板及鞘翅铜绿色具金属光泽，上面有细密刻点。鞘翅各具不明显的纵肋4条，肩部具疣突。前足胫节外缘具2齿，前、中足爪一大一小，大爪分叉。胸部腹板密被绒毛，腹部每腹板具毛一排。臀板三角形黄褐色，常具1～3个形状多变的铜绿或古铜色斑纹。腹面乳白或黄褐色（图附–19）。

（2）卵　椭圆形，长1.6～1.9mm，卵壳光滑，乳白色。

（3）幼虫　共3龄。老熟幼虫体长30～33mm，体乳白色。头部黄褐色，前顶刚毛每侧各6～8根，排成一纵列。肛腹片后部腹毛区正中有2列黄褐色长的刺毛，每列15～18根，两列刺毛的刺尖彼此相遇、交叉。刺毛列的前端远没达到钩状刚毛群的前部边缘。肛门孔横裂状。

（4）蛹　裸蛹，体长22～25mm，淡黄色，体微弯。雄蛹臀节腹面中央有4个乳状突起。雌蛹无此突起。

3.5.2 发生特点

在北方一年发生1代，以幼虫越冬。翌年春季当10cm地温升至8℃时，越冬幼虫迁至耕作层活动为害一段时间，幼虫老熟后多在5～10cm土层内做蛹室化蛹。6～7月为成虫盛发期，成虫有趋光性、假死性和群集性，昼伏夜出、飞翔力强。成虫将卵散产于寄生根际附近5～6cm的土层内，尤喜产卵于大豆、花生地，其次为果树、林木和其他作物田中。7月间出现新一代幼虫，取食寄主植物的根部。秋末当10cm内地温降至10℃时，幼虫陆续迁至40～70cm的土层内越冬。幼虫在春、秋两季为害严重。

图附–19 铜绿丽金龟成虫

3.6 黄褐异丽金龟*Anomala exoleta* Faldermann

黄褐异丽金龟属鞘翅目丽金龟科，又名黄褐丽金龟。

3.6.1 形态特征

（1）成虫　体长15～18mm，宽7～9mm，黄褐色，有光泽。前胸背板色深于鞘翅。触角9节，黄褐色，雄虫触角鳃叶部粗而长，雌虫则细短。前胸背板隆起，两侧呈弧形，后缘在小盾片前密生黄色细毛。鞘翅上密布刻点，各有3条暗色纵肋。3对足的基、转、腿节淡黄褐色，前、中足爪一大一小，大爪分叉。腹部淡黄褐色，有细毛（图附-20）。

（2）卵　初产时较小，长约2.1mm，宽1.5mm，乳白色。随胚胎发育，卵粒逐渐增大，孵化前长约3.2mm，宽约2.7mm。

（3）幼虫　共3龄，老熟幼虫体长25～35mm。头部前顶刚毛每侧5～6根，呈一排纵列。肛腹片后部覆毛区中央有2列刺毛列，由短锥状和长针状2种刺毛组成。前段短锥状刺毛12～15根，占全刺列长的3/4；后段长针刺毛11～13根，呈”八”字形向后叉开，占全刺毛列的1/4。肛门孔横裂状。

（4）蛹　体长18～20mm，初为淡黄色，后渐变为黄褐色。

3.6.2 发生特点

黄褐异丽金龟在华北一年发生1代，以幼虫在土中越冬。翌年春气温回升，幼虫向

图附-20 黄褐异丽金龟成虫

上迁移为害春播作物的种子、幼苗。5月陆续化蛹。在河北巨鹿，成虫始见于6月中旬，6月下旬至7月上旬是成虫活动高峰，之后发生量逐渐减少，进入8月后虫量下降到较低水平。成虫昼伏夜出，傍晚活动最盛，具假死性，趋光性强。成虫出土后不久即交尾产卵，卵散产于5cm深的土层中，产卵盛期为6月下旬至7月底，产卵后成虫很快死亡。幼虫孵化盛期为7月上旬至8月初，2～3龄幼虫对作物根部为害严重。秋末幼虫下移到50～80cm土层越冬。幼虫主要在春、秋两季为害。

3.7 苹毛丽金龟*Proagopertha lucidula* (Faldermann)

苹毛丽金龟属鞘翅目丽金龟科。

3.7.1 形态特征

（1）成虫　体小型，长8.9～12.2mm，宽5.5～7.5mm，长卵圆形，背、腹面弧形隆起，体表长绒毛厚密。体躯除鞘翅外均为黑色或黑褐色，常具紫铜色或青绿色光泽。触角9节，雄虫触角鳃叶部较额宽长，雌虫只及额宽之半。前胸背板密布刻点，具长毛。鞘翅黄褐色，半透明，具光泽，有9条刻点列，列间有刻点散布。中胸腹突呈尖指状，后胸腹板中央凹陷成纵沟。臀板短阔，三角形，表面粗糙，密布刻点，具长毛（图附–21）。

（2）卵　椭圆形，乳白色。近孵化时变为米黄色。

（3）幼虫　共3龄，老熟幼虫体长约10～22mm，全身被黄褐色细毛。肛腹片后部覆毛区中央有2列刺毛列，由短锥状和长针状2种刺毛组成。前段短锥状刺毛6～12根，后段长针状刺毛6～10根，相互交错排列。肛门孔横裂状。

（4）蛹　长12.5～13.8mm，裸蛹，深红褐色。

图附–21 苹毛丽金龟成虫

3.7.2 发生特点

苹毛丽金龟一年发生1代，以成虫在土中越冬。翌年春季4月上中旬当气温达11℃时，成虫出土活动，当气温高于20℃、无风的天气时数量最多。成虫趋光性不强，假死习性与温度密切相关，当气温低于18℃时，假死习性非常明显，稍遇震动则坠落地面；气温高于22℃时，成虫假死习性不明显。成虫喜食花、嫩叶。卵多产于5~10cm有机质丰富的疏松土壤中。卵期17~25天，1龄幼虫历期20~38天，生活在2~5cm深的土中，2龄历期24~36天，生活在4~10cm深的土中，3龄，33~66天，生活在20cm深的土中。8月上旬幼虫向上移动到地表10cm土层中做土室化蛹，8月下旬蛹开始羽化为成虫。新羽化的成虫当年不出土，即在土中越冬。

4 防治方法

4.1 农业防治

（1）深耕晒垡，深耕可以杀死一部分害虫，同时还可以让害虫或虫卵暴露在表面，这样既能破坏其越冬、生栖、繁殖的场所，减少害虫的基数，又能达到土壤松软的目的。

（2）清洁田园　作物收获后及时清洁田园。在作物出苗前或地下害虫1~2龄幼虫盛发期，及时铲尽田间杂草，减少幼虫早期食料，也可消灭部分幼虫和卵。

（3）合理使用肥料　增施腐熟的有机肥能改良土壤透水、透气性能，有利于土壤微生物的活动，从而使根系发育快，苗齐苗壮，增强抗虫性。未腐熟的农家肥是地下害虫产卵繁殖的场所。因此，药用植物栽培施用农家肥时，忌用未腐熟的农家肥。同时，合理施用碳酸氢铵、腐殖酸铵、氨水或氨化过磷酸钙等化学肥料，对蛴螬的防治具有一定的驱避作用。

（4）合理轮作　在小麦、玉米、花生、大豆、马铃薯、甘薯等地，蛴螬往往发生为害较重，棉花、油菜等直根系作物为害较轻，合理轮作，尤其是水旱轮作，可明显减轻地下害虫的为害。

4.2 物理防治

（1）利用成虫的趋光性，在成虫发生期，利用黑光灯或频振诱虫灯诱杀成虫。同时可兼治其他具趋光性的害虫。

（2）每公顷挖300~450个深30cm左右的长方形坑，坑内铺垫上塑料薄膜，倒满清水。夜间水坑因光反射而比较明亮，具有趋光性的金龟子便飞入水坑中被淹死。隔2~3天捞出成虫，再补满清水诱杀。

（3）在成虫发生期，利用成虫的假死习性，人工早晚振落捕杀成虫，将成虫消灭在产卵之前，以压低虫口数量。

4.3 生物防治

（1）暗黑臀钩土蜂、弧丽金龟钩土蜂、福腮钩土蜂等对金龟甲幼虫具有明显的控制作用。步行虫、食虫虻、青蛙、蟾蜍、鸟类可以捕食金龟甲成虫或幼虫，要加以保护利用。

（2）利用性信息素诱捕成虫　目前已研制出暗黑鳃金龟缓释型诱芯及金龟甲型诱捕器，其对暗黑鳃金龟的诱捕效果较好。

4.4 化学防治

（1）毒饵诱杀　每公顷用75kg碾碎炒香的米糠或麦麸，加入90%的敌百虫晶体750g及少量水拌匀，傍晚撒于作物垄间，次日清晨收集被诱蛴螬，并集中处理。

（2）毒草诱杀　将鲜嫩草切碎，用90%敌百虫晶体或50%辛硫磷乳油500倍液喷洒后，每公顷用毒草150～225kg，于傍晚分成小堆放置田间附近，进行诱杀。

蝼蛄类

蝼蛄属直翅目蝼蛄科。常见的种类有华北蝼蛄和东方蝼蛄。

1 寄主范围

其食性杂，除为害各种果树、蔬菜、大田作物外，还能取食多种药用植物。据不完全统计，蝼蛄可为害30余种药用植物，如人参、党参、地黄、贝母、牡丹、白术、百合、桔梗、山药、黄芪、射干、天麻、甘草、穿心莲、款冬花、杜仲等多种药用植物。

2 为害特点

成虫、若虫均能为害。蝼蛄主要为害各种作物刚播下的种子、幼芽、幼苗的根部和靠近地面的幼茎，用口器和前足将作物根茎撕成乱麻，使植株枯死。同时由于该虫的活动将表土层窜成许多隧道，造成种子架空，幼苗吊根，导致种子不能发芽，幼苗失水而死，常造成缺苗断垄。为害时期以春秋两季最严重（图附-22）。

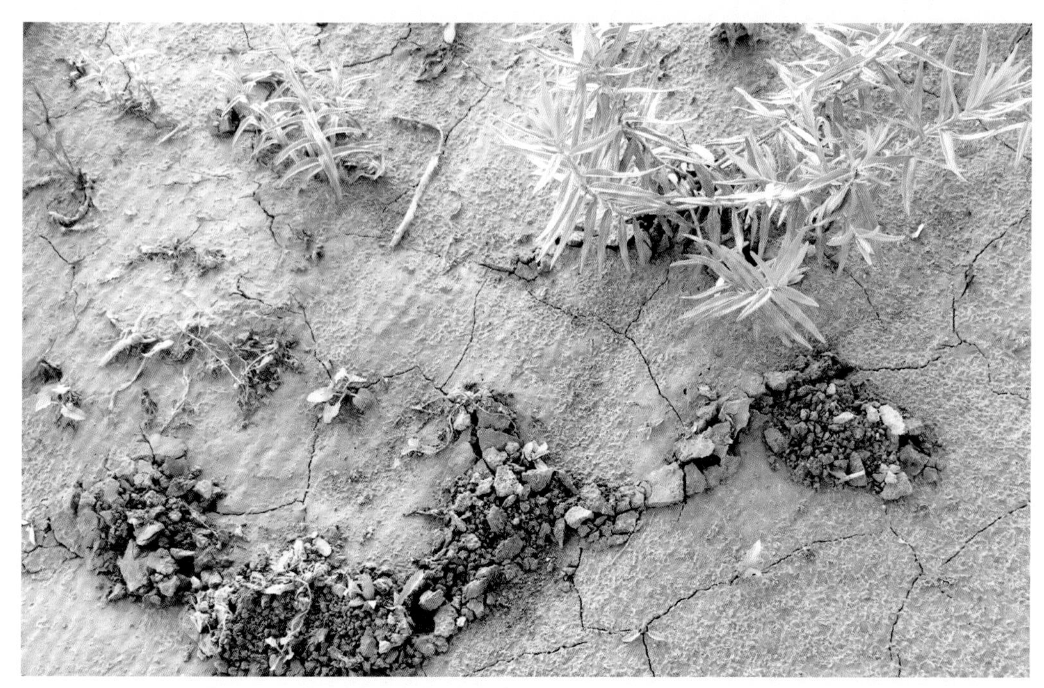

图附－22 蝼蛄隧道

3 常见种类及发生特点

3.1 华北蝼蛄*Gryllotalpa unispina* Saussure

3.1.1 形态特征

（1）成虫　体较粗肥大，雌虫体长45～66mm，雄虫39～45mm。体黄褐，全身密布细毛。前胸背板发达呈盾形，中央有1个不明显的心脏形暗红色斑。前足开掘足，腿节内侧下缘缺刻明显。前翅鳞片状，覆盖腹部不到1/3。后足胫节内侧有刺1个或消失（此点是区别东方蝼蛄的主要特征）。腹部近圆筒形，背面黑褐色，腹面黄褐色，尾须1对（图附－23～图附－25）。

（2）卵　椭圆形，初产时长1.6～1.8mm，宽0.9～1.3mm，孵化前长2.0～2.8mm，宽1.5～1.7mm。初产时黄白色，后变黄褐色，孵化前呈深灰色。

（3）若虫　共12～13龄，末龄若虫体长36～40mm，形态似成虫。初孵若虫体长3.6～4.0mm，乳白色，复眼淡红色。2龄以后变为黄褐色，5、6龄后基本与成虫同色。

3.1.2 发生特点

华北蝼蛄一般需三年完成1代，以若虫、成虫在土层深处越冬。翌年春，当20cm地温达5.4℃时开始活动，地面出现新鲜虚土隧道。春秋两季，当20cm地温为16～20℃时，是蝼蛄猖獗为害时期，夏季炎热时则潜入较深土层中越夏。成虫喜欢在轻度盐碱、腐殖质多的壤土或砂壤土中产卵，产卵盛期在6～7月。初孵若虫有群居性，之后分散为害，秋末达8～9龄时，深入土中越冬。越冬若虫翌年4月上、中旬开始活动为害，当年

图附 -23 华北蝼蛄成虫

图附 -24 华北蝼蛄前胸背板

图附 -25 华北蝼蛄后足

蜕皮3～4次，至秋末以高龄若虫越冬。第3年春季又开始活动，8月上中旬若虫老熟，蜕皮羽化为成虫，为害一段时间后即越冬。

蝼蛄昼伏夜出，21：00～23：00为活动、取食高峰。具强烈的趋光性。对香、甜的物质气味有趋性，特别喜食炒香的豆饼、麦麸及煮至半熟的谷子、稗子，对马粪等未腐熟有机物有趋性。喜湿，俗称“蝼蛄跑湿不跑干”。

3.2 东方蝼蛄*Gryllotalpa orientalis* Burmeister

3.2.1 形态特征

（1）成虫　体较细瘦短小，体长30～35mm。体灰褐色，全身密布细毛。前胸背板呈卵形，中央有一个明显的心脏形暗红色斑。前足开掘足，腿节内侧下缘无缺刻，较平直。前翅鳞片状，覆盖腹部的1/2。后足胫节内侧有刺3～4个，此点是识别东方蝼蛄的主要特征，腹末具1对尾须（图附−26～图附−28）。

（2）卵　椭圆形，初产时长约2.8mm左右，孵化前长约4.0mm。初产时乳白色，有光泽，渐变黄褐色，最后变为暗紫色。

（3）若虫　共8～9龄，末龄若虫体长24～28mm，形态似成虫。初孵若虫体长4mm左右，乳白色。2、3龄以后体色接近成虫。

3.2.2 发生特点

东方蝼蛄在华北、西北、东北地区两年完成1代，以若虫、成虫在土层深处越冬。翌年春，当20cm地温达5.4℃时开始活动，地面出现新鲜虚土隧道。在河南，越冬成虫

图附−26 东方蝼蛄成虫正面观

5月开始产卵，产卵盛期为6～7月，成虫多集中在沿河、池塘和沟渠附近产卵。初孵若虫有群居性，之后分散为害，秋末达4～7龄时，深入土中越冬。越冬若虫翌年春恢复活动、为害，8～9月羽化为成虫，为害一段时间后即越冬。

蝼蛄昼伏夜出，21：00～23：00为活动取食高峰。具强烈的趋光性。对香、甜的物质气味有趋性，特别喜食炒香的豆饼、麦麸及煮至半熟的谷子、稗子，对马粪等未腐熟有机物有趋性。喜湿，俗称“蝼蛄跑湿不跑干”。

图附 -27 东方蝼蛄前胸背板

图附 -28 东方蝼蛄后足

4 防治方法

4.1 农业防治

（1）深耕翻地，破坏蝼蛄栖息和繁殖的场所，以压低虫口密度。深耕不仅可以杀死一部分蝼蛄，同时还可以让害虫或虫卵暴露在表面，这样既能破坏其越冬、生栖、繁殖的场所，减少害虫的基数，又能达到土壤疏松的目的。

（2）合理使用肥料　增施腐熟的有机肥能改良土壤透水、透气性能，有利于土壤微生物的活动，从而使根系发育快，苗齐苗壮，增强抗虫性。未腐熟的农家肥是地下害虫产卵繁殖的场所。因此药用植物栽培施用农家肥时，忌用未腐熟的农家肥。

（3）秋末大水冬灌，可压低虫口数量，减轻蝼蛄为害。

（4）水旱轮作，可明显减轻蝼蛄的为害。

4.2 物理防治

（1）蝼蛄具强烈的趋光性，用黑光灯或频振式诱虫灯进行灯光诱杀。晴朗无风闷热的天气诱集效果好。

（2）马粪或鲜草诱杀　在田间，每隔20m左右挖一小坑（30cm × 20cm × 6cm），然后将马粪或带水的鲜草放入坑内诱集，加上毒饵更好，次日清晨可到坑内集中捕杀。

（3）根据蝼蛄活动产生的新隧道，进行人工捕杀。

4.3 化学防治

毒饵诱杀：每公顷用75kg碾碎炒香的米糠或麦麸，加入90%的敌百虫晶体750g及少量水拌匀，傍晚撒于作物垄间或作物根部附近，次日清晨收集被诱蝼蛄，并集中处理。

地老虎类

地老虎属鳞翅目夜蛾科。常见的种类有小地老虎、黄地老虎。幼虫又名土蚕、地蚕、切根虫等。

1 寄主范围

其食性杂，除为害各种蔬菜、大田作物外，还能取食多种药用植物。据不完全统计，地老虎类可为害70余种药用植物，如人参、丹参、地黄、牡丹、麦冬、百合、桔梗、芍药、红花、牛蒡子、白芷、当归、射干、紫菀、黄芪、半夏、薄荷、枸杞子、山茱萸、杜仲等多种药用植物。

2 为害特征

地老虎以幼虫为害药用植物，3龄前幼虫多集中在寄主叶背或心叶啃食叶肉，残留表皮。4龄以上幼虫扩散为害，白天在土下，夜间及阴雨天外出，主要从地面上咬断幼苗茎基部（根茎结合部），将咬断的植株拖入洞口或窝中，使植株死亡，造成缺苗断垄，严重的甚至毁种重播（图附-29）。

a

b

图附 -29 地老虎为害状

3 常见种类及发生特点

3.1 小地老虎*Agrotis ipsilon* (Hüfnagel)

异名*Agrotis ypsilon*（Rottemberg）

3.1.1 形态特征

（1）成虫　体长16～23mm，翅展42～54mm。体暗褐色。雌虫触角丝状，雄虫双栉状，栉齿较短，端半部为丝状。前翅暗褐色，具有显著的肾状斑、环形纹、棒状纹和2个黑色剑状纹。在肾状纹外侧有一明显的尖端向外的楔形黑斑，在亚缘线内侧有2个尖端向内的楔形黑斑，3斑相对，易于识别。后翅灰色，无斑纹（图附-30）。

（2）卵　半球形，高0.38～0.5mm，直径约0.61mm，表面有纵横交错的隆起线纹。初产时乳白色，孵化前为灰褐色。

（3）幼虫　一般为6龄，少数5龄或7龄，老熟幼虫体长41～50mm。体稍扁平，暗褐色。体表粗糙，布满龟裂状的皱纹和黑色小颗粒，背面及侧面有暗褐色纵带。头部唇基形状为等边三角形。腹部1～8节背面各有4个毛片，后方的2个毛片较前方的2个要大1倍以上（图附-31）。腹部末节臀板有2条深褐色纵带（图附-32）。

（4）蛹　长18～24mm，暗褐色。腹部第4～7节基部有一圈刻点，背面的大而色深。腹端具臀棘一对。

a

b

图附 -30 小地老虎成虫

图附 -31 小地老虎幼虫

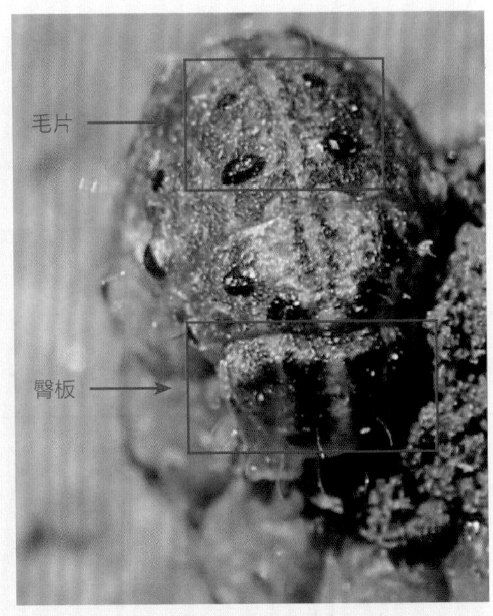

图附 -32 小地老虎幼虫毛片与臀板

3.1.2 发生特点

小地老虎属于迁飞性害虫。其生活史在各省区因地势、地貌与气候不同而异，在黄河、海河地区1年发生3~4代，以第1代幼虫为害最重。10℃等温线以南地区为主要越冬区，冬季小地老虎能正常生长发育，形成较大的种群，翌年3月越冬代成虫大量北迁，秋季由北方地区迁移返回。

成虫昼伏夜出，白天潜伏于杂草丛中、枯叶下、土隙间，夜晚活动。飞行能力强，有趋光性，对糖醋液有很强的趋性。产卵场所因季节、植物种类而异，杂草或作物未出苗时，卵散产于枯草或土块上；寄主植物丰盛时，多产于寄主植物叶片背面，尤喜欢在灰藜上产卵，另外也喜欢在叶片表面粗糙多毛植物上产卵。幼虫耐饥能力强，3龄后有假死性和自相残杀性，受惊吓即蜷缩成环，老熟幼虫大多数迁移到田埂、田边、杂草附近，钻入干燥松土中筑土室化蛹。

3.2 黄地老虎*Agrotis segetum*（Denis et Schiffermüller）

异名*Euxoa segetum* Schiffermüller

3.2.1 形态特征

（1）成虫　体长14~19mm，翅展32~43mm。雌虫触角丝状（图附-33），雄虫双栉状（图附-34），栉齿向端部渐短，约达触角的2/3，端部1/3为丝状。前翅黄褐色，各横线多不明显，肾状斑、环形纹、棒状纹明显，各围以黑褐色边。

图附-33 黄地老虎成虫（雌虫）

图附 -34 黄地老虎成虫（雄虫）

（2）卵　半球形，高0.5mm，直径约0.7mm，表面有纵横交错的隆起线纹。初产时乳白色，孵化前为黑色。

（3）幼虫　一般为6龄，少数7龄，老熟幼虫体长33～43mm。体圆筒形，黄褐色。表皮多皱纹，颗粒较小不明显。背面及侧面有暗褐色纵带。头部唇基底边略大于斜边。腹部1～8节背面各有4个毛片，前2个毛片较后2个稍大。腹部末节臀板中央有黄色纵纹，将臀板划分为2块黄褐色大斑。

（4）蛹　长15～20mm，红褐色。腹部第4节背面中央有稀小不明显的刻点，第5～7节刻点小而多。臀棘1对。

3.2.2 发生特点

黄地老虎在河北一年发生3代，少数4代，以幼虫在地表下5～8cm处越冬。冬麦、油菜、萝卜、菠菜地以及田埂、地头、沟边等杂草较多的环境，是其主要越冬场所。老熟幼虫越冬后可不经取食即能化蛹。河北沧州，越冬代成虫发生盛期在5月份；成虫昼伏夜出，有很强的趋光、趋化性。成虫多趋向于大葱花和芹菜花取食，其次为油菜和胡萝卜花，再次为紫穗槐花。成虫卵多产于地表的枯枝、落叶、根茬的须根及地表1～3cm处的植物老叶上。初孵幼虫主要取食植物心叶，2龄后昼伏夜出，咬断幼苗。幼虫老熟后，在地下作土室化蛹。黄地老虎在全国均春、秋两季为害，以春季为害为重。

4 防治方法

4.1 农业防治

（1）清洁田园　杂草是地老虎成虫产卵的主要场所及低龄幼虫的食料，因此要及时清洁田园，清除田边杂草，以减少成虫落卵量和幼虫食料。

（2）深耕翻地　秋末冬初，深耕翻地，不仅可直接杀死一部分越冬幼虫，同时还可以让害虫暴露在表面，使其被冻死或被鸟类啄食，以减少害虫越冬基数。

（3）灌溉灭虫　秋末冬初，大水浇灌，可使土中部分越冬幼虫窒息死亡，以压低虫口基数。

（4）水旱轮作　有条件的地区，可进行水旱轮作，可明显减轻其为害。

4.2 物理防治

（1）糖醋液诱杀　地老虎成虫具有强的趋化性，在春季或成虫发生盛期，用糖醋液进行诱杀。配比：糖6份、醋3份、酒1份、水10份，再加1份拟除虫菊酯类杀虫剂。将糖醋液放于盆内，傍晚放到作物田间，距离地面1m左右，第2天早晨将蛾捞出即可。

（2）灯光诱杀　地老虎成虫对黑光灯有强的趋性，在成虫发生期用黑光灯或频振式诱虫灯进行灯光诱杀。

（3）集中灭卵　用稻草或麦秆扎成草把，下加竹竿，插于田间引诱成虫产卵，每隔5天换1次，将草把集中烧毁以灭卵。

（4）采用新鲜泡桐叶、莴苣或烟叶，用水浸泡后，于幼虫盛发期的傍晚放置于田间（约750片叶/hm^2），次日清晨翻开叶片，人工捕捉叶下小地老虎幼虫。也可采用鲜草或菜叶（400～450kg/hm^2），在田间撒成小堆诱集捕捉幼虫。

（5）人工捕杀幼虫　发现田间出现断苗时，于清晨刨开断苗附近的表土捕杀幼虫，连续捕捉几次，可收到满意效果。

4.3 生物防治

广腹螳螂、中华虎甲、细颈步甲等是地老虎重要的捕食性天敌，小地老虎大凹姬蜂、螟蛉绒茧蜂、广赤眼蜂、拟澳洲赤眼蜂等均为地老虎的寄生蜂，对天敌要加以保护利用。

4.4 化学防治

（1）将新鲜野菜（灰灰菜、苦菜、小白菜等）切碎，100kg草料用50%辛硫磷乳油0.1kg兑水2.0～2.5kg喷洒拌匀后，于傍晚分成小堆放置田间，诱集小地老虎幼虫取食毒杀。

（2）先将饵料（麦麸、豆饼、秕谷、棉籽饼或玉米碎粒等）5kg炒香，每公顷饵料60～75kg，用90%敌百虫晶体2.25kg，加适量水配成毒饵，于傍晚撒施在作物苗间或畦面上，诱集取食毒杀。

金针虫类

金针虫是叩头甲幼虫的通称，属鞘翅目叩头甲科。常见的种类有细胸金针虫、褐纹金针虫、沟金针虫。俗称节节虫、铁丝虫、钢丝虫、土蚰蜒、泼泼虫等。

1 寄主范围

其食性杂，除为害各种蔬菜、大田作物外，还能取食多种药用植物。据不完全统计，金针虫类可为害20余种药用植物，如人参、丹参、牡丹、麦冬、百合、桔梗、芍药、甘草、菊花、牛蒡子、当归、金莲花、半夏、天麻、薄荷、山茱萸等多种药用植物。

2 为害特点

成虫取食叶片，留下表皮和细小叶脉，若取食植物的花瓣时，可将花瓣食成破碎的孔洞。幼虫则取食播下或刚发芽的种子，导致种子不能出土，为害幼苗须根、主根或地下茎、块根、块茎，将植物的根部咬成不整齐的缺口或切口，或在基根、鳞茎上蛀孔，引起根部腐烂。

3 常见种类及发生特点

3.1 沟金针虫*Pleonomus canaliculatus* (Faldermann)

3.1.1 形态特征

（1）成虫　体密被黄色细毛。头部扁平，头顶呈三角形凹陷，密布刻点。雌虫体长14～17mm，宽约5mm，触角11节，短粗，约为前胸长度的2倍，前胸较发达，背面呈半球状隆起，宽大于长，后缘角突出外方，鞘翅长约前胸长度的4倍，其上纵沟明显，后翅退化；雄虫体长14～18mm，宽约3.5mm，触角12节，较细长，长及鞘翅末端，鞘翅长约前胸长度的5倍，其上纵沟明显，有后翅（图附-35）。

（2）卵　近椭圆形，长径约0.7mm，短径约0.6mm，乳白色。

图附 -35 沟金针虫成虫（雄虫）

（3）幼虫　老熟幼虫体长20～30mm，体扁平，全体金黄色，被黄色细毛，背面正中央有一明显的细纵沟。尾节黄褐色，其背面稍呈凹陷，且密布粗刻点，两侧缘隆起，每侧有3个齿状突，尾端分叉，叉内侧各有一小齿（图附-36）。

（4）蛹　雌蛹长16～22mm，宽约4.5mm；雄蛹长15～19mm，宽约3.5mm。化蛹初期淡绿色，后变为深色。

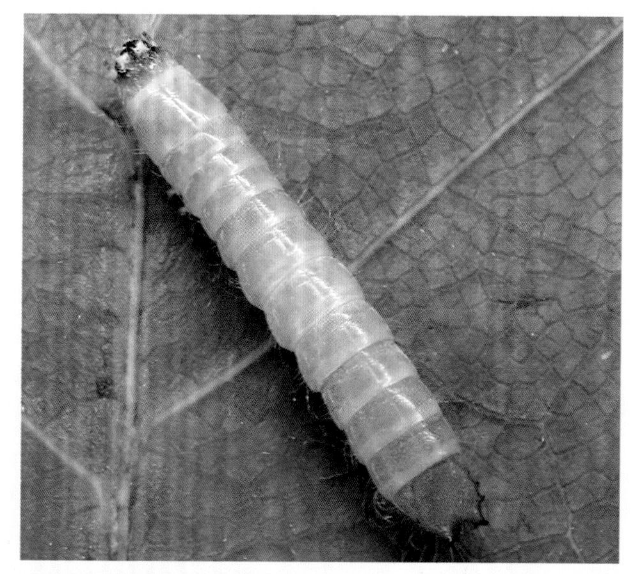

图附 -36 沟金针虫幼虫

3.1.2 发生特点

沟金针虫在华北约需三年完成1代，以幼虫和成虫在土中越冬。越冬成虫在3月上旬出土活动，4月上旬为活动盛期。成虫昼伏夜出，白天躲藏在土表、杂草或土块下，傍晚爬出地面活动。雌虫行动迟缓，不能飞翔，有假死性，无趋光性；雄虫出土迅速，活跃，有趋光性，飞翔力较强，只做短距离飞翔，黎明前成虫潜回土中。成虫将卵产在地下3～7cm深处，卵散产。孵化盛期为5月上、中旬。幼虫孵化后开始为害作物根部，当土温超过30℃时潜入土壤深层越夏。9月中、下旬幼虫又上升到表土层活动为害秋播作物，秋末潜入土壤深层越冬。第2年3月，越冬幼虫出土活动为害，春季为害严重，7～8月越夏，秋季上升到表土层继续为害，秋末开始越冬。第3年春季幼虫继续为害，至8月上旬，老熟幼虫陆续在土中化蛹，化蛹深度以13～20cm的土层最多。9月初成虫开始羽化，但不出土，在原蛹室内越冬。

沟金针虫适宜在干旱地块砂质土壤为害，但对水分也有一定要求，土壤湿度为15%～18%时最适宜活动为害。

3.2 细胸金针虫*Agriotes fuscicollis* Miwa

3.2.1 形态特征

（1）成虫 体长8～9mm，宽约2.5mm。体暗褐色，有光泽，密被灰色短毛。触角红褐色，第2节球形，自第4节起略呈锯齿状。前胸背板略呈圆形，长稍大于宽，后缘角尖锐伸向后方。鞘翅长约胸部的2倍，每鞘翅具9条纵列刻点，足赤褐色（图附-37）。

（2）卵 乳白色，近圆形。

（3）幼虫 体淡黄色，有光泽。老熟幼虫体长约32mm，宽约1.3mm。头扁平，口器深褐色。尾节圆锥形，背面近前缘两侧各有1个褐色圆斑，并有4条褐色纵纹（图附-38）。

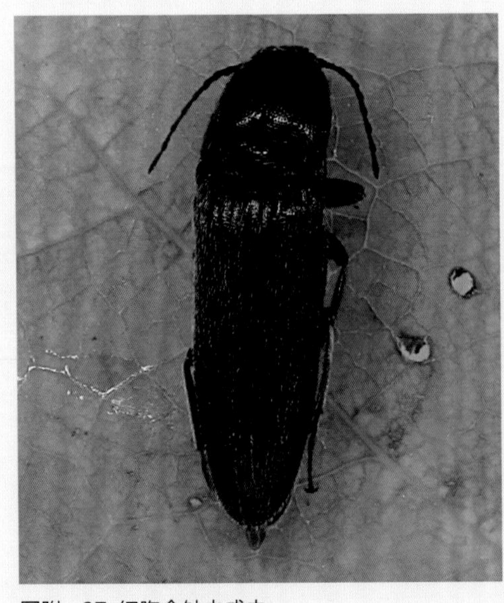

图附-37 细胸金针虫成虫

图附-38 细胸金针虫幼虫

（4）蛹　体长8～9mm，化蛹初期体乳白色，后变为黄色。翅芽灰黑色。

3.2.2 发生特点

细胸金针虫在河北中部（涿州）约三年完成1代，以成虫或幼虫在土中越冬。翌年3月下旬当10cm土层地温达4～8℃时幼虫开始上升活动，4月中下旬左右为害最重；5月中旬土温升高，幼虫向13～17cm土层深处移动，土温为21～22℃时停止为害；9月下旬至10月上旬，表土温度渐低时幼虫又回升到13cm以上的土层活动，为害秋播作物。

成虫昼伏夜出，白天潜伏在寄主作物田间表土中，或田边杂草、土块下，夜晚在地面活动交尾，活动能力较强，具假死性，对腐烂的禾本科草有趋性。卵多产于地表。幼虫喜潮湿及偏酸性土壤环境，耐低温能力强，幼虫老熟后，多在7～10cm深的土层中化蛹。

细胸金针虫喜欢生活在有机质丰富的黏土中，适宜土壤含水量为20%～ 25%，主要发生在地势低洼的水浇地。

3.3 褐纹金针虫*Melanotus caudex* (Lewis)

3.3.1 形态特征

（1）成虫　体长8～10mm，宽约2.7mm，体细长，黑褐色被灰色短毛。头部黑色向前凸，密生刻点。触角暗褐色，第2、3节近球形，第4～10节锯齿状。前胸背板黑色，长明显大于宽，刻点较头上的小，后缘角后突。鞘翅长，为胸部2.5倍，黑褐色，具纵列刻点9条。腹部暗红色，足暗褐色（图附-39）。

（2）卵　椭圆形至长卵形，长约0.6mm，宽约0.4mm，白色至黄白色。

（3）幼虫　共7龄，老熟幼虫体长25～30mm，宽约1.7mm，体细长呈圆筒形，茶褐色，具光泽。前胸及第9腹节红褐色。头扁平呈梯形，上生纵沟并具小刻点。从中胸至第8腹节各节的前缘两侧，均具深褐色新月斑纹。尾节扁平且长，前缘具2个半月形斑，

图附 -39 褐纹金针虫成虫

前部具4条纵纹，后半部具皱纹且密生大刻点，尖端有3个小突起（图附-40）。

（4）蛹　体长9～12mm，化蛹初期体乳白色，后变为黄色，前胸背板前缘两侧各斜竖1根尖刺，尾节末端具1根粗大臀棘。三种金针幼虫尾节比较见图附-41。

3.3.2 发生特点

褐纹金针虫在陕西关中地区三年完成1代，以成虫和幼虫在土中越冬。10cm地温达20℃，相对湿度60%左右，成虫大量出土，当湿度达63%～90%时雄虫活动极为频繁，湿度在37%以下很少活动，所以久旱逢雨对其活动极为有利。成虫昼出夜伏，以14：00～16：00活动最盛，夜晚潜伏于土中或土块、枯草下等处。成虫具假死性，无

图附-40 褐纹金针虫幼虫

图附-41 三种金针虫幼虫尾节比较

趋光性。越冬成虫在翌年5月上旬开始活动，5月中旬至6月上旬活动最盛。6月上、中旬为产卵盛期。雌虫产卵于作物根际10cm深的土层中，多散产。幼虫在4月上中旬，地温9～13℃时开始在耕作层活动，开始为害幼苗，大约1个月后幼虫下潜，9月又上升至耕作层为害秋季作物苗，10cm地温8℃时又下潜至40cm以下越冬。幼虫越冬2次，4月下旬至5月下旬是为害盛期，至第3年7～8月幼虫老熟化蛹、羽化，成虫羽化后当年不出土，经越冬后翌年春季才出土。

褐纹金针虫发生与土壤条件有关，适宜发生于湿润疏松、pH7.2～8.2、有机质1%的土壤。碱土、有机质低的土壤较少发生，土壤干燥，有机质很低的碱土土壤对其极不适宜。

4 防治方法

4.1 农业防治

（1）合理施肥　增施腐熟肥，改良土壤，促进作物根系发育、壮苗，从而增强其抗虫能力，要避免施用未腐熟的有机肥。

（2）清洁田园　清除杂草，减少幼虫的早期食物来源，从而降低害虫基数。

（3）冬翻土地　为害严重的地块进行冬耕深翻，造成不利于地下害虫的生存条件，可将部分成、幼虫翻至地表，使其风干、冻死或被天敌捕食、机械杀伤，防效明显。

（4）浇水压虫　当金针虫为害较重时，适时浇水，可减轻金针虫为害，当土壤湿度达到35%～40%时，金针虫停止为害，下潜到15～30cm深的土层中。

（5）精耕细作，以便通过机械损伤或将虫体翻出土表让鸟类捕食，降低虫口密度。

4.2 物理防治

（1）灯光诱杀成虫。利用沟金针虫的趋光性，在成虫发生期，用灯光诱捕成虫，集中杀灭。

（2）堆草诱杀　利用成虫对杂草的趋性，可在田间地埂周边堆草诱杀。将拔下的杂草（酸模、夏至草等）堆成宽40～50cm、高10～16cm的草堆，在草堆内撒入触杀类药剂，可以毒杀成虫。也可以用糖醋液诱杀成虫。

4.3 生物防治

田间利用性信息素对成虫进行诱杀。

附录2

35种药用植物农药登记情况

	作物	农药名称	有效成分	剂型	毒性	防治对象	制剂用药量	使用方法
1	白芷	—	—	—	—	—	—	—
2	白术	二嗪磷	5%	颗粒剂	低毒	小地老虎	2000～3000克/亩	撒施
		井冈霉素	60%	可溶粉剂	低毒	立枯病	50～60克/亩	喷淋
		井冈霉素	10%	水溶粉剂	低毒	白绢病	1）300～400克/亩（10%）；	喷淋
			20%	水溶粉剂	低毒	白绢病	2）150～200克/亩（20%）	喷淋
		井冈·嘧苷素	总有效成分含量：6% 嘧啶核苷类抗菌素含量：1% 井冈霉素含量：5%	水剂	低毒	白绢病	400～500毫升/亩	喷淋
3	板蓝根	—	—	—	—	—	—	—
4	半夏	—	—	—	—	—	—	—
5	北苍术	—	—	—	—	—	—	—
6	北柴胡	—	—	—	—	—	—	—
7	北沙参	—	—	—	—	—	—	—
8	薄荷	—	—	—	—	—	—	—
9	丹参	—	—	—	—	—	—	—
10	地黄	—	—	—	—	—	—	—
11	防风	—	—	—	—	—	—	—
12	枸杞	高效氯氰菊酯	4.5%	乳油	中等	蚜虫	2000～2500倍液	喷雾
		苦参碱	1.5%	可溶液剂	低毒	蚜虫	3000～4000倍液	喷雾
		硫磺	45%	悬浮剂	低毒	锈蜘蛛	200～400倍液	喷雾
		十三吗啉	750g/L	乳油	低毒	根腐病	750～1000倍液	灌根
		吡虫啉	5%	乳油	低毒	蚜虫	1000～2000倍液	喷雾
		藜芦碱	0.5%	可溶液剂	低毒	蚜虫	600～800倍液	喷雾
		香芹酚	0.5%	水剂	低毒	白粉病	800～1000倍液	喷雾

续表

	作物	农药名称	有效成分	剂型	毒性	防治对象	制剂用药量	使用方法
12	枸杞	哒螨·乙螨唑	总有效成分含量：40% 哒螨灵含量：30% 乙螨唑含量：10%	悬浮剂	中等	瘿螨	稀释5000～6000倍	喷雾
		苯甲·咪鲜胺	总有效成分含量：20% 苯醚甲环唑含量：4% 咪鲜胺含量：16%	水乳剂	低毒	炭疽病	1000～1500倍液	喷雾
		苯甲·醚菌酯	总有效成分含量：30% 醚菌酯含量：20% 苯醚甲环唑含量：10%	悬浮剂	低毒	白粉病	1000～2000倍液	喷雾
		呋虫·噻嗪	总有效成分含量：30% 噻虫嗪含量：20% 呋虫胺含量10%	悬浮剂	低毒	蚜虫	3000～4000倍液	喷雾
		蛇床子素	1%	微乳剂	低毒	白粉病	150～180毫升/亩	喷雾
13	栝楼	—	—	—	—	—	—	—
14	黄芪	—	—	—	—	—	—	—
15	黄芩	—	—	—	—	—	—	—
16	桔梗	—	—	—	—	—	—	—
17	金莲花	—	—	—	—	—	—	—
18	金银花	—	—	—	—	—	—	—
19	荆芥	—	—	—	—	—	—	—
20	菊花	吡蚜酮	50%	可湿性粉剂	低毒	蚜虫	2000～3000倍液	喷雾
		吡蚜酮	50%	水分散粒剂	低毒	蚜虫	20～30克/亩	喷雾
		敌敌畏	90%	可溶液剂	中等毒	蚜虫	800～1000倍液	喷雾
		丁酰肼	92%	可溶粉剂	低毒	调节生长	—	喷雾
		三唑酮	25%	可湿性粉剂	低毒	白粉病	24～32克/亩	喷雾
		高氯·吡虫啉	总有效成分含量：30% 吡虫啉含量：20% 高效氯氰菊酯含量：10%	悬浮剂	低毒	蚜虫	12～14克/亩	喷雾

续表

	作物	农药名称	有效成分	剂型	毒性	防治对象	制剂用药量	使用方法
20	菊花	嘧菌酯	50%	水分散粒剂	低毒	白粉病	稀释2000～3000倍	喷雾
		丁酰肼	50%	可溶粉剂	微毒	促矮化	125～200倍液	喷雾
		噻虫·高氯氟	总有效成分含量：22% 噻虫嗪含量：12.6% 高效氯氰菊酯含量：9.4%	悬浮剂	中等毒	蚜虫	5~15毫升/亩	喷雾
		吡蚜·呋虫胺	总有效成分含量：70% 吡蚜酮含量：42% 呋虫胺含量：28%	水分散粒剂	微毒	蚜虫	8～10克/亩	喷雾
		呋虫胺	30%	悬浮剂	低毒	蚜虫	18~24克/亩	喷雾
		吡蚜酮	25%	可湿性粉剂	低毒	蚜虫	40～60克/亩	喷雾
		噻虫嗪	21%	悬浮剂	低毒	蚜虫	2000～4000倍液，每株30～50ml	灌根
21	苦参	—	—	—	—	—	—	—
22	连翘	—	—	—	—	—	—	—
23	牛膝	—	—	—	—	—	—	—
24	蒲公英	—	—	—	—	—	—	—
25	山药	氯化胆碱	60%	水剂	低毒	调节生长	15～20毫升/亩	茎叶喷雾
		二氰·吡唑酯	总有效成分含量：16% 二氰蒽醌含量：12% 吡唑醚菌酯含量：4%	水分散粒剂	中等毒	炭疽病	133~167克/亩	喷雾
26	芍药	—	—	—	—	—	—	—
27	射干	—	—	—	—	—	—	—
28	太子参	—	—	—	—	—	—	—
29	王不留行	—	—	—	—	—	—	—
30	薏苡仁	—	—	—	—	—	—	—
31	远志	—	—	—	—	—	—	—
32	掌叶半夏	—	—	—	—	—	—	—
33	知母	—	—	—	—	—	—	—
34	紫苏	—	—	—	—	—	—	—
35	紫菀	—	—	—	—	—	—	—

附录3

蔬菜上防治病害常用农药

1. 疫病用药

72% 霜脲·锰锌可湿性粉剂有效成分用量 1440~1800g/hm^2

40% 三乙磷磷酸铝可湿性粉剂有效成分用量 1410~2820g/hm^2

50% 烯酰吗啉可湿性粉剂有效成分用量 300~450g/hm^2

58% 甲霜灵锰锌可湿性粉剂有效成分用量 1305~1566g/hm^2

64% 噁霜锰锌可湿性粉剂有效成分用量 1650~1950g/hm^2

72.2% 霜霉威盐酸盐水剂有效成分用量 866.4~1083g/hm^2

25% 嘧菌酯悬浮剂有效成分用量 225~337.5g/hm^2

2. 斑枯病用药

10% 苯醚甲环唑水分散粒剂有效成分用量 52.5~67.5g/hm^2

25% 咪鲜胺乳油有效成分用量 187.5~262.5g/hm^2

30% 苯甲·嘧菌酯悬浮剂有效成分用量 146.25~243.75g/hm^2

5% 烯肟菌胺乳油有效成分用量 40~80g/hm^2

20% 烯肟·戊唑醇悬浮剂有效成分用量 100~150g/hm^2

37% 苯醚甲环唑水分散粒剂有效成分用量 105~150g/hm^2

78% 波尔·锰锌（科博）可湿性粉剂有效成分用量 1989~2691g/hm^2

30% 苯醚甲环唑水分散粒剂有效成分用量 52.5~67.5g/hm^2

3. 轮纹病用药

10% 苯醚甲环唑水分散粒剂有效成分用量 105~150g/hm^2

32.5% 苯甲·嘧菌酯乳油有效成分用量 97.5~243.75g/hm^2

20% 烯肟·戊唑醇悬浮剂有效成分用量 100~150g/hm^2

4. 根腐病用药

在播种前可选用 78% 波尔·锰锌可湿性粉剂（科博）处理土壤，每亩用量 2kg；在发病初期可选用含有甲霜·噁霉灵或精甲·胳菌睛成分的复配药剂重点灌根（只管发病畦或发病中心及周边植株），也可亩用 99% 恶霉灵 100~200g+12% 松脂酸铜乳油 500ml 随水冲施。

发病初期，拔除病株，用 99% 噁霉灵 3000 倍液浇灌病穴和周围健康的植株或每亩随水冲施 99% 噁霉灵 150g+12% 松脂酸铜乳油 500ml。

5. 病毒病用药

6% 寡糖·链蛋白（阿泰灵）可湿性粉剂有效成分用量 67.5~90g/hm^2

0.5% 香菇多糖水剂有效成分用量 11.25~18.75g/hm^2

20% 盐酸吗啉胍可湿性粉剂有效成分用量 703~1406g/hm^2

40% 烯·羟·吗啉胍（克毒宝）可溶性粉剂有效成分用量 600~900g/hm^2

6. 白粉病用药

10% 苯醚甲环唑水分散粒剂有效成分用量 125~150g/hm^2

30% 氟菌唑可湿性粉剂有效成分用量 67.5~90g/hm^2

25% 戊唑醇水乳剂有效成分用量 105~115g/hm^2

25% 嘧菌酯悬浮剂有效成分用量 225~337.5g/hm^2

40% 嘧菌·乙醚酚悬浮剂有效成分用量 180~240g/hm^2

25% 氟硅唑微乳剂有效成分用量 60~75g/hm^2

42% 苯菌酮悬浮剂有效成分用量 90~150g/hm^2

41.7% 氟吡菌酰胺悬浮剂有效成分用量 37.5~75g/hm^2

40% 双胍三辛烷基苯磺酸盐有效成分用量 180~300g/hm^2

4% 四氟醚唑水浮剂有效成分用量 40~60g/hm^2

30% 醚菌·啶酰菌悬浮剂有效成分用量 270~337.5g/hm^2

30% 己唑·10% 嘧菌酯悬浮剂有效成分用量 30~60g/hm^2

0.5% 大黄素甲醚水剂有效成分用量 6.75~9g/hm^2

12.5% 四氟醚唑水乳剂有效成分用量 40~50g/hm^2

12% 苯甲·氟酰胺悬浮剂有效成分用量 100.8~126g/hm^2

32.5% 苯甲·嘧菌酯悬浮剂（阿米妙收）有效成分用量 97.5~243.75g/hm^2

35% 氟菌·戊唑醇悬浮剂有效成分用量 180~240g/hm^2

12% 苯甲·氟酰胺悬浮剂有效成分用量 10.8~126g/hm^2

1% 蛇床子素微乳剂有效成分用量 22.5~27g/hm^2

0.5% 几丁聚糖水剂 100~500 倍液

50% 醚菌酯水分散粒剂有效成分用量 225~337.5g/hm^2

29% 吡萘·嘧菌酯悬浮剂有效成分用量 146.25~243.75g/hm^2

13% 中生·醚菌酯可湿性粉剂有效成分用量 87.75~117g/hm^2

29% 宁南·氟硅唑可湿性粉剂有效成分用量 63~87g/hm^2

7. 炭疽病用药

10% 苯醚甲环唑水分散粒剂有效成分用量 125~150g/hm^2

50% 咪鲜胺锰盐可湿性粉剂有效成分用量 373~450g/hm^2

40% 嘧菌·戊唑醇悬浮剂有效成分用量 120~180g/hm^2

25% 苯甲·溴菌睛可湿性粉剂有效成分用量 225~300g/hm^2

50% 克菌丹可湿性粉剂有效成分用量 937.5~1406.25g/hm^2

60% 唑醚·代森联水分散粒剂有效成分用量 540~900g/hm^2

32.5% 苯甲·嘧菌酯（阿米妙收）悬浮剂有效成分用量 146.25~243.75g/hm^2

8. 霉斑病用药

37.5% 氢氧化铜悬浮剂（冠菌乐）有效成分用量 280~400g/hm^2

78% 波尔·锰锌可湿性粉剂（科博）有效成分用量 1989~2691g/hm^2

600 倍液、20% 烯肟·戊唑醇悬浮剂（爱可）有效成分用量 100~150g/hm^2

60% 苯醚甲环唑水分散粒剂有效成分用量 70~135g/hm^2

9. 灰斑病用药

80% 代森锰锌可湿性粉剂有效成分用量 1800~2520g/hm^2

40% 嘧菌·戊唑醇悬浮剂有效成分用量 120~180g/hm^2

75% 肟菌·戊唑醇水分散粒剂有效成分用量 112.5~168.75g/hm^2

10. 根结线虫病用药

种根药处理　用 25% 克线磷乳油 200 倍液浸种或 1.8% 阿维菌素 600 倍液浸种，都能取得较好的的防治效果。

土壤药剂处理

（1）用 1.8% 阿维菌素乳油兑水 1800 倍液对发病植株进行灌根或每亩随水冲施 5% 阿维菌素 2kg 对根结线虫有良好的效果，均可对病害起到控制病害发展的作用。

（2）播种或定植前，用 10% 克线磷颗粒 2~3 公斤 / 亩、10% 噻唑膦颗粒剂 1 公斤 / 亩或 3% 米尔乐颗粒剂 5 公斤 / 亩进行穴施或沟施。该法能集中用药，使药剂能分布在线虫或根部较集中的范围，防治效果良好。

（3）用 42% 威百亩水剂 20 公斤 / 亩，在播种前 18~20 天随水冲施入整好的地内，覆膜 15 天，揭膜晾晒 2~3 天后即可播种。

（4）整地时亩用 100 公斤石灰氮或 42% 威百亩水剂进行土壤处理；发现病株后可根灌 5% 阿维菌素乳油 2000 倍液进行防治。

11. 白绢病用药

用 45% 代森铵水剂有效成分用量 525g/hm^2 撒施植株根茎部及地面，7~10 天洒 1 次；或用 70% 五氯硝基苯 0.5kg，掺细土 15~25kg，撒施病穴及周围植株根茎部及地面；也喷施 24% 噻呋酰胺有效成分用量 162~216g/hm^2、6% 井冈·嘧苷素水剂有效成分用量 360~450g/hm^2、20% 氟酰胺可湿性粉剂有效成分用量 225~375g/hm^2。

附录4

蔬菜上防治害虫常用农药

防治对象	药剂名称	有效成分含量	剂型	作物	使用剂量	使用方法
菜青虫（菜粉蝶）	高效氯氟氰菊酯	25g/L	乳油	十字花科蔬菜	40~50毫升/亩	喷雾
	氯氰菊酯	10%	乳油	十字花科蔬菜	20~30克/亩	喷雾
	氰戊菊酯	20%	乳油	蔬菜	20~40毫升/亩	喷雾
	溴氰菊酯	25g/L	乳油	十字花科蔬菜	20~40毫升/亩	喷雾
	辛硫磷	40%	乳油	十字花科蔬菜	60~75毫升/亩	喷雾
	苦参碱	1%	可溶液剂	甘蓝	50~120毫升/亩	喷雾
	阿维菌素	18g/L	乳油	十字花科蔬菜	30~40毫升/亩	喷雾
	灭幼脲	20%	悬浮剂	十字花科蔬菜	25~38毫升/亩	喷雾
	除虫脲	20%	悬浮剂	十字花科蔬菜	20~30毫升/亩	喷雾
	敌敌畏	50%	乳油	十字花科蔬菜	80~90毫升/亩	喷雾
	甲氰菊酯	20%	乳油	十字花科蔬菜	30~40毫升/亩	喷雾
	氯菊酯	10%	乳油	蔬菜	4000~10000倍液	喷雾
	醚菊酯	10%	悬浮剂	十字花科蔬菜	30~40毫升/亩	喷雾
	敌百虫	30%	乳油	十字花科蔬菜	100~150克/亩	喷雾
	苦皮藤素	1%	水乳剂	甘蓝	50~70毫升/亩	喷雾
	苏云金杆菌	16000IU/mg	可湿性粉剂	十字花科蔬菜	25~50克/亩	喷雾
小菜蛾	高效氯氰菊酯	4.5%	乳油	十字花科蔬菜	15~40毫升/亩	喷雾
	醚菊酯	10%	悬浮剂	十字花科蔬菜	80~100克/亩	喷雾
	小菜蛾颗粒体病毒	300亿 OB/ml	悬浮剂	十字花科蔬菜	25~30毫升/亩	喷雾
	氯菊酯	10%	乳油	蔬菜	4000~10000倍液	喷雾
	溴氰菊酯	25g/L	乳油	十字花科蔬菜	20~40毫升/亩	喷雾
	短稳杆菌	100亿孢子/ml	悬浮剂	十字花科蔬菜	800~1000倍液	喷雾
	甲氰菊酯	20%	乳油	十字花科蔬菜	40~50毫升/亩	喷雾
	阿维菌素	1.8%	乳油	十字花科蔬菜	30~40克/亩	喷雾
	氟啶脲	50g/L	乳油	十字花科蔬菜	60~80毫升/亩	喷雾
	氟铃脲	5%	乳油	十字花科蔬菜	40~70毫升/亩	喷雾
	苏云金杆菌	16000IU/mg	可湿性粉剂	十字花科蔬菜	50~75克/亩	喷雾

续表

防治对象	药剂名称	有效成分含量	剂型	作物	使用剂量	使用方法
潜叶蝇类	辛硫·氟氯氰	30%	乳油	十字花科蔬菜	450~750克/公顷	喷雾
	高效氯氰菊酯	4.5%	乳油	十字花科蔬菜	40~50毫升/亩	喷雾
	阿维菌素	1.8%	乳油	黄瓜	25~30毫升/亩	喷雾
	溴氰虫酰胺	10%	可分散油悬浮剂	黄瓜	14~18毫升/亩	喷雾
	灭蝇胺	70%	可湿性粉剂	黄瓜	15~21克/亩	喷雾
	乙基多杀菌素	25%	水分散粒剂	黄瓜	11~14克/亩	喷雾
	阿维菌素	1.8%	微乳剂	小葱	60~80毫升/亩	喷雾
蚜虫类	马拉硫磷	45%	乳油	蔬菜	85~110毫升/亩	喷雾
	苦参碱	1%	可溶液剂	甘蓝	50~120毫升/亩	喷雾
	氰戊·辛硫磷	25%	乳油	十字花科蔬菜	30~40毫升/亩	喷雾
	氰戊菊酯	20%	乳油	蔬菜	20~40毫升/亩	喷雾
	高效氯氟氰菊酯	3%	水乳剂	十字花科蔬菜	20~33毫升/亩	喷雾
	啶虫脒	5%	乳油	十字花科蔬菜	12~18毫升/亩	喷雾
	氯菊酯	10%	乳油	蔬菜	4000~10000倍液	喷雾
	吡虫啉	10%	可湿性粉剂	十字花科蔬菜	10~15克/亩	喷雾
	噻虫啉	48%	悬浮剂	黄瓜	5~10毫升/亩	喷雾
叶螨类（红蜘蛛类）	虫螨腈	240g/L	悬浮剂	茄子	20~30毫升/亩	喷雾
	藜芦碱	0.5%	可溶液剂	茄子、辣椒	120~140毫升/亩	喷雾
棉铃虫	氯氰菊酯	5%	乳油	十字花科蔬菜	60~120毫升/亩	喷雾
	溴氰虫酰胺	10%	悬浮剂	辣椒	10~30毫升/亩	喷雾
	甲氨基阿维菌素苯甲酸盐	2%	乳油	番茄	28.5~38毫升/亩	喷雾
	氯虫苯甲酰胺	5%	悬浮剂	辣椒	30~60毫升/亩	喷雾
斜纹夜蛾	虫酰肼	20%	悬浮剂	蕹菜	25~42毫升/亩	喷雾
	溴氰菊酯	25g/L	乳油	十字花科蔬菜	20~40毫升/亩	喷雾
	虫螨腈	240g/L	悬浮剂	黄瓜	30~50毫升/亩	喷雾
	甲氨基阿维菌素苯甲酸盐	2%	微乳剂	芋头	8~9毫升/亩	喷雾
	敌百虫	80%	可溶粉剂	十字花科蔬菜	85~100克/亩	喷雾
	丙溴磷	40%	乳油	甘蓝	80~100毫升/亩	喷雾
	斜纹夜蛾核型多角体病毒	10亿PIB/g	可湿性粉剂	十字花科蔬菜	50~60克/亩	喷雾
	氯虫苯甲酰胺	5%	悬浮剂	花椰菜	45~54毫升/亩	喷雾
	苦皮藤素	1%	水乳剂	豇豆	90~120毫升/亩	喷雾
蛴螬类	辛硫磷	3%	颗粒剂	根菜类蔬菜	4000~8333克/亩	沟施
	阿维·二嗪磷	5%	颗粒剂	小白菜	1000~1200克/亩	撒施
	联苯·吡虫啉	4%	颗粒剂	黄瓜	750~1200克/亩	撒施

续表

防治对象	药剂名称	有效成分含量	剂型	作物	使用剂量	使用方法
甜菜夜蛾	醚菊酯	10%	悬浮剂	十字花科蔬菜	80~100克/亩	喷雾
	虫酰肼	10%	悬浮剂	十字花科蔬菜	100~120克/亩	喷雾
	氟啶脲	50g/L	乳油	十字花科蔬菜	60~80毫升/亩	喷雾
	苜蓿银纹夜蛾核型多角体病毒	10亿PIB/ml	悬浮剂	十字花科蔬菜	100~150毫升/亩	喷雾
	甲氨基阿维菌素苯甲酸盐	0.5%	微乳剂	十字花科蔬菜	17.5~26.3毫升/亩	喷雾
	氯氰菊酯	5%	乳油	十字花科蔬菜	25~50毫升/亩	喷雾
	高效氯氟氰菊酯	25g/L	乳油	十字花科蔬菜	30~60毫升/亩	喷雾
	氯虫苯甲酰胺	5%	悬浮剂	辣椒	30~60毫升/亩	喷雾
	茚虫威	150g/L	悬浮剂	十字花科蔬菜	10~18毫升/亩	喷雾
	苦皮藤素	1%	水乳剂	芹菜	90~120毫升/亩	喷雾
瘿螨	哒螨·乙螨唑	40%	悬浮剂	枸杞	5000~6000倍液	喷雾
蜗牛	四聚乙醛	6%	颗粒剂	小白菜	480~660克/亩	撒施
	甲萘威	5%	颗粒剂	甘蓝	2750~3000克/亩	撒施
食植瓢虫类	高效氯氰菊酯	4.5%	乳油	马铃薯	22~44毫升/亩	喷雾
豆荚螟	乙基多杀菌素	25%	水分散粒剂	豇豆	12~14克/亩	喷雾
	虱螨脲	50g/L	乳油	菜豆	40~50毫升/亩	喷雾
	氯虫·高氯氟	14%	微囊悬浮-悬浮剂	豇豆	10~20毫升/亩	喷雾
	溴氰虫酰胺	10%	可分散油悬浮剂	豇豆	14~18毫升/亩	喷雾
	氯虫苯甲酰胺	200g/L	悬浮剂	菜用大豆	6~12毫升/亩	喷雾
	氰戊菊酯	20%	乳油	大豆	20~40克/亩	喷雾
地老虎类	二嗪磷	5%	颗粒剂	白术	2000~3000克/亩	撒施
	联苯菊酯	0.2%	颗粒剂	甘蓝	3000~5000克/亩	撒施
蓟马类	虫螨腈	240g/L	悬浮剂	茄子	20~30毫升/亩	喷雾
	啶虫脒	5%	乳油	豇豆	30~40毫升/亩	喷雾
	噻虫嗪	25%	水分散粒剂	豇豆	15~20克/亩	喷雾
	溴氰虫酰胺	10%	悬浮剂	辣椒	40~50毫升/亩	喷雾
红天蛾	苏云金杆菌	100亿芽孢/克	可湿性粉剂	大豆/甘薯	100~150克/亩	喷雾
玉米螟	苏云金杆菌	16000IU/mg	可湿性粉剂	玉米	50~100克/亩	加细沙灌心
	氯虫苯甲酰胺	200 g/L	悬浮剂	玉米	3~5毫升/亩	喷雾
	松毛虫赤眼蜂	10000头/袋		玉米	20000~30000头/亩	放蜂
种蝇类（根蛆）	马拉·辛硫磷	25%	乳油	大蒜	750~1000毫升/亩	灌根
	辛硫磷	70%	乳油	大蒜	351~560毫升/亩	灌根
	灭蝇胺	70%	可湿性粉剂	姜蛆	14~21克/1000千克姜	药土法
	苦皮藤素	0.3%	水乳剂	韭菜	90~100毫升/亩	灌根
造桥虫类	马拉硫磷	45%	乳油	豆类	83~111毫升/亩	喷雾

附录5

中华人民共和国农业部公告第199号

为从源头上解决农产品尤其是蔬菜、水果、茶叶的农药残留超标问题，我部在对甲胺磷等 5 种高毒有机磷农药加强登记管理的基础上，又停止受理一批高毒、剧毒农药的登记申请，撤销一批高毒农药在一些作物上的登记。现公布国家明令禁止使用的农药和不得在蔬菜、果树、茶叶、中草药材上使用的高毒农药品种清单。

一、 国家明令禁止使用的农药

六六六（HCH），滴滴涕（DDT），毒杀芬（camphechlor），二溴氯丙烷（dibromochloropane），杀虫脒（chlordimeform），二溴乙烷（EDB），除草醚（nitrofen），艾氏剂（aldrin），狄氏剂（dieldrin），汞制剂（Mercury compounds），砷（arsena）、铅（acetate）类，敌枯双，氟乙酰胺（fluoroacetamide），甘氟（gliftor），毒鼠强（tetramine），氟乙酸钠（sodium fluoroacetate），毒鼠硅（silatrane）。

二、 在蔬菜、果树、茶叶、中草药材上不得使用和限制使用的农药

甲胺磷（methamidophos），甲基对硫磷（parathion-methyl），对硫磷（parathion），久效磷（monocrotophos），磷胺（phosphamidon），甲拌磷（phorate），甲基异柳磷（isofenphos-methyl），特丁硫磷（terbufos），甲基硫环磷（phosfolan-methyl），治螟磷（sulfotep），内吸磷（demeton），克百威（carbofuran），涕灭威（aldicarb），灭线磷（ethoprophos），硫环磷（phosfolan），蝇毒磷（coumaphos），地虫硫磷（fonofos），氯唑磷（isazofos），苯线磷（fenamiphos）19 种高毒农药不得用于蔬菜、果树、茶叶、中草药材上。

三氯杀螨醇（dicofol），氰戊菊酯（fenvalerate）不得用于茶树上。任何农药产品都不得超出农药登记批准的使用范围使用。

各级农业部门要加大对高毒农药的监管力度，按照《农药管理条例》的有关规定，对违法生产、经营国家明令禁止使用的农药的行为，以及违法在果树、蔬菜、茶叶、中草药材上使用不得使用或限用农药的行为，予以严厉打击。各地要做好宣传教育工作，引导农药生产者、经营者和使用者生产、推广和使用安全、高效、经济的农药，促进农药品种结构调整步伐，促进无公害农产品生产发展。

二〇〇二年六月五日

附录6

中华人民共和国农业部公告第322号

为提高我国农药应用水平，保护人民生命安全和健康，保护环境，增强农产品的市场竞争力，促进农药工业结构调整和产业升级，经全国农药登记评审委员会审议，我部决定分三个阶段削减甲胺磷、对硫磷、甲基对硫磷、久效磷和磷胺5种高毒有机磷农药（以下简称甲胺磷等5种高毒有机磷农药）的使用，自2007年1月1日起，全面禁止甲胺磷等5种高毒有机磷农药在农业上使用。现将有关事项公告如下：

一、自2004年1月1日起，撤销所有含甲胺磷等5种高毒有机磷农药的复配产品的登记证（具体名单另行公布）。自2004年6月30日起，禁止在国内销售和使用含有甲胺磷等5种高毒有机磷农药的复配产品。

二、自2005年1月1日起，除原药生产企业外，撤销其他企业含有甲胺磷等5种高毒有机磷农药的制剂产品的登记证（具体名单另行公布）。同时将原药生产企业保留的甲胺磷等5种高毒有机磷农药的制剂产品的作用范围缩减为：棉花、水稻、玉米和小麦4种作物。

三、自2007年1月1日起，撤销含有甲胺磷等5种高毒有机磷农药的制剂产品的登记证（具体名单另行公布），全面禁止甲胺磷等5种高毒有机磷农药在农业上使用，只保留部分生产能力用于出口。

中华人民共和国农业部

二〇〇三年十二月三十日

附录7

中华人民共和国农业部、国家发展和改革委员会、国家工商行政管理总局、国家质量监督检验检疫总局公告第632号

为贯彻落实甲胺磷、对硫磷、甲基对硫磷、久效磷和磷胺5种高毒有机磷农药（以下简称甲胺磷等5种高毒有机磷农药）削减计划，确保自2007年1月1日起，全面禁止甲胺磷等5种高毒有机磷农药在农业上使用，现将有关事项公告如下：

一、自2007年1月1日起，全面禁止在国内销售和使用甲胺磷等5种高毒有机磷农药。撤销所有含甲胺磷等5种高毒有机磷农药产品的登记证和生产许可证（生产批准证书）。保留用于出口的甲胺磷等5种高毒有机磷农药生产能力，其农药产品登记证、生产许可证（生产批准证书）发放和管理的具体规定另行制定。

二、各农药生产单位要根据市场需求安排生产计划，以销定产，避免因甲胺磷等5种高毒有机磷农药生产过剩而造成积压和损失。对在2006年底尚未售出的产品，一律由本单位负责按照环境保护的有关规定进行处理。

三、各农药经营单位要按照农业生产的实际需要，严格控制甲胺磷等5种高毒有机磷农药进货数量。对在2006年底尚未销售的产品，一律由本单位负责按照环境保护的有关规定进行处理。

四、各农药使用者和广大农户要有计划地选购含甲胺磷等5种高毒有机磷农药的产品，确保在2006年底前全部使用完。

五、各级农业、发展改革（经贸）、工商、质量监督检验等行政管理部门，要按照《农药管理条例》和相关法律法规的规定，明确属地管理原则，加强组织领导，加大资金投入，搞好禁止生产销售使用政策、替代农药产品和科学使用技术的宣传、指导和培训。同时，加强农药市场监督管理，确保按期实现禁用计划。自2007年1月1日起，对非法生产、销售和使用甲胺磷等5种高毒有机磷农药的，要按照生产、销售和使用国家明令禁止农药的违法行为依法进行查处。

中华人民共和国农业部

国家发展和改革委员会

国家工商行政管理总局

国家质量监督检验检疫总局

二○○六年四月四日

附录8

中华人民共和国农业部公告第747号

农药增效剂八氯二丙醚（Octachlorodipropyl ether,S2 或 S421）在生产、使用过程中对人畜安全具有较大风险和为害。根据《农药管理条例》有关规定，经农药登记评审委员会审议，我部决定进一步加强对含有八氯二丙醚农药产品的管理。现公告如下：

一、自本公告发布之日起，停止受理和批准含有八氯二丙醚的农药产品登记。

二、自 2007 年 3 月 1 日起，撤销已经批准的所有含有八氯二丙醚的农药产品登记。

三、自 2008 年 1 月 1 日起，不得销售含有八氯二丙醚的农药产品。对已批准登记的农药产品，如果发现含有八氯二丙醚成分，我部将根据《农药管理条例》有关规定撤销其农药登记。

二〇〇六年十一月二十日

附录9

中华人民共和国农业部、中华人民共和国工业和信息化部、中华人民共和国环境保护部公告第1157号

鉴于氟虫腈对甲壳类水生生物和蜜蜂具有高风险，在水和土壤中降解慢，按照《农药管理条例》的规定，根据我国农业生产实际，为保护农业生产安全、生态环境安全和农民利益，经全国农药登记评审委员会审议，现就加强氟虫腈管理的有关事项公告如下：

一、自本公告发布之日起，除卫生用、玉米等部分旱田种子包衣剂和专供出口产品外，停止受理和批准用于其他方面含氟虫腈成分农药制剂的田间试验、农药登记（包括正式登记、临时登记、分装登记）和生产批准证书。

二、自 2009 年 4 月 1 日起，除卫生用、玉米等部分旱田种子包衣剂和专供出口产品外，撤销已批准的用于其他方面含氟虫腈成分农药制剂的登记和（或）生产批准证书。同时，农药生产企业应当停止生产已撤销登记和生产批准证书的农药制剂。

三、自 2009 年 10 月 1 日起，除卫生用、玉米等部分旱田种子包衣剂外，在我国境内停止销售和使用用于其他方面的含氟虫腈成分的农药制剂。农药生产企业和销售单位应当确保所销售的相关农药制剂使用安全，并妥善处置市场上剩余的相关农药制剂。

四、专供出口含氟虫腈成分的农药制剂只能由氟虫腈原药生产企业生产。生产企业应当办理生产批准证书和专供出口的农药登记证或农药临时登记证。

五、在我国境内生产氟虫腈原药的生产企业，其建设项目环境影响评价文件依法获得有审批权的环境保护行政主管部门同意后，方可申请办理农药登记和生产批准证书。已取得农药登记和生产批准证书的生产企业，要建立可追溯的氟虫腈生产、销售记录，不得将含有氟虫腈的产品销售给未在我国取得卫生用、玉米等部分旱田种子包衣剂农药登记和生产批准证书的生产企业。

各级农业、工业生产、环境保护行政主管部门，应当加大对含有氟虫腈农药产品的生产和市场监督检查力度，引导农民科学选购与使用农药，确保农业生产和环境安全。

二〇〇九年二月二十五日

附录10

农业部、工业和信息化部、环境保护部、国家工商行政管理总局、国家质量监督检验检疫总局联合公告第1586号

为保障农产品质量安全、人畜安全和环境安全，经国务院批准，决定对高毒农药采取进一步禁限用管理措施。现将有关事项公告如下：

一、自本公告发布之日起，停止受理苯线磷、地虫硫磷、甲基硫环磷、磷化钙、磷化镁、磷化锌、硫线磷、蝇毒磷、治螟磷、特丁硫磷、杀扑磷、甲拌磷、甲基异柳磷、克百威、灭多威、灭线磷、涕灭威、磷化铝、氧乐果、水胺硫磷、溴甲烷、硫丹等22种农药新增田间试验申请、登记申请及生产许可申请；停止批准含有上述农药的新增登记证和农药生产许可证（生产批准文件）。

二、自本公告发布之日起，撤销氧乐果、水胺硫磷在柑橘树，灭多威在柑橘树、苹果树、茶树、十字花科蔬菜，硫线磷在柑橘树、黄瓜，硫丹在苹果树、茶树，溴甲烷在草莓、黄瓜上的登记。本公告发布前已生产产品的标签可以不再更改，但不得继续在已撤销登记的作物上使用。

三、自2011年10月31日起，撤销（撤回）苯线磷、地虫硫磷、甲基硫环磷、磷化钙、磷化镁、磷化锌、硫线磷、蝇毒磷、治螟磷、特丁硫磷等10种农药的登记证、生产许可证（生产批准文件），停止生产；自2013年10月31日起，停止销售和使用。

农业部

工业和信息化部

环境保护部

国家工商行政管理总局

国家质量监督检验检疫总局

二〇一一年六月十五日

附录11

农业部、工业和信息化部、国家质量监督检验检疫总局公告第1745号

为维护人民生命健康安全，确保百草枯安全生产和使用，经研究，决定对百草枯采取限制性管理措施。现将有关事项公告如下：

一、自本公告发布之日起，停止核准百草枯新增母药生产、制剂加工厂点，停止受理母药和水剂（包括百草枯复配水剂，下同）新增田间试验申请、登记申请及生产许可（包括生产许可证和生产批准文件，下同）申请，停止批准新增百草枯母药和水剂产品的登记和生产许可。

二、自 2014 年 7 月 1 日起，撤销百草枯水剂登记和生产许可、停止生产，保留母药生产企业水剂出口境外使用登记、允许专供出口生产，2016 年 7 月 1 日停止水剂在国内销售和使用。

三、重新核准标签，变更农药登记证和农药生产批准文件。标签在原有内容基础上增加急救电话等内容，醒目标注警示语。农药登记证和农药生产批准文件在原有内容基础上增加母药生产企业名称等内容。百草枯生产企业应当及时向有关部门申请重新核准标签、变更农药登记证和农药生产批准文件。自 2013 年 1 月 1 日起，未变更的农药登记证和农药生产批准文件不再保留，未使用重新核准标签的产品不得上市，已在市场上流通的原标签产品可以销售至 2013 年 12 月 31 日。

四、各生产企业要严格按照标准生产百草枯产品，添加足量催吐剂、臭味剂、着色剂，确保产品质量。

五、生产企业应当加强百草枯的使用指导及中毒救治等售后服务，鼓励使用小口径包装瓶，鼓励随产品配送必要的医用活性炭等产品。

农业部

工业和信息化部国家质量监督

检验检疫总局

二〇一二年四月二十四日

附录12

农业部公告第2032号

为保障农业生产安全、农产品质量安全和生态环境安全，维护人民生命安全和健康，根据《农药管理条例》的有关规定，经全国农药登记评审委员会审议，决定对氯磺隆、胺苯磺隆、甲磺隆、福美胂、福美甲胂、毒死蜱和三唑磷等7种农药采取进一步禁限用管理措施。现将有关事项公告如下。

一、自2013年12月31日起，撤销氯磺隆（包括原药、单剂和复配制剂，下同）的农药登记证，自2015年12月31日起，禁止氯磺隆在国内销售和使用。

二、自2013年12月31日起，撤销胺苯磺隆单剂产品登记证，自2015年12月31日起，禁止胺苯磺隆单剂产品在国内销售和使用；自2015年7月1日起撤销胺苯磺隆原药和复配制剂产品登记证，自2017年7月1日起，禁止胺苯磺隆复配制剂产品在国内销售和使用。

三、自2013年12月31日起，撤销甲磺隆单剂产品登记证，自2015年12月31日起，禁止甲磺隆单剂产品在国内销售和使用；自2015年7月1日起撤销甲磺隆原药和复配制剂产品登记证，自2017年7月1日起，禁止甲磺隆复配制剂产品在国内销售和使用；保留甲磺隆的出口境外使用登记，企业可在2015年7月1日前，申请将现有登记变更为出口境外使用登记。

四、自本公告发布之日起，停止受理福美胂和福美甲胂的农药登记申请，停止批准福美胂和福美甲胂的新增农药登记证；自2013年12月31日起，撤销福美胂和福美甲胂的农药登记证，自2015年12月31日起，禁止福美胂和福美甲胂在国内销售和使用。

五、自本公告发布之日起，停止受理毒死蜱和三唑磷在蔬菜上的登记申请，停止批准毒死蜱和三唑磷在蔬菜上的新增登记；自2014年12月31日起，撤销毒死蜱和三唑磷在蔬菜上的登记，自2016年12月31日起，禁止毒死蜱和三唑磷在蔬菜上使用。

农业部
2013年12月9日

附录13

中华人民共和国农业部公告第2289号

为保障农产品质量安全和生态环境安全，根据《中华人民共和国食品安全法》和《农药管理条例》相关规定，在公开征求意见的基础上，我部决定对杀扑磷等3种农药采取以下管理措施。现公告如下。

一、自2015年10月1日起，撤销杀扑磷在柑橘树上的登记，禁止杀扑磷在柑橘树上使用。

二、自2015年10月1日起，将溴甲烷、氯化苦的登记使用范围和施用方法变更为土壤熏蒸，撤销除土壤熏蒸外的其他登记。溴甲烷、氯化苦应在专业技术人员指导下使用。

农业部

2015年8月22日

附录14

中华人民共和国农业部公告第2445号

为保障农产品质量安全、生态环境安全和人民生命安全，根据《中华人民共和国食品安全法》《农药管理条例》有关规定，经全国农药登记评审委员会审议，在公开征求意见的基础上，我部决定对2，4–滴丁酯、百草枯、三氯杀螨醇、氟苯虫酰胺、克百威、甲拌磷、甲基异柳磷、磷化铝等8种农药采取以下管理措施。现公告如下。

一、自本公告发布之日起，不再受理、批准2，4–滴丁酯（包括原药、母药、单剂、复配制剂，下同）的田间试验和登记申请；不再受理、批准2，4–滴丁酯境内使用的续展登记申请。保留原药生产企业2，4–滴丁酯产品的境外使用登记，原药生产企业可在续展登记时申请将现有登记变更为仅供出口境外使用登记。

二、自本公告发布之日起，不再受理、批准百草枯的田间试验、登记申请，不再受理、批准百草枯境内使用的续展登记申请。保留母药生产企业产品的出口境外使用登记，母药生产企业可在续展登记时申请将现有登记变更为仅供出口境外使用登记。

三、自本公告发布之日起，撤销三氯杀螨醇的农药登记，自2018年10月1日起，全面禁止三氯杀螨醇销售、使用。

四、自本公告发布之日起，撤销氟苯虫酰胺在水稻作物上使用的农药登记；自2018年10月1日起，禁止氟苯虫酰胺在水稻作物上使用。

五、自本公告发布之日起，撤销克百威、甲拌磷、甲基异柳磷在甘蔗作物上使用的农药登记；自2018年10月1日起，禁止克百威、甲拌磷、甲基异柳磷在甘蔗作物上使用。

六、自本公告发布之日起，生产磷化铝农药产品应当采用内外双层包装。外包装应具有良好密闭性，防水防潮防气体外泄。内包装应具有通透性，便于直接熏蒸使用。内、外包装均应标注高毒标识及“人畜居住场所禁止使用”等注意事项。自2018年10月1日起，禁止销售、使用其他包装的磷化铝产品。

农业部

2016年9月7日

附录15

农药管理条例
中华人民共和国国务院令
第677号

《农药管理条例》已经2017年2月8日国务院第164次常务会议修订通过，现将修订后的《农药管理条例》公布，自2017年6月1日起施行。

总理　李克强

2017年3月16日

农药管理条例

（1997年5月8日中华人民共和国国务院令第216号发布根据2001年11月29日《国务院关于修改〈农药管理条例〉的决定》修订　2017年2月8日国务院第164次常务会议修订通过）

第一章　总则

第一条　为了加强农药管理，保证农药质量，保障农产品质量安全和人畜安全，保护农业、林业生产和生态环境，制定本条例。

第二条　本条例所称农药，是指用于预防、控制为害农业、林业的病、虫、草、鼠和其他有害生物以及有目的地调节植物、昆虫生长的化学合成或者来源于生物、其他天然物质的一种物质或者几种物质的混合物及其制剂。

前款规定的农药包括用于不同目的、场所的下列各类：

（一）预防、控制为害农业、林业的病、虫（包括昆虫、蜱、螨）、草、鼠、软体动物和其他有害生物；

（二）预防、控制仓储以及加工场所的病、虫、鼠和其他有害生物；

（三）调节植物、昆虫生长；

（四）农业、林业产品防腐或者保鲜；

（五）预防、控制蚊、蝇、蜚蠊、鼠和其他有害生物；

（六）预防、控制为害河流堤坝、铁路、码头、机场、建筑物和其他场所的有害生物。

第三条　国务院农业主管部门负责全国的农药监督管理工作。

县级以上地方人民政府农业主管部门负责本行政区域的农药监督管理工作。

县级以上人民政府其他有关部门在各自职责范围内负责有关的农药监督管理工作。

第四条　县级以上地方人民政府应当加强对农药监督管理工作的组织领导，将农药监督管理经费列入本级政府预算，保障农药监督管理工作的开展。

第五条　农药生产企业、农药经营者应当对其生产、经营的农药的安全性、有效性负责，自觉接受政府监管和社会监督。

农药生产企业、农药经营者应当加强行业自律，规范生产、经营行为。

第六条　国家鼓励和支持研制、生产、使用安全、高效、经济的农药，推进农药专业化使用，促进农药产业升级。

对在农药研制、推广和监督管理等工作中作出突出贡献的单位和个人，按照国家有关规定予以表彰或者奖励。

第二章　农药登记

第七条　国家实行农药登记制度。农药生产企业、向中国出口农药的企业应当依照本条例的规定申请农药登记，新农药研制者可以依照本条例的规定申请农药登记。

国务院农业主管部门所属的负责农药检定工作的机构负责农药登记具体工作。省、自治区、直辖市人民政府农业主管部门所属的负责农药检定工作的机构协助做好本行政区域的农药登记具体工作。

第八条　国务院农业主管部门组织成立农药登记评审委员会，负责农药登记评审。

农药登记评审委员会由下列人员组成：

（一）国务院农业、林业、卫生、环境保护、粮食、工业行业管理、安全生产监督管理等有关部门和供销合作总社等单位推荐的农药产品化学、药效、毒理、残留、环境、质量标准和检测等方面的专家；

（二）国家食品安全风险评估专家委员会的有关专家；

（三）国务院农业、林业、卫生、环境保护、粮食、工业行业管理、安全生产监督管理等有关部门和供销合作总社等单位的代表。

农药登记评审规则由国务院农业主管部门制定。

第九条　申请农药登记的，应当进行登记试验。

农药的登记试验应当报所在地省、自治区、直辖市人民政府农业主管部门备案。

新农药的登记试验应当向国务院农业主管部门提出申请。国务院农业主管部门应当自受理申请之日起40个工作日内对试验的安全风险及其防范措施进行审查，符合条件的，准予登记试验；不符合条件的，书面通知申请人并说明理由。

第十条　登记试验应当由国务院农业主管部门认定的登记试验单位按照国务院农业主管部门的规定进行。

与已取得中国农药登记的农药组成成分、使用范围和使用方法相同的农药，免予残留、环境试验，但已取得中国农药登记的农药依照本条例第十五条的规定在登记资料保护期内的，应当经农药登记证持有人授权同意。

登记试验单位应当对登记试验报告的真实性负责。

第十一条　登记试验结束后，申请人应当向所在地省、自治区、直辖市人民政府农业主管部门提出农药登记申请，并提交登记试验报告、标签样张和农药产品质量标准及其检验方法等申请资料；申请新农药登记的，还应当提供农药标准品。

省、自治区、直辖市人民政府农业主管部门应当自受理申请之日起20个工作日内提出初审意见，并报送国务院农业主管部门。

向中国出口农药的企业申请农药登记的，应当持本条第一款规定的资料、农药标准品以及在有关国家（地区）登记、使用的证明材料，向国务院农业主管部门提出申请。

第十二条　国务院农业主管部门受理申请或者收到省、自治区、直辖市人民政府农业主管部门报送的申请资料后，应当组织审查和登记评审，并自收到评审意见之日起20个工作日内作出审批决定，符合条件的，核发农药登记证；不符合条件的，书面通知申请人并说明理由。

第十三条　农药登记证应当载明农药名称、剂型、有效成分及其含量、毒性、使用范围、使用方法和剂量、登记证持有人、登记证号以及有效期等事项。

农药登记证有效期为5年。有效期届满，需要继续生产农药或者向中国出口农药的，农药登记证持有人应当在有效期届满90日前向国务院农业主管部门申请延续。

农药登记证载明事项发生变化的，农药登记证持有人应当按照国务院农业主管部门的规定申请变更农药登记证。

国务院农业主管部门应当及时公告农药登记证核发、延续、变更情况以及有关的农药产品质量标准号、残留限量规定、检验方法、经核准的标签等信息。

第十四条　新农药研制者可以转让其已取得登记的新农药的登记资料；农药生产企业可以向具有相应生产能力的农药生产企业转让其已取得登记的农药的登记资料。

第十五条　国家对取得首次登记的、含有新化合物的农药的申请人提交的其自己所取得且未披露的试验数据和其他数据实施保护。

自登记之日起6年内，对其他申请人未经已取得登记的申请人同意，使用前款规定的数据申请农药登记的，登记机关不予登记；但是，其他申请人提交其自己所取得的数据的除外。

除下列情况外，登记机关不得披露本条第一款规定的数据：

（一）公共利益需要；

（二）已采取措施确保该类信息不会被不正当地进行商业使用。

第三章　农药生产

第十六条　农药生产应当符合国家产业政策。国家鼓励和支持农药生产企业采用先进技术和先进管理规范，提高农药的安全性、有效性。

第十七条　国家实行农药生产许可制度。农药生产企业应当具备下列条件，并按照国务院农业主管部门的规定向省、自治区、直辖市人民政府农业主管部门申请农药生产许可证：

（一）有与所申请生产农药相适应的技术人员；

（二）有与所申请生产农药相适应的厂房、设施；

（三）有对所申请生产农药进行质量管理和质量检验的人员、仪器和设备；

（四）有保证所申请生产农药质量的规章制度。

省、自治区、直辖市人民政府农业主管部门应当自受理申请之日起20个工作日内作出审批决定，必要时应当进行实地核查。符合条件的，核发农药生产许可证；不符合条件的，书面通知申请人并说明理由。

安全生产、环境保护等法律、行政法规对企业生产条件有其他规定的，农药生产企业还应当遵守其规定。

第十八条　农药生产许可证应当载明农药生产企业名称、住所、法定代表人（负责人）、生产范围、生产地址以及有效期等事项。

农药生产许可证有效期为5年。有效期届满，需要继续生产农药的，农药生产企业应当在有效期届满90日前向省、自治区、直辖市人民政府农业主管部门申请延续。

农药生产许可证载明事项发生变化的，农药生产企业应当按照国务院农业主管部门的规定申请变更农药生产许可证。

第十九条　委托加工、分装农药的，委托人应当取得相应的农药登记证，受托人应当取得农药生产许可证。

委托人应当对委托加工、分装的农药质量负责。

第二十条　农药生产企业采购原材料，应当查验产品质量检验合格证和有关许可证明文件，不得采购、使用未依法附具产品质量检验合格证、未依法取得有关许可证明文件的原材料。

农药生产企业应当建立原材料进货记录制度，如实记录原材料的名称、有关许可证明文件编号、规格、数量、供货人名称及其联系方式、进货日期等内容。原材料进货记录应当保存2年以上。

第二十一条　农药生产企业应当严格按照产品质量标准进行生产，确保农药产品与登记农药一致。农药出厂销售，应当经质量检验合格并附具产品质量检验合格证。

农药生产企业应当建立农药出厂销售记录制度，如实记录农药的名称、规格、数量、生产日期和批号、产品质量检验信息、购货人名称及其联系方式、销售日期等内容。农药出厂销售记录应当保存2年以上。

第二十二条　农药包装应当符合国家有关规定，并印制或者贴有标签。国家鼓励农药生产企业使用可回收的农药包装材料。

农药标签应当按照国务院农业主管部门的规定，以中文标注农药的名称、剂型、有效成分及其含量、毒性及其标识、使用范围、使用方法和剂量、使用技术要求和注意事项、生产日期、可追溯电子信息码等内容。

剧毒、高毒农药以及使用技术要求严格的其他农药等限制使用农药的标签还应当标注“限制使用”字样，并注明使用的特别限制和特殊要求。用于食用农产品的农药的标签还应当标注安全间隔期。

第二十三条　农药生产企业不得擅自改变经核准的农药的标签内容，不得在农药的标签中标注虚假、误导使用者的内容。

农药包装过小，标签不能标注全部内容的，应当同时附具说明书，说明书的内容应当与经核准的标签内容一致。

第四章　农药经营

第二十四条　国家实行农药经营许可制度，但经营卫生用农药的除外。农药经营者应当具备下列条件，并按照国务院农业主管部门的规定向县级以上地方人民政府农业主管部门申请农药经营许可证：

（一）有具备农药和病虫害防治专业知识，熟悉农药管理规定，能够指导安全合理使用农药的经营人员；

（二）有与其他商品以及饮用水水源、生活区域等有效隔离的营业场所和仓储场所，并配备与所申请经营农药相适应的防护设施；

（三）有与所申请经营农药相适应的质量管理、台账记录、安全防护、应急处置、仓储管理等制度。

经营限制使用农药的，还应当配备相应的用药指导和病虫害防治专业技术人员，并按照所在地省、自治区、直辖市人民政府农业主管部门的规定实行定点经营。

县级以上地方人民政府农业主管部门应当自受理申请之日起 20 个工作日内作出审批决定。符合条件的，核发农药经营许可证；不符合条件的，书面通知申请人并说明理由。

第二十五条　农药经营许可证应当载明农药经营者名称、住所、负责人、经营范围以及有效期等事项。

农药经营许可证有效期为 5 年。有效期届满，需要继续经营农药的，农药经营者应当在有效期届满 90 日前向发证机关申请延续。

农药经营许可证载明事项发生变化的，农药经营者应当按照国务院农业主管部门的规定申请变更农药经营许可证。

取得农药经营许可证的农药经营者设立分支机构的，应当依法申请变更农药经营许可证，并向分支机构所在地县级以上地方人民政府农业主管部门备案，其分支机构免予办理农药经营许可证。农药经营者应当对其分支机构的经营活动负责。

第二十六条　农药经营者采购农药应当查验产品包装、标签、产品质量检验合格证以及有关许可证明文件，不得向未取得农药生产许可证的农药生产企业或者未取得农药经营许可证的其他农药经营者采购农药。

农药经营者应当建立采购台账，如实记录农药的名称、有关许可证明文件编号、规格、数量、生产企业和供货人名称及其联系方式、进货日期等内容。采购台账应当保存2年以上。

第二十七条　农药经营者应当建立销售台账，如实记录销售农药的名称、规格、数量、生产企业、购买人、销售日期等内容。销售台账应当保存 2 年以上。

农药经营者应当向购买人询问病虫害发生情况并科学推荐农药，必要时应当实地查看病虫害发生情况，并正确说明农药的使用范围、使用方法和剂量、使用技术要求和注意事项，不得误导购买人。

经营卫生用农药的，不适用本条第一款、第二款的规定。

第二十八条　农药经营者不得加工、分装农药，不得在农药中添加任何物质，不得采购、销售包装和标签不符合规定，未附具产品质量检验合格证，未取得有关许可证明文件的农药。

经营卫生用农药的，应当将卫生用农药与其他商品分柜销售；经营其他农药的，不得在农药经营场所内经营食品、食用农产品、饲料等。

第二十九条　境外企业不得直接在中国销售农药。境外企业在中国销售农药的，应当依法在中国设立销售机构或者委托符合条件的中国代理机构销售。

向中国出口的农药应当附具中文标签、说明书，符合产品质量标准，并经出入境检验检疫部门依法检验合格。禁止进口未取得农药登记证的农药。

办理农药进出口海关申报手续，应当按照海关总署的规定出示相关证明文件。

第五章　农药使用

第三十条　县级以上人民政府农业主管部门应当加强农药使用指导、服务工作，建立健全农药安全、合理使用制度，并按照预防为主、综合防治的要求，组织推广农药科学使用技术，规范农药使用行为。林业、粮食、卫生等部门应当加强对林业、储粮、卫生用农药安全、合理使用的技术指导，环境保护主管部门应当加强对农药使用过程中环境保护和污染防治的技术指导。

第三十一条　县级人民政府农业主管部门应当组织植物保护、农业技术推广等机构向农药使用者提供免费技术培训，提高农药安全、合理使用水平。

国家鼓励农业科研单位、有关学校、农民专业合作社、供销合作社、农业社会化服务组织和专业人员为农药使用者提供技术服务。

第三十二条　国家通过推广生物防治、物理防治、先进施药器械等措施，逐步减少农药使用量。

县级人民政府应当制定并组织实施本行政区域的农药减量计划;对实施农药减量计划、自愿减少农药使用量的农药使用者，给予鼓励和扶持。

县级人民政府农业主管部门应当鼓励和扶持设立专业化病虫害防治服务组织，并对专业化病虫害防治和限制使用农药的配药、用药进行指导、规范和管理，提高病虫害防治水平。

县级人民政府农业主管部门应当指导农药使用者有计划地轮换使用农药，减缓为害农业、林业的病、虫、草、鼠和其他有害生物的抗药性。

乡、镇人民政府应当协助开展农药使用指导、服务工作。

第三十三条　农药使用者应当遵守国家有关农药安全、合理使用制度，妥善保管农药，并在配药、用药过程中采取必要的防护措施，避免发生农药使用事故。

限制使用农药的经营者应当为农药使用者提供用药指导，并逐步提供统一用药服务。

第三十四条　农药使用者应当严格按照农药的标签标注的使用范围、使用方法和剂量、使用技术要求和注意事项使用农药，不得扩大使用范围、加大用药剂量或者改变使用方法。

农药使用者不得使用禁用的农药。

标签标注安全间隔期的农药，在农产品收获前应当按照安全间隔期的要求停止使用。

剧毒、高毒农药不得用于防治卫生害虫，不得用于蔬菜、瓜果、茶叶、菌类、中草药材的生产，不得用于水生植物的病虫害防治。

第三十五条　农药使用者应当保护环境，保护有益生物和珍稀物种，不得在饮用水水源保护区、河道内丢弃农药、农药包装物或者清洗施药器械。

严禁在饮用水水源保护区内使用农药，严禁使用农药毒鱼、虾、鸟、兽等。

第三十六条　农产品生产企业、食品和食用农产品仓储企业、专业化病虫害防治服务组织和从事农产品生产的农民专业合作社等应当建立农药使用记录，如实记录使用农药的时间、地点、对象以及农药名称、用量、生产企业等。农药使用记录应当保存 2 年以上。

国家鼓励其他农药使用者建立农药使用记录。

第三十七条　国家鼓励农药使用者妥善收集农药包装物等废弃物；农药生产企业、农药经营者应当回收农药废弃物，防止农药污染环境和农药中毒事故的发生。具体办法由国务院环境保护主管部门会同国务院农业主管部门、国务院财政部门等部门制定。

第三十八条　发生农药使用事故，农药使用者、农药生产企业、农药经营者和其他有关人员应当及时报告当地农业主管部门。

接到报告的农业主管部门应当立即采取措施，防止事故扩大，同时通知有关部门采取相应措施。造成农药中毒事故的，由农业主管部门和公安机关依照职责权限组织调查处理，卫生主管部门应当按照国家有关规定立即对受到伤害的人员组织医疗救治；造成环境污染事故的，由环境保护等有关部门依法组织调查处理；造成储粮药剂使用事故和农作物药害事故的，分别由粮食、农业等部门组织技术鉴定和调查处理。

第三十九条　因防治突发重大病虫害等紧急需要，国务院农业主管部门可以决定临时生产、使用规定数量的未取得登记或者禁用、限制使用的农药，必要时应当会同国务院对外贸易主管部门决定临时限制出口或者临时进口规定数量、品种的农药。

前款规定的农药，应当在使用地县级人民政府农业主管部门的监督和指导下使用。

第六章　监督管理

第四十条　县级以上人民政府农业主管部门应当定期调查统计农药生产、销售、使用情况，并及时通报本级人民政府有关部门。

县级以上地方人民政府农业主管部门应当建立农药生产、经营诚信档案并予以公布；发现违法生产、经营农药的行为涉嫌犯罪的，应当依法移送公安机关查处。

第四十一条　县级以上人民政府农业主管部门履行农药监督管理职责，可以依法采取下列措施：

（一）进入农药生产、经营、使用场所实施现场检查；

（二）对生产、经营、使用的农药实施抽查检测；

（三）向有关人员调查了解有关情况；

（四）查阅、复制合同、票据、账簿以及其他有关资料；

（五）查封、扣押违法生产、经营、使用的农药，以及用于违法生产、经营、使用农药的工具、设备、原材料等；

（六）查封违法生产、经营、使用农药的场所。

第四十二条　国家建立农药召回制度。农药生产企业发现其生产的农药对农业、林业、人畜安全、农产品质量安全、生态环境等有严重为害或者较大风险的，应当立即停止生产，通知有关经营者和使用者，向所在地农业主管部门报告，主动召回产品，并记录通知和召回情况。

农药经营者发现其经营的农药有前款规定的情形的，应当立即停止销售，通知有关生产企业、供货人和购买人，向所在地农业主管部门报告，并记录停止销售和通知情况。

农药使用者发现其使用的农药有本条第一款规定的情形的，应当立即停止使用，通知经营者，并向所在地农业主管部门报告。

第四十三条　国务院农业主管部门和省、自治区、直辖市人民政府农业主管部门应当组织负责农药检定工作的机构、植物保护机构对已登记农药的安全性和有效性进行监测。

发现已登记农药对农业、林业、人畜安全、农产品质量安全、生态环境等有严重为害或者较大风险的，国务院农业主管部门应当组织农药登记评审委员会进行评审，根据评审结果撤销、变更相应的农药登记证，必要时应当决定禁用或者限制使用并予以公告。

第四十四条　有下列情形之一的，认定为假农药：

（一）以非农药冒充农药；

（二）以此种农药冒充他种农药；

（三）农药所含有效成分种类与农药的标签、说明书标注的有效成分不符。

禁用的农药，未依法取得农药登记证而生产、进口的农药，以及未附具标签的农药，按照假农药处理。

第四十五条　有下列情形之一的，认定为劣质农药：

（一）不符合农药产品质量标准；

（二）混有导致药害等有害成分。

超过农药质量保证期的农药，按照劣质农药处理。

第四十六条　假农药、劣质农药和回收的农药废弃物等应当交由具有危险废物经营资质的单位集中处置，处置费用由相应的农药生产企业、农药经营者承担；农药生产企业、农药经营者不明确的，处置费用由所在地县级人民政府财政列支。

第四十七条　禁止伪造、变造、转让、出租、出借农药登记证、农药生产许可证、农药经营许可证等许可证明文件。

第四十八条　县级以上人民政府农业主管部门及其工作人员和负责农药检定工作的机构及其工作人员，不得参与农药生产、经营活动。

第七章　法律责任

第四十九条　县级以上人民政府农业主管部门及其工作人员有下列行为之一的，由本级人民政府责令改正；对负有责任的领导人员和直接责任人员，依法给予处分；负有责任的领导人员和直接责任人员构成犯罪的，依法追究刑事责任：

（一）不履行监督管理职责，所辖行政区域的违法农药生产、经营活动造成重大损失或者恶劣社会影响；

（二）对不符合条件的申请人准予许可或者对符合条件的申请人拒不准予许可；

（三）参与农药生产、经营活动；

（四）有其他徇私舞弊、滥用职权、玩忽职守行为。

第五十条　农药登记评审委员会组成人员在农药登记评审中谋取不正当利益的，由国务院农业主管部门从农药登记评审委员会除名；属于国家工作人员的，依法给予处分；构成犯罪的，依法追究刑事责任。

第五十一条　登记试验单位出具虚假登记试验报告的，由省、自治区、直辖市人民政府农业主管部门没收违法所得，并处5万元以上10万元以下罚款；由国务院农业主管部门从登记试验单位中除名，5年内不再受理其登记试验单位认定申请；构成犯罪的，依法追究刑事责任。

第五十二条　未取得农药生产许可证生产农药或者生产假农药的，由县级以上地方人民政府农业主管部门责令停止生产，没收违法所得、违法生产的产品和用于违法生产的工具、设备、原材料等，违法生产的产品货值金额不足1万元的，并处5万元以上10万元以下罚款，货值金额1万元以上的，并处货值金额10倍以上20倍以下罚款，由发证机关吊销农药生产许可证和相应的农药登记证；构成犯罪的，依法追究刑事责任。

取得农药生产许可证的农药生产企业不再符合规定条件继续生产农药的，由县级以上地方人民政府农业主管部门责令限期整改；逾期拒不整改或者整改后仍不符合规定条件的，由发证机关吊销农药生产许可证。

农药生产企业生产劣质农药的，由县级以上地方人民政府农业主管部门责令停止生产，没收违法所得、违法生产的产品和用于违法生产的工具、设备、原材料等，违法生产的产品货值金额不足1万元的，并处1万元以上5万元以下罚款，货值金额1万元以上的，并处货值金额5倍以上10倍以下罚款；情节严重的，由发证机关吊销农药生产许可证和相应的农药登记证；构成犯罪的，依法追究刑事责任。

委托未取得农药生产许可证的受托人加工、分装农药，或者委托加工、分装假农药、劣质农药的，对委托人和受托人均依照本条第一款、第三款的规定处罚。

第五十三条　农药生产企业有下列行为之一的，由县级以上地方人民政府农业主管部门责令改正，没收违法所得、违法生产的产品和用于违法生产的原材料等，违法生产的产品货值金额不足1万元的，并处1万元以上2万元以下罚款，货值金额1万元以上的，并处货值金额2倍以上5倍以下罚款；拒不改正或者情节严重的，由发证机关吊销农药生产许可证和相应的农药登记证：

（一）采购、使用未依法附具产品质量检验合格证、未依法取得有关许可证明文件的原材料；

（二）出厂销售未经质量检验合格并附具产品质量检验合格证的农药；

（三）生产的农药包装、标签、说明书不符合规定；

（四）不召回依法应当召回的农药。

第五十四条　农药生产企业不执行原材料进货、农药出厂销售记录制度，或者不履行农药废弃物回收义务的，由县级以上地方人民政府农业主管部门责令改正，处1万元以上5万元以下罚款；拒不改正或者情节严重的，由发证机关吊销农药生产许可证和相应的农药登记证。

第五十五条　农药经营者有下列行为之一的，由县级以上地方人民政府农业主管部门责令停止经营，没收违法所得、违法经营的农药和用于违法经营的工具、设备等，违法经营的农药货值金额不足1万元的，并处5000元以上5万元以下罚款，货值金额1万元以上的，并处货值金额5倍以上10倍以下罚款；构成犯罪的，依法追究刑事责任：

（一）违反本条例规定，未取得农药经营许可证经营农药；

（二）经营假农药；

（三）在农药中添加物质。

有前款第二项、第三项规定的行为，情节严重的，还应当由发证机关吊销农药经营许可证。

取得农药经营许可证的农药经营者不再符合规定条件继续经营农药的，由县级以上地方人民政府农业主管部门责令限期整改；逾期拒不整改或者整改后仍不符合规定条件的，由发证机关吊销农药经营许可证。

第五十六条　农药经营者经营劣质农药的，由县级以上地方人民政府农业主管部门责令停止经营，没收违法所得、违法经营的农药和用于违法经营的工具、设备等，违法经营的农药货值金额不足 1 万元的，并处 2000 元以上 2 万元以下罚款，货值金额 1 万元以上的，并处货值金额 2 倍以上 5 倍以下罚款；情节严重的，由发证机关吊销农药经营许可证；构成犯罪的，依法追究刑事责任。

第五十七条　农药经营者有下列行为之一的，由县级以上地方人民政府农业主管部门责令改正，没收违法所得和违法经营的农药，并处 5000 元以上 5 万元以下罚款；拒不改正或者情节严重的，由发证机关吊销农药经营许可证：

（一）设立分支机构未依法变更农药经营许可证，或者未向分支机构所在地县级以上地方人民政府农业主管部门备案；

（二）向未取得农药生产许可证的农药生产企业或者未取得农药经营许可证的其他农药经营者采购农药；

（三）采购、销售未附具产品质量检验合格证或者包装、标签不符合规定的农药；

（四）不停止销售依法应当召回的农药。

第五十八条　农药经营者有下列行为之一的，由县级以上地方人民政府农业主管部门责令改正；拒不改正或者情节严重的，处 2000 元以上 2 万元以下罚款，并由发证机关吊销农药经营许可证：

（一）不执行农药采购台账、销售台账制度；

（二）在卫生用农药以外的农药经营场所内经营食品、食用农产品、饲料等；

（三）未将卫生用农药与其他商品分柜销售；

（四）不履行农药废弃物回收义务。

第五十九条　境外企业直接在中国销售农药的，由县级以上地方人民政府农业主管部门责令停止销售，没收违法所得、违法经营的农药和用于违法经营的工具、设备等，违法经营的农药货值金额不足 5 万元的，并处 5 万元以上 50 万元以下罚款，货值金额 5 万元以上的，并处货值金额 10 倍以上 20 倍以下罚款，由发证机关吊销农药登记证。

取得农药登记证的境外企业向中国出口劣质农药情节严重或者出口假农药的，由国务院农业主管部门吊销相应的农药登记证。

第六十条　农药使用者有下列行为之一的，由县级人民政府农业主管部门责令改正，农药使用者为农产品生产企业、食品和食用农产品仓储企业、专业化病虫害防治服务组织和从事农产品生产的农民专业合作社等单位的，处 5 万元以上 10 万元以下罚款，农药使用者为个人的，处 1 万元以下罚款；构成犯罪的，依法追究刑事责任：

（一）不按照农药的标签标注的使用范围、使用方法和剂量、使用技术要求和注意事项、安全间隔期使用农药；

（二）使用禁用的农药；

（三）将剧毒、高毒农药用于防治卫生害虫，用于蔬菜、瓜果、茶叶、菌类、中草药材生产或者用于水生植物的病虫害防治；

（四）在饮用水水源保护区内使用农药；

（五）使用农药毒鱼、虾、鸟、兽等；

（六）在饮用水水源保护区、河道内丢弃农药、农药包装物或者清洗施药器械。

有前款第二项规定的行为的，县级人民政府农业主管部门还应当没收禁用的农药。

第六十一条　农产品生产企业、食品和食用农产品仓储企业、专业化病虫害防治服务组织和从事农产品生产的农民专业合作社等不执行农药使用记录制度的，由县级人民政府农业主管部门责令改正；拒不改正或者情节严重的，处2000元以上2万元以下罚款。

第六十二条　伪造、变造、转让、出租、出借农药登记证、农药生产许可证、农药经营许可证等许可证明文件的，由发证机关收缴或者予以吊销，没收违法所得，并处1万元以上5万元以下罚款；构成犯罪的，依法追究刑事责任。

第六十三条　未取得农药生产许可证生产农药，未取得农药经营许可证经营农药，或者被吊销农药登记证、农药生产许可证、农药经营许可证的，其直接负责的主管人员10年内不得从事农药生产、经营活动。

农药生产企业、农药经营者招用前款规定的人员从事农药生产、经营活动的，由发证机关吊销农药生产许可证、农药经营许可证。

被吊销农药登记证的，国务院农业主管部门5年内不再受理其农药登记申请。

第六十四条　生产、经营的农药造成农药使用者人身、财产损害的，农药使用者可以向农药生产企业要求赔偿，也可以向农药经营者要求赔偿。属于农药生产企业责任的，农药经营者赔偿后有权向农药生产企业追偿；属于农药经营者责任的，农药生产企业赔偿后有权向农药经营者追偿。

第八章　附则

第六十五条　申请农药登记的，申请人应当按照自愿有偿的原则，与登记试验单位协商确定登记试验费用。

第六十六条　本条例自2017年6月1日起施行。

附录16

中华人民共和国农业部公告第2552号

根据《中华人民共和国食品安全法》《农药管理条例》有关规定和履行《关于持久性有机污染物的斯德哥尔摩公约》《关于消耗臭氧层物质的蒙特利尔议定书（哥本哈根修正案）》的相关要求，经广泛征求意见和全国农药登记评审委员会评审，我部决定对硫丹、溴甲烷、乙酰甲胺磷、丁硫克百威、乐果等 5 种农药采取以下管理措施。

一、自 2018 年 7 月 1 日起，撤销含硫丹产品的农药登记证；自 2019 年 3 月 26 日起，禁止含硫丹产品在农业上使用。

二、自 2019 年 1 月 1 日起，将含溴甲烷产品的农药登记使用范围变更为“检疫熏蒸处理”，禁止含溴甲烷产品在农业上使用。

三、自 2017 年 8 月 1 日起，撤销乙酰甲胺磷、丁硫克百威、乐果（包括含上述 3 种农药有效成分的单剂、复配制剂，下同）用于蔬菜、瓜果、茶叶、菌类和中草药材作物的农药登记，不再受理、批准乙酰甲胺磷、丁硫克百威、乐果用于蔬菜、瓜果、茶叶、菌类和中草药材作物的农药登记申请；自 2019 年 8 月 1 日起，禁止乙酰甲胺磷、丁硫克百威、乐果在蔬菜、瓜果、茶叶、菌类和中草药材作物上使用。

农业部

2017 年 7 月 14 日

附录17

中华人民共和国农业部公告第2567号

为了加强对限制使用农药的监督管理，保障农产品质量安全和人畜安全，保护农业生产和生态环境，根据《中华人民共和国食品安全法》和《农药管理条例》相关规定，我部制定了《限制使用农药名录（2017版）》，现予公布，并就有关事项公告如下。

一、列入本名录的农药，标签应当标注“限制使用”字样，并注明使用的特别限制和特殊要求；用于食用农产品的，标签还应当标注安全间隔期。

二、本名录中前22种农药实行定点经营，其他农药实行定点经营的时间由农业部另行规定。

三、农业部已经发布的限制使用农药公告，继续执行。

四、本公告自2017年10月1日起施行。

农业部

2017年8月31日

2017年国家禁用和限用的农药名录

《中华人民共和国食品安全法》第四十九条规定：禁止将剧毒、高毒农药用于蔬菜、瓜果、茶叶和中草药材等国家规定的农作物；第一百二十三条规定：违法使用剧毒、高毒农药的，除依照有关法律、法规规定给予处罚外，可以由公安机关依照规定给予拘留。2017年国家禁用和限用的农药名录如下：

一、禁止生产销售和使用的农药名单（42种）

六六六、滴滴涕、毒杀芬、二溴氯丙烷、杀虫脒、二溴乙烷、除草醚、艾氏剂、狄氏剂、汞制剂、砷类、铅类、敌枯双、氟乙酰胺、甘氟、毒鼠强、氟乙酸钠、毒鼠硅，甲胺磷、甲基对硫磷、对硫磷、久效磷、磷胺、苯线磷、地虫硫磷、甲基硫环磷、磷化钙、磷化镁、磷化锌、硫线磷、蝇毒磷、治螟磷、特丁硫磷、氯磺隆，福美胂、福美甲胂、胺苯磺隆单剂、甲磺隆单剂（38种）

百草枯水剂自2016年7月1日起停止在国内销售和使用。

胺苯磺隆复配制剂，甲磺隆复配制剂自2017年7月1日起禁止在国内销售和使用

三氯杀螨醇自2018年10月1日起，全面禁止三氯杀螨醇销售、使用。

二、限制使用的25种农药

中文通用名	禁止使用范围
甲拌磷、甲基异柳磷、内吸磷、克百威、涕灭威、灭线磷、硫环磷、氯唑磷	蔬菜、果树、茶树、中草药材
水胺硫磷	柑橘树
灭多威	柑橘树、苹果树、茶树、十字花科蔬菜
硫丹	苹果树、茶树
溴甲烷	草莓、黄瓜
氧乐果	甘蓝、柑橘树
三氯杀螨醇、氰戊菊酯	茶树
杀扑磷	柑橘树
丁酰肼（比久）	花生
氟虫腈	除卫生用、玉米等部分旱田种子包衣剂外的其他用途
溴甲烷、氯化苦	登记使用范围和施用方法变更为土壤熏蒸，撤销除土壤熏蒸外的其它登记。
毒死蜱、三唑磷	自2016年12月31日起，禁止在蔬菜上使用。
2,4-滴丁酯	不再受理、批准2,4-滴丁酯（包括原药、母药、单剂、复配制剂，下同）的田间试验和登记申请;不再受理、批准2,4-滴丁酯境内使用的续展登记申请。保留原药生产企业2，4-滴丁酯产品的境外使用登记，原药生产企业可在续展登记时申请将现有登记变更为仅供出口境外使用登记。
氟苯虫酰胺	自2018年10月1日起，禁止氟苯虫酰胺在水稻作物上使用。
克百威、甲拌磷、甲基异柳磷	自2018年10月1日起，禁止克百威、甲拌磷、甲基异柳磷在甘蔗作物上使用。
磷化铝	应当采用内外双层包装。外包装应具有良好密闭性，防水防潮防气体外泄。自2018年10月1日起，禁止销售、使用其他包装的磷化铝产品。

参考文献

1. 安信伯，李德新，姚克荣，等．白术根腐病发生规律研究[J]．河北林果研究，2007，22（01）：65-68．
2. 巴兰清，民乐县垄作覆膜板蓝根套种王不留行高效栽培技术[B]．中国农技推广，2015，31（04）：34-35．
3. 柏立新，孙洪武，孙以文，等．棉铃虫寄主植物种类及其适合性程度[J]．植物保护学报，1997，24（01）：1-6．
4. 蔡邦华，黄复生．黑绒金龟子初步研究[J]．昆虫学报，1963，12（04）：490-505．
5. 藏少先，安信伯，石丽君，等．白术根腐病症状类型及病原鉴定[J]．河北农业大学学报，2005，28（03）：73-76．
6. 曹鹏程．紫苏优质栽培技术要点[J]．新疆农业科技，2014（01）：30．
7. 曾令祥，李德友．贵州地道中药材半夏病虫害种类调查及综合防治[J]．贵州农业科学，2009，36（01）：92-95．
8. 陈进友．蜗牛在花卉上的发生及综合防治技术[J]．北方园艺，2007（11）：194-195．
9. 陈晶．药用植物地黄主要病害的综合防治[J]．现代农业，2011（09）：43．
10. 陈秀清．花椒凤蝶的发生特点与防治[J]．河北林业，2007（01）40．
11. 陈忠义，马潇，魏新田．丹参病虫害的发生与防治[J]．现代农业科技，2011（08）：156-157．
12. 程松莲，丁永青，周群等．花生蛴螬发生原因及防治方法[J]．花生学报，2008，37（02）：38-40．
13. 迟阳，李升，魏书琴．不同温度不同光照对紫菀根腐病菌生长的影响[J]．湖北农业科学，2015，54（22）：5613-5615．
14. 褚树杰．金银花常见虫害防治[J]．安徽林业，2008（01）：52．
15. 党志红，李耀发，高占林，等．土壤含水量对华北大黑鳃金龟生长发育的影响[J]．昆虫知识，2009，46（01）：135-138
16. 邓素君、付秀敏、赵志民，等．河北安国白芷规范化生产标准操作规程（SOP）（讨论稿）．中药科技，2004，6（03）32-34+50．
17. 邓望喜，汪忠信，彭发青．美洲斑潜蝇对豆科与葫芦科主要蔬菜品种（系）的选择性研究[J]．华中农业大学学报，1999，18（04）：317-320．

18. 丁万隆．百种药用植物栽培答疑[M] .第2版 北京：中国农业出版社，2010.

19. 丁万隆．药用植物病虫害防治[M]．北京：中国农业出版社，2006.

20. 丁万隆．药用植物病虫害防治彩色图谱[M]．北京：中国农业出版社，2002.

21. 丁万隆，李勇，王兰英．蒙古黄芪病虫害种类初步调查[J]．世界科学技术（中医药现代化），2010，12（03）：426–428.

22. 丁万隆，魏建和，程惠珍．北京地区柴胡病虫害调查与防治[C]．全国第六届天然药物资源学术研讨会论文集，2004，115–118.

23. 丁万隆，杨春清，张泽印，等．金莲花生产标准操作规程（SOP）[J]．现代中药研究与实践，2006，20（05）：12–15.

24. 丁远杰，吴志明，谢晓亮，等．丹参病毒病病原鉴定研究[J]．中草药，2003，34（12）：1136–1139.

25. 董文芳．山药短体线虫病病原种类鉴定、田间发生动态及其化学防治研究[D]．保定：河北农业大学，2015.

26. 杜广平．黄芪主要病虫害及综合防治[J]．植物医生，2004，17（04）：25–26.

27. 杜云峰，张艳丽，李洪连．地黄几种主要病虫害防治技术[J]．河南农业，2005（08）：28–29.

28. 段立清．枸杞木虱及其天敌的生物学和行为机制的研究[D]．哈尔滨：东北林业大学，2003.

29. 樊英，杨春清，吕秀茂．黄芪的害虫及其防治[J]．中草药，1983，14（02）：31–34，30.

30. 樊瑛，杨春清．紫苏野螟的研究[J]．民虫知识，1989，26（05）：278–279.

31. 方惠兰，童普元，康月琰．毛黄鳃金龟的生物学及防治[J]．南京林业大学学报，1989，13（02）：77–82.

32. 付彬，李志红，王小妮．丹参常见病虫害防治研究[J]．河南大学学报（医学版），2008，27（04）：56–58.

33. 付成开，文永刚，张成礼．2004年半夏蓟马在长顺发生为害严重[J]．中国植保导刊，2004，24（11）：33.

34. 付宏岐，王录军，薛萍，等．红花主要病虫害发生特点及防治措施[J]．陕西农业科学，2014，60（07）：123–125.

35. 高峰．秦巴地区板蓝根GAP种植害虫防治研究[D]．咸阳：西北农林科技大学，2005.

36. 高峰，李修炼，成卫宁．菜青虫在汉阴县板蓝根上发生规律及防治技术的研究[J]．陕西农业科学，2005（02）：30–32.

37. 高峰，强芳英，纪瑛，等．兰州地区人工栽培苦参病虫害发生初报[J]．草业科学，2010，27（10）：142-148．

38. 高九思，韩立新，宋小希，等．怀地黄朱砂叶螨发生危害及无公害综合防治技术研究[J]，河南省植保学会第八次、河南省昆虫学会第七次、河南省植病学会第二次会员代表大会暨学术讨论会论文集，河南许昌，2005，10，163-166．
39. 高九思，尚捷，李泽义．怀地黄朱砂叶螨消长规律及其综合防治技术研究[J]．安徽农学通报，2008，14（4）：91-93．
40. 高久思，员冬梅．中药材板蓝根潜叶蝇发生危害规律及药剂防治技术研究[J]．现代农业科技，2006（02）：87-89．
41. 高宇，韩琪，徐博．大青叶蝉寄主植物名录[J]．湖北农业科学，2015，54（14）：3454-3459．
42. 耿艳秋，王一杰，孙庆田．朱砂叶螨发生及综合防治[J]．北方园艺，2006（06）：173．
43. 耿云东．山西省瓢虫科分类研究[D]．北京：首都师范大学，2007．
44. 郭小侠，陈川，唐周怀，等．药用植物地下害虫发生规律及综合防治技术研究[J]．陕西师范大学学报（自然科学版），2006，34（S1）：12-14．
45. 郭秀芝，邓志刚，毛洪捷．小地老虎的生活习性及防治[J]．吉林林业科技，2009，38（04）：54．
46. 郭亚平，李月梅，马恩波，等．山西省金针虫种类、分布及生物学特性的研究[J]．华北农学报2000，15（01）：53-56．
47. 韩凤，林茂祥，余中莲．中药材白芷根结线虫调查研究[J]．中国农学通报，2015，31（20）：97-100．
48. 韩丽丽，李真，管仁伟，等．中药远志的研究进展[J]．中国野生植物资源，2010，29（06）：1-4+13．
49. 何秉青，徐宝云，谢文，等．9种药剂对芹菜蚜的毒力测定及田间药效评价[J]．中国蔬菜，2014（01）：24-26．
50. 何成兴，吴文伟，王淑芬，等．南美斑潜蝇的寄主植物种类及其嗜食性[J]．昆虫学报，2001，44（03）：384-387．
51. 贺春贵，周军，吴劲锋，等．甘肃苜蓿田芫菁的种类为害及防治[J]．草原与草坪，2005（03）：21-23+26．
52. 贺献林，贾和田，陈玉明，等．太行山区涉县柴胡害虫的类群构成及其防治[J]．河北农业科学，2015，19（02）：47-50．
53. 贺献林，李春杰，王丽叶，等．北柴胡赤条蝽的发生与防治[J]．现代农村科技，2013（01）：27．
54. 贺献林，王为明，王丽叶，等．山区射干无公害栽培技术[J]．现代农村科技，2013（04）：8-9．
55. 胡琼波．白术白绢病发生规律与防治研究[D]．湖南农业大学．2002．

56. 胡琼波．我国地下害虫蛴螬的发生与防治研究进展[J]．湖北农业科学，2004（06）：87-92．
57. 胡显海，周晓飞．栝楼炭疽病的发病规律及防治方法[J]．现代农业科技，2006（21）：84-85．
58. 胡永青．中药材紫菀无公害栽培技术[J]．河北农业，2014（06）：20-21．
59. 胡宗波．松桃县白术主要病虫及无公害防治[J]．植物医生，2007，20（03）：41-44．
60. 华南农学院．农业昆虫学（上、下册）[M]．北京：农业出版社，1981．
61. 黄红慧，李景照，查道成．影响柴胡高效生产的主要病虫害及其防治[J]．内蒙古中医药，2012，31（12）：47．
62. 黄建军．玉屏县射干常见病虫害的发生及防治[J]．植物医生，2012，25（01）：20-21．
63. 黄金星．薏米规范化种植技术[J]．农业工程技术，2017，37（02）：55．
64. 黄俊斌，李建洪，王沫，等．茅苍术主要病害的发生特点及其综合防治技术初控[A]．全国第六届天然药物资源学术研讨会论文集[C]．2004：109-110．
65. 黄旭．半夏软腐病菌的分离鉴定及致病性研究[D]．华中农业大学，2012．
66. 黄永才，臧贵军．牡丹江市园林花卉牡丹和芍药病虫害的发生与防治方法[J]．中国林副特产，2008（03）：65-66．
67. 嵇保中，刘曙雯，张凯．昆虫学基础与常见种类识别[M]．北京：科学出版社，2011．
68. 贾德胜，张天鹏，贾赛．白术白绢病的发病原因及防治措施[J]．现代农村科技，2013（10）：24-25．
69. 江文芳，蒲盛才，李娟，等．白芷主要病虫害及其综合防治[A]．庆祝重庆市植物保护学会成立10周年暨植保科技论坛论文集[C]．2007：220-225．
70. 姜丰秋，姜达石．华北蝼蛄的生物学特性及防治技术[J]．林业勘查设计，2009（02）：86-88．
71. 姜瑶，葛金涛，宁传龙等．芍药病害种类及其品种感病性调查[J]．江苏农业科学，2013，41（01）：125-127．
72. 蒋传中，王敬民，黄仁福，等．丹参规范化种植技术研究[J]．世界科学技术，2002，4（04）：75-78+84．
73. 蒋明库．芍药栽培技术[J]．现代农业科技，2010（13）：225．
74. 蒋细旺，包满珠，薛东，等．我国菊花虫害种类、直观特征及危害

[J]. 湖北农业科学，2002（06）：74-76.

75. 金义兰. 贵州省半夏病害种类调查及立枯病防治技术研究[D]. 贵州大学，2009.
76. 寇丽莎，赵慧琪，王德富，等.药用植物柴胡病毒病病原物的分子鉴定[J]. 病毒学报，2017，33（04）：610-615
77. 雷朝亮. 湖北省昆虫名录[M]. 武汉：湖北科学技术出版社，1998.
78. 曾令祥，李德友. 贵州地道中药材半夏病虫害种类调查及综合防治[J]. 贵州农业科学，2009，37（01）：92-95.
79. 李德友，曾令祥. 贵州地道中药材半夏蓟马田间消长动态及防治技术[J]. 西南农业学报，2009，22（02）：535-536.
80. 李晓，鞠倩，金青，等. 不同种类诱芯及诱捕器对暗黑鳃金龟的田间诱捕效果[J]. 花生学报2015，44（03）：41-46.
81. 李英梅，陈振锋，冯小惠，等. 商洛丹参根结线虫病发生特点及无公害防治技术研究[J]，公共植保与绿色防控，2010：199-203.
82. 李勇. 丁万隆，刘时轮. 柴胡根腐病致病菌生物学特性研究初报[J]. 中国农学通报，2009，25（04）：212-214.
83. 李泽善，廖中元. 阆中发现半夏害虫新的为害种类. 四川农业科技，2004（02）：33.
84. 李照会. 农业昆虫鉴定[M]. 北京：中国农业出版社，2002.
85. 李照会. 园艺植物昆虫学[M]. 北京：中国农业出版社，2004.
86. 李忠，潘仲萍，孙兴旭，等.施秉县太子参主要病虫害种类调查及防治[J]. 中国植保导刊，2013，33（06）：26-29.
87. 李忠，孙兴旭，潘仲萍，等.施秉县太子参根部病害发生及综合治理[J]. 耕作与栽培，2013（02）：32-33.
88. 梁超，郭巍，陆秀君，等. 华北大黑鳃金龟成虫周年发生动态及影响因素分析[J]. 植物保护，2015，41（03）：169-172+177.
89. 梁秀环，杨满昌，张茹英. 北沙参钻心虫发生规律及防治研究[J]. 中草药，1999，30（10）：773-776.
90. 林邦宜. 栝楼病虫害及综合防治技术[J]. 安徽农学通报，2008，14（13）：151-152.
91. 刘超，马海英. 传统中药远志研究概述[J]. 河北农业科学，2014，18（05）：75-81.
92. 刘海光，李世，苏淑欣，等. 黄芩黄翅菜叶蜂的发生规律及防治研究初探[J]. 安徽农业科学，2009，37（25）：12183-12184.
93. 刘海瑛，牟玉杰. 地黄病虫害的发生和防治[J]. 特种经济动植物，2006（12）：38-39.
94. 刘合刚，熊鑫，詹亚华，等. 射干规范化生产标准操作规程（SOP）[J]. 现代中药研究与实践，2011，25（05）：15-19.

95. 刘宏谋，赵顺卿，李明周，等. 菱斑食植瓢虫生物学特性及其防治[J]. 昆虫知识，1993，30（04）：223-224.
96. 刘建军. 丹参根腐病的发生规律及综合防治技术[J]. 现代农村科技，2006（01）：33.
97. 刘珂含. 桔梗炭疽病研究[D]. 四川农业大学，2013.
98. 刘荣臻. 拉日汉昆虫名汇[M]. 河北科学技术出版社，1994.7
99. 刘廷辉，李后魂，何运转，等. 危害柴胡的新害虫—法氏柴胡宽蛾（鳞翅目：小潜蛾科：宽蛾亚科）[J]. 河北农业大学学报，2014，37（04）：91-94.
100. 刘卫民，梁远海. 甘蓝夜蛾、银纹夜蛾和斜纹夜蛾的识别与防治[J]. 农技服务，2007，24（02）：53-54.
101. 刘旭，刘亚佳，刘庆然，等. 菊花瘿蚊生活习性的研究[J]. 华北农学报，2007，22（增刊）：263-265.
102. 刘志强. 枸杞主要病虫害及防治[J]. 河北农业，2016（02）：32-34.
103. 卢隆杰，苏浓，岳森. 紫苏主要病虫害的防治技术[J]. 植物医生，2004，17（04）：23-24.
104. 路红，徐伟，李宝东. 苹斑芫菁严重危害羊草[J]. 植物保护，2001，27（06）：49.
105. 罗益镇. 暗黑鳃金龟发生规律和防治方法[J]. 植物保护学报，1981，8（03）：179-185.
106. 罗益镇，吴青雷. 毛黄鳃金龟（*Holotrichia trichophora* Fair.）发生规律和防治方法的研究[J]. 植物保护学报，1979，6（03）：37-50.
107. 吕佩珂. 中国粮食作物经济作物药用植物病虫原色图鉴（下册）[M]. 呼和浩特：远方出版社，1999.
108. 吕佩珂. 中国蔬菜病虫原色图谱[M]. 北京：农业出版社，1992.
109. 吕佩珂. 中国药用植物病虫原色图鉴[M]. 呼和浩特：远方出版社，1999.
110. 马冲，马仕仲，刘震，等. 栝楼根结线虫病的发病规律及综合防治技术[J]. 安徽农学通报，2011，17（20）：64-65.
111. 马晶晶，曹静，客绍英，等. 板蓝根病害的发生及其防治技术[J]. 中国农学通报，2006，22（02）：339-342.
112. 曼苏尔·再肯，布丽布丽汗·加尼木汗. 棉铃虫的发生规律及防治措施[J]. 新疆农业科技，2012（03）：28.
113. 牛芳芳. 河北太行山连翘药用林栽培关键技术调查研究[D]. 河北农业大学，2013.
114. 牛颜冰，时晓丽，赵慧琪，等. 白术矮化病毒病病原的分子鉴

定和部分序列分析[J]. 植物病理学报，2014，44（04）：357–362
115. 欧善生，苏桂花，谢恩倍，等. 金银花主要病虫害综合防治研究. 广东农业科学，2011，38（05）：90–94.
116. 潘建平，杜一新. 白术主要病虫害综合治理技术. 农技服务，2011，28（02）：233–234.
117. 齐瑞呈. 黄翅茴香螟研究简报[J]. 昆虫知识，1980，17（06）：258–259.
118. 乔志文，范锦胜，张李香. 黑绒金龟子研究进展[J]. 农学学报，2014，4（12）：48–51+77.
119. 秦洁. 枸杞木虱为害特点及防治方法[J]. 农药市场信息，2015（19）：56.
120. 秦秋菊. 转Bt基因棉棉铃虫的发生及抗药性变化[D]. 河北农业大学，2002.
121. 任举. 黄芪病虫害的发生特点与防治措施[J]. 中药材，2012（13）：61–63
122. 任顺祥，王兴民，庞红，等. 中国瓢虫原色图鉴[M]. 科学出版社，2009.
123. 任奕鸣. 芍药的栽培与病虫害防治[J]. 现代园艺，2014（07）：94–95.
124. 日孜旺古丽·苏皮. 板蓝根病害调查初报[J]. 新疆农业科学，1996（03）：132–133.
125. 阮仕林. 丹参病虫害综合防治措施[J]. 现代农村科技，2011（19）：34+63.
126. 沈立荣，薛小红. 红天蛾的初步研究[J]. 植物保护，1993，19（05）：9–10.
127. 施宪敏，王爱华，善春婷. 山药常见病害的发生与防治[J]. 安徽农学通报，2008，14（02）：59+38.
128. 石爱丽，邢占民，牛杰，等. 承德地区苦参主要病虫害危害种类调查[J]. 中国农业信息，2015，18（09）：114–120.
129. 史小锋，刘小平，杨健. 新建苹果园苹斑芫菁的防治[J]. 西北园艺，2009（02）：28–29.
130. 史银龙，白效令. 薏苡蓟马的为害及其防治[J]. 植物保护，1985，11（05）：48.
131. 宋国华，吴微微，赵庆林. 二十八星瓢虫的发生规律及防治对策[J]. 吉林蔬菜，2008（01）：50.
132. 宋振巧，王洪刚，王建华. 栝楼的研究进展[J]. 山东农业科学，2005（05）：72–75.
133. 苏翠芬，刘留建，孙静. 白术根腐病的发生与防治[J]. 河北农业，

2014（05）：37-38.

134. 苏淑欣，李世，刘海光，等．对黄芩黄翅菜叶蜂的防治研究[J]．河北旅游职业学院学报，2010，15（04）：75-78.

135. 苏淑欣，李世，刘海光，等．黄芩病虫害调查报告[J]．承德职业学院学报，2005，10（04）：82-85.

136. 孙海峰，阴旗俊，杨婷．板蓝根菜青虫无公害防治研究[J]．中药材，2008，31（02）：186-189.

137. 孙庆田，魏淑香，朱子有．吉林省药用植物螨类调查及棉叶螨的防治[J]．中国中药杂志，2000，25（04）：213-214.

138. 孙世伟．汉中地区黄精主要害虫发生及防治技术研究[D]．咸阳：西北农林科技大学，2007.

139. 孙莹，薛明，张晓，等．金银花蚜虫的发生与防治技术研究[J]．中国中药杂志，2013，38（21）：3676-3680.

140. 孙稚颖，周凤琴，于金宝．天南星病虫害种类及综合防治措施[J]．现代中药研究与实践，2009，23（01）：6-8.

141. 孙竹波，刘震，马冲．几种土壤处理剂防治栝楼根结线虫病的效果[J]．安徽农业科学，2011，39（22）：13427-13428.

142. 谭建萍．柴达木地区枸杞施肥及主要病虫害防治技术研究[D]．西宁：青海大学，2013.

143. 田福进，焦英华，王亚琴．山药根结线虫病病原的观察[J]．当代生态农业，2003（21）：103-104.

144. 田伟，温春秀，刘铭，等．北沙参规范化生产标准操作规程（讨论稿）（SOP）．现代中药研究与实践，2005，19（04）22-24，31.

145. 万喻．三岛柴胡昆虫群落结构及主要害虫生物学特性的研究[D]．保定：河北农业大学，2015.

146. 万喻，刘廷辉，王静静，等．法氏柴胡宽蛾幼虫龄期的划分[J]．应用昆虫学报，2015，52（06）：1491-1495.

147. 王波．二十八星瓢虫的生物学特性及生物防治研究进展[J]．陕西农业科学，2012，58（06）：135-136.

148. 王春霞，王宪文，李庆．北苍术林地栽培技术[J]．中国林副特产，2005（03）：28.

149. 王登良，齐世军，王勇．济南远志无公害栽培技术规程[J]．山东农业科学，2013，45（09）：113-114.

150. 王冬梅，高红，刘同金，等．白花丹参主要病害的发生及综合治理[J]．山东农业科学，2009（06）：74-76.

151. 王吉凤．芍药组织培养研究[D]．北京林业大学硕士学位论文，2009.

152. 王建宏．枸杞病虫害识别与防治[M]．宁夏：宁夏人民出版社，

1999.

153. 王静华，赵玉新，杨莹光，等. 板蓝根病害与虫害及其防治措施[J]. 农业与技术，2007（03）：103-104.

154. 王珂. 陕西省野生连翘害虫（发生情况）调查及防治方法初探[D]. 咸阳：西北农林科技大学，2007.

155. 王丽霞. 芍药上5种叶部病害病原鉴定[A]. 中国园艺学会（Chinese Society for Horticultural Science）、中国农业科学院蔬菜花卉研究所（Institute of Vegetables and Flowers，Chinese Academy of Agricultural Sciences）. 2011：1.

156. 王连泉，王运兵. 细胸金针虫生活史和习性的初步研究[J]. 河南职技师院学报，1988，16（01）：33-37.

157. 王平，胡芳素. 芍药病虫害的防治[J]. 内蒙古林业，2005（07）：19.

158. 王平，佟德艳，王艳，等. 颜色对枸杞木虱成虫引诱作用的研究[J]. 内蒙古农业大学学报（自然科学版），2006，27（04）：102-104.

159. 王少丽，张友军，徐宝云，等. 朱砂叶螨对不同蔬菜寄主的取食选择性[J]. 环境昆虫学报，2011，33（03）：315-320.

160. 王胜宝，张先平. 菱斑食植瓢虫危害栝楼研究初报[J]. 陕西农业科学，1996（05）：29-30.

161. 王淑荣，任志勇. 黄凤蝶生物学特性初步观察[J]. 中国园艺文摘，2009，25（04）：147-148.

162. 王天喜. 射干锈病的发生及其综合防治技术[J]. 科学种养，2015（04）：33.

163. 王文娟，纳伟，薛永伟. 砂生槐育苗初期灰地种蝇幼虫发生特点及药剂防治[J].中国植保导刊，2017，37（02）：58-60.

164. 王曦茁，马建伟，汪来发，等. 安徽省3种中草药植物的根结线虫种类鉴定[J]. 安徽农业大学学报，2013，40（05）：758-764.

165. 王孝，马金平，王佳. 几种生物农药对枸杞病虫害的防效研究[J]. 现代农业科技，2012（21）：149+153.

166. 王绪捷. 河北森林昆虫图册[M]. 石家庄：河北科学技术出版社，1985.

167. 王学林. 地下害虫蛴螬危害调查及防治对策[J]. 安徽农学通报，2012，18（13）：108+113.

168. 王燕，高素贞，连书恋，等. 地黄斑枯病发生特点与防治技术初探[J]. 中国植保导刊，2006，26（10）：31-32.

169. 王一杰. 小菜蛾在板蓝根上的为害习性及其生物防治协调控制技术初探[J]. 中国植保导刊，2013，33（12）：44-46.

170. 王义勋. 苍术黑斑病病原学研究[D]. 华中农业大学，2006.

171. 王羿廉．黄芪病虫害及防治[J]．内蒙古农业科技，1995（06）：30–31.

172. 王越云，陈文胜，朱远航．金银花根腐病综合防治技术要点[J]．现代园艺，2012（23）：79.

173. 韦本辉．中国淮山药栽培[M]．北京：中国农业出版社，2013.

174. 为农．射干病虫害防治法[J]．农药市场信息，2005（19）：28.

175. 卫云，丁如辰，李义林．药用植物栽培技术[M]．济南：山东科学技术出版社，1985.

176. 温学森，霍德兰，赵华英．太子参常见病害及其防治[J]．中药材，2003，26（04）：243–245.

177. 文家富，陈光华，王刚云，等．丹参根部病害发生与综合防治技术[J]．中国植保导刊，2009，29（10）：32–33.

178. 文家富，王刚云，陈光华，等．商洛市丹参主要病虫害调查及综合防治技术[J]．陕西农业科学，2009，55（01）：210–211.

179. 文家富，郑小惠，杨萍．丹参主要病虫草害绿色防控技术[J]．陕西农业科学，2015，61（02）：125–126.

180. 文静．川牛膝不同种植模式比较[D]．成都中医药大学，2006.

181. 吴家全，李军民，阳庆华，等．玉米螟与棉铃虫发生规律的区别及防治对策[J]．蔬菜，2014（01）：67–69.

182. 吴庆华，林伟，韦荣昌，等．广西无公害薏苡生产技术规程[J]．现代中药研究与实践，2014，28（02）：7–8.

183. 吴秀花，魏春光，陈实，等．枸杞木虱在枸杞植株上发生规律的初步调查[J]．中国森林病虫，2017，36（01）：39–41.

184. 仵均祥．农业昆虫学[M]．北京：中国农业出版社，2016.

185. 仵均祥．农业昆虫学[M]．西安：世界图书出版社，1999.

186. 夏静．朱砂叶螨的发生规律与防治措施比较[J]．农技服务，2009，26（08）：77–79.

187. 向琼，李修炼，梁宗锁，等．柴胡苗期蚜虫及捕食性天敌种群消长动态[J]．西北农业学报，2005，14（02）：78–80.

188. 向玉勇，杨康林，廖启荣，等．温度对小地老虎发育和繁殖的影响[J]．安徽农业大学学报，2009，36（03）：365–368.

189. 向玉勇，杨茂发．小地老虎在我国的发生危害及防治技术研究[J]．安徽农业科学，2008，36（33）：14636–14639.

190. 肖晓华，刘春，陈仕高，等．金银花病虫害的综合防治[J]．四川农业科技，2006（12）：34–35.

191. 肖秀屏，苏玉彤，王秀，等．桔梗的病虫害防治[J]．特种经济动植物，2015（10）：49–50.

192. 谢晓亮. 丹参病毒病原鉴定与脱病毒技术研究[D]. 北京林业大学，2008.
193. 谢晓亮，杨彦杰，杨太新. 中药材无公害生产技术[M]. 石家庄：河北科学技术出版社，2014.
194. 徐宏辉. 闽东山区太子参两大病害发生特点及其绿色防控技术[J]. 中国植保导刊，2015，35（1）：39-42
195. 徐劲峰，吴彩玲，朱松涛. 瓜蒌根结线虫病发生危害及综合控制[J]. 农业与技术，2012，32（06）：88-90.
196. 徐林波，刘爱萍，王慧. 枸杞负泥虫的生物学特性及其防治措施[J]. 中国植保导刊，2007，27（09）：25-27.
197. 徐群玉，李知，吕世民，等. 北沙参钻心虫的发生与防治[J]. 昆虫知识，1979，16（05）：218-220.
198. 薛铎，郭秀兰. 黄褐丽金龟的生物学特性研究[J]. 甘肃农业大学学报，1991（01）：75-80.
199. 薛洪雁，谭礼盘，薛琴芬. 桔梗主要病虫害发生及防治措施[J]. 植物医生，2015，28（06）：15-16.
200. 薛玲，吴洵耻，姜广正，等. 栝楼根腐病病原菌的研究[J]. 山东农业大学学报，1992，23（04）：415-420.
201. 薛琴芬. 地黄栽培管理与病虫害防治技术[J]. 中国农技推广，2009，25（01）：53-54+45.
202. 薛琴芬，孔维兴. 芍药栽培与主要病虫害防治[J]. 特种经济动植物，2009（05）：37-38.
203. 薛琴芬，孙大文，张普，等. 丹参栽培管理技术及主要病虫害防治[J]. 中国农技推广，2010，26（02）：28-29.
204. 薛志斌. 远志绿色种植技术[J]. 农业技术与装备，2014（09）：53-55.
205. 严吉明，杨群芳，叶华智，等. 四川重要药用植物害虫种类名录[J]. 西南农业学报，2010，23（03）：768-771.
206. 杨春清，孙明舒，丁万隆，等. 黄芪病虫害种类及为害情况调查[J]. 中国中药杂志，2004，29（12）：1130-1132.
207. 杨红杏，张焕芝，张燕. 中药材薏苡仁栽培管理技术[J]. 河北农业，2016（03）：21-23.
208. 杨华，左群，郑桂云，等. 太子参黑斑病的发生与防治[J]. 耕作与栽培，2013（02）：47-48
209. 杨会玲，韩魁魁，赵唯，等. 茄二十八星瓢虫的发生与综合防治[J]. 西北园艺（综合），2011（06）：36-37.
210. 杨玲，王震，向臻，等. 豫西南地黄轮纹病的发生与防治措施[J]. 河南农业，2016（10）：35-36.

211. 谢晓亮，杨太新.《中药材栽培实用技术500问》[M]，中国医药科技出版社出版，2015

212. 杨文成. 银纹夜蛾的发生与防治技术[J]. 江西农业科技，2004（04）：38.

213. 杨向东，魏国树，刘顺，等. 农业昆虫学实验指导[M]. 保定：河北农业大学植物保护学院昆虫学系.

214. 姚银花，佀胜利，郑福山. 药用植物金银花病虫害种类及综合防治[J]. 凯里学院学报，2008，26（03）：56-59.

215. 叶华智，严吉明. 药用植物病虫害原色图谱[M]. 科学出版社，2010.

216. 易茜茜，张争，丁万隆，等. 荆芥茎枯病病原菌的分离与鉴定[J]. 植物病理学报，2010，40（05）：530-533.

217. 易思荣，黄娅，肖忠，等. 渝产白术主要病虫害发生规律及防治技术[J]. 湖南农业科学，2012（07）：88~91.

218. 尹健. 信阳栝楼的人工栽培及主要害虫的发生、防治技术研究[D]. 武汉：华中农业大学，2006.

219. 俞永信. 荆芥茎枯病及其防治[J]. 浙江农业科学，1976（06）：48-50.

220. 员冬梅，张绍军，高九思. 中药材板蓝根桃蚜发生危害规律及防治技术研究[J]. 现代农业科技，2006（03）：70-72.

221. 袁孟娟，张薇，董慧钧，等. 中药材天南星根腐病病原菌的分离与鉴定[J]. 江苏农业科学，2015，43（01）：153-154.

222. 张国才，牟玉杰. 板蓝根病虫害的发生与防治[J]. 林业实用技术，2006（04）：30-31.

223. 张隽生，钟瑞，张卫明，等. 紫苏育苗及病虫害防治技术的研究[J]. 中国野生植物资源，1997（01）：42-43.

224. 张林，闫红飞，刘大群. 北沙参锈病病原夏孢子及冬孢子形态观察[A]. 中国植物病理学会2015年学术年会论文集[C]，2015：146.

225. 张美翠，尹姣，李克斌，等. 地下害虫蛴螬的发生与防治研究进展[J]. 中国植保导刊，2014，34（10）：20-28.

226. 张明. 高温处理对温室黄瓜四种害虫生存能力的影响[D]. 内蒙古农业大学，2010.

227. 张谦，姜立祥，李佳. 防风高产栽培技术[J]. 黑龙江农业科学，2010（01）：141-142.

228. 张润清. 芍药白粉病及其防治[J]. 内蒙古林业科技，2003（01）：46+51.

229. 张润志. 菱斑食植瓢虫*Epilachna insignis* Gorham成虫[J]. 应用昆

虫学报，2013，50（06）：1593.

230. 张树林，王启苗．中药材地下害虫的综合防治技术[J]．现代农业科技，2007（13）：85+87.

231. 张帅，尹姣，曹雅忠．药用植物地下害虫发生现状与无公害综合防治策略[J]．植物保护，2016，42（3）：22-29.（与232重复）

232. 张帅，尹姣，曹雅忠，等．药用植物地下害虫发生现状与无公害综合防治策略[J]．植物保护，2016，42（03）：22-29

233. 张文，谭建萍，马明呈，等．枸杞无公害栽培技术[J]．青海农林科技，2012（04）：58-59.

234. 张西梅．地黄和白术病毒病病原检测及病毒全基因组序列测定与分析[D]．山西农业大学，2013.

235. 张晓红．柴胡常见病虫害及其防治[J]．特种经济动植物，2009，12（09）：49-50

236. 张新燕，周天森，张泓源，等，黄芩主要虫害及综合防治[J]．河北旅游职业学院学报，2014，19（02）：66-68.

237. 张雪辉．白芷根腐病的发生条件与防治措施[J]．特种经济动植物，2010，13（03）：47.

238. 张艳秋，刘伟，赵虎．黄淮地区山药病虫害发生动态与防治技术[J]．江苏农业科学，2008（06）：130-132.

239. 张震．防风病虫害综合防治[J]．新农业，2011（08）：51.

240. 张震．防风病虫害综合防治技术[J]．现代农业，2010（09）：26-27.

241. 张治体，李素娟，章丽君，等．非洲蝼蛄*Gryllotalpa africana Palisot de* Beauvois生物学特性研究[J]．河南科学，1985（03）：47-56.

242. 张智，王玉明，谢爱婷，等．北京地区苹毛丽金龟成虫为害冬小麦初报[J]．植物保护，2014，40（03）：213-214.

243. 赵东岳，郝庆秀，金艳，等．白芷生物学特性及栽培技术研究进展[J]．中国现代中药，2015，17（11）：1188-1192.

244. 赵洪义，赵新建，李爱民，等．药菊花瘿蚊生物学特性研究[J]．植保技术与推广，1996，16（04）：28-29.

245. 赵世林，郭建荣，郝淑莲．山西芦芽山自然保护区小蛾类种类调查[J]．安徽农业科学，2012，40（33）：16131-16135+16223.

246. 赵怡红，杜玉宁，樊仲庆，等．枸杞主要病虫害及防治[J]．北方园艺，1999（03）：60.

247. 赵云解，康乐．多食性斑潜蝇对寄主植物的选择[J]．昆虫学报，2001，44（04）：567-573.

248. 赵紫华，张蓉，贺达汉，等．不同人工干扰条件下枸杞园害虫的风险性评估与防治策略[J]．应用生态学报，2009，20（04）：843-850.

249. 郑建秋．现代蔬菜病虫鉴别与防治手册[M]．北京：中国农业出版社，2004.
250. 郑艳. 白芷斑枯病（*Septoria dearnessii*）的研究[D]. 雅安：四川农业大学，2007.
251. 郑芝波，赖永超，胡珊，等. 灰地种蝇在大棚花卉危害的识别及综合防治技术[J]. 北方园艺，2010（01）：191-192.
252. 中国农业科学院植物保护研究所. 中国农作物病虫害（第三版）[M]. 北京：中国农业出版社，2015.
253. 周绪朋，康书平. 丹参根结线虫病的发生与防治[J]. 农技服务，2009，26（11）：53.
254. 朱弘复. 金银花尺蠖一新种（鳞翅目-尺蛾科）[J]. 昆虫学报，1982，25（03）：321-322.
255. 朱京斌，陈庆亮，单成钢，等. 桔梗主要病虫害及其防治[J]. 北方园艺，2010（21）：194-195.
256. 朱京斌，倪大鹏，王志芬，等. 地黄无公害生产技术规程[J]. 山东农业科学，2012，44（08）：121-122.
257. 邹承武，蒙姣荣，韦本辉，等. 利用深度测序技术鉴定淮山药病毒病新病原[A]. 中国植物病理学会2012年学术年会论文集[C]. 2012：225.